Wissenschaftliche Normung

Eine Schriftenreihe herausgegeben von
Professor Dr.-Ing. Dr.-Ing. E. h. Otto Kienzle

7

Grundlagen einer Typologie umgeformter metallischer Oberflächen

mittels Verfahrensanalyse

Von

Otto Kienzle
Dr.-Ing. Dr.-Ing. E. h.
ord. Professor em. der
Technischen Hochschule Hannover

und

Klaus Mietzner
Dr.-Ing.
Woodbury, N. J. / U.S.A.

Mit 130 Abbildungen

Springer-Verlag Berlin Heidelberg GmbH

1965

Library of Congress Catalog Card Number: 65–21898

ISBN 978-3-540-03432-2   ISBN 978-3-662-11926-6 (eBook)
DOI 10.1007/978-3-662-11926-6

Titel-Nr. 6503

Vorwort

Der Fortschritt der Technik erfordert eine zunehmende Klarheit über ihre Elemente. Ein wesentliches Element vieler Maschinen- und Apparateteile ist ihre Oberfläche; ihr Zustand ist für viele Funktionen und für die Lebensdauer der Teile von großer Bedeutung.

Eine metallische Oberfläche ist schwer zu beschreiben. Sie ist nach dem klassischen Werk von G. SCHMALTZ „ein dünnes körperliches Gebilde von bestimmter Form und bestimmten Eigenschaften". Diese Eigenschaften sind physikalischer und chemischer Natur; mit der Form einer Oberfläche ist hier vor allem ihre Rauheit gemeint.

Die Oberfläche eines Werkstücks ist ebenso wie seine gesamte Gestalt einmal von der Funktion her, zum andern von der Fertigung her zu betrachten. Um Anforderungen und Fertigungsmöglichkeiten miteinander vergleichen und um die Eigenschaften einer Istoberfläche eindeutig feststellen zu können, bedarf es zahlenmäßiger Angaben.

Für die physikalisch-chemischen Eigenschaften sind feine Erfassungsmethoden ausgearbeitet worden, aber sie sind bis jetzt kaum in die Praxis eingedrungen. Dagegen hat man in vielen Ländern für die zahlenmäßige Erfassung der Rauheit Methoden der Mikrogeometrie zum Beschreiben und Messen entwickelt, die bis zu einem gewissen Grad in die Fertigungsbetriebe eingeführt worden sind.

Wenn sich in dieser stärkeren Betonung der Rauheitsmessung eine gewisse Einseitigkeit abzeichnet, so wird diese noch dadurch verschärft, daß sie weniger den Funktionen und mehr den Fertigungsergebnissen zugewandt ist; unter diesen hat man wiederum fast ausschließlich die abgespanten Oberflächen in Betracht gezogen.

Immerhin muß man zugeben, daß die Funktionsbeobachtung eine gewisse Kenntnis der Istoberflächen zur Voraussetzung hat. Auch erscheint die Seite der Funktionen so weitverzweigt, daß es noch langer Arbeit bedarf, bis für die verschiedenen Zwecke bestimmte Rauheitsbereiche als anzustreben genannt werden können.

Übersichtlicher sind die Verhältnisse auf Seiten der Fertigung. Für sie könnte mit den heutigen Erkenntnissen eine *Typologie von Oberflächen* aufgestellt werden, soweit es sich um abgespante Oberflächen handelt.

Nun stößt aber die Umformtechnik immer mehr in die Endfertigung vor. Viele Werkstücke, wie Schrauben, Federn u. a. m. werden allein durch Umformen fertiggestellt, bei anderen bleibt ein Teil der umgeformten Flächen unbearbeitet, bei wieder anderen spielt ihr Zustand für das Haften und die Glätte von Überzügen eine Rolle. Über ihre

Oberflächeneigenschaften, unter denen die Welligkeit und die Rauheit im Vordergrund stehen, ist bis jetzt sehr wenig bekannt; indes weiß man, daß *umgeformte Oberflächen* eine grundsätzlich andere Rauheitscharakteristik haben als abgespante. Außerdem unterscheiden sie sich je nach Verfahren erheblich voneinander.

Unabhängig davon, ob solche Oberflächen genauen oder rohen Ansprüchen zu genügen haben, entstand somit die Aufgabe, an ihrer Typologie zu arbeiten und eine Grundlage für die spätere zahlenmäßige Normung zu schaffen. Dies wurde vor einigen Jahren im Institut für Werkzeugmaschinen und Umformtechnik der Technischen Hochschule Hannover begonnen, an dem diesen Fragen schon in den Dissertationen von KÖNIG (1951), von MÜHLENWEG (1952) und R. MEIER (1962) Aufmerksamkeit geschenkt worden war.

Formen wir einen Körper um, so bleibt — von gewissen Ausnahmen abgesehen — die anfänglich an der Oberfläche befindliche Schicht auch nach der Umformung an der Oberfläche. *Wie* sie dabei gewandelt wird, insbesondere bei der Aufeinanderfolge mehrerer Umformvorgänge, hängt ganz von den Verfahren und den Fertigungsbedingungen ab. Daher haben wir zur Beschreibung und zur Deutung der Oberflächenwandlungen den Weg der *Verfahrensanalyse* gewählt.

Dazu kommt, daß die umgeformten Oberflächen je nach Verschleiß des Werkzeuges verschieden ausfallen; sie waren daher sowohl bei neuen wie auch bei verschlissenen Werkzeugen aufzunehmen. Das geschah in einer Reihe industrieller Betriebe. Wir danken den nachstehend genannten Firmen dafür, daß sie uns diese Untersuchungen in ihren Werkstätten ermöglichten.

1. Felten u. Guilleaume Carlswerk, Eisen- und Stahl-A. G., Köln-Mühlheim
2. Otto Fuchs K. G., Meinerzhagen/Westfalen
3. Gebr. Grohmann K. G., Löhne/Westfalen
4. Hoesch A. G., Walzwerke, Hohenlimburg
5. Kamax-Werke Rudolf Kellermann G. m. b. H., Osterode/Harz
6. Kabel- u. Metallwerke Neumeyer A. G., Nürnberg
7. Vereinigte Leichtmetallwerke G. m. b. H., Hannover
8. Westfälische Union A. G. für Eisen- und Drahtindustrie, Hamm
9. Wurag Eisen- u. Stahlwerke A. G., Hohenlimburg.

Auf diese Weise war es möglich, die theoretischen Überlegungen mit Erfahrungen in den Werkstätten zu vereinen und damit der Praxis Typenbeschreibungen und Zahlenwerte an die Hand zu geben, die bis jetzt noch nicht bekannt waren.

Daraus kann der *Konstrukteur* ersehen, welche Oberflächengüte er an fertiggeformten Flächen zu erwarten hat.

Dem *Fertigungsingenieur* dienen die Beobachtungen der Rauheitsbildung und der Abhängigkeiten von verschiedenen Fertigungsbedingungen, wie Werkzeuggestalt, Werkzeugoberfläche, Schmierung, Ausgangsrauhigkeit des Werkstücks, Umformgeschwindigkeit, Wärmebehandlung u. a. m.

Überdies wollen wir mit dieser Schrift der Normung dienen, ist sie doch die Hüterin der Austauschbarkeit jeglicher Industrieprodukte. Schon bestehen Normen für die Begriffe und die zahlenmäßige Beschreibung der Rauheit von Oberflächen; dazu haben wir einige Ergänzungen vorzuschlagen, die aus der Natur der umgeformten Oberflächen hervorgehen. Auch ist es dringend erwünscht, daß in den Normen für Drähte, Bleche u. ä. die bisherigen Wortangaben weitgehend durch Zahlenwerte ersetzt und daß in den Normen für Gegenstände mit umgeformten Oberflächen deren zulässige Rauheitswerte angegeben werden. Diese Seite unserer Arbeit ist der Grund dafür, daß sie in die Schriftenreihe „Wissenschaftliche Normung" aufgenommen worden ist. Es würde indes über ihren Rahmen hinausgehen, wollten wir eine Art Nachschlagwerk darbieten, in dem der Praktiker bestimmte Zahlenangaben für einzelne Verfahren findet. Für diesen Zweck haben sich die Verfasser entschlossen, einen „Atlas umgeformter Oberflächen" [1] vorzubereiten.

Worauf es hier ankommt, ist, die grundsätzliche Beschaffenheit umgeformter Oberflächen aufzuzeigen, wie sie durch die wichtigsten Verfahren, nämlich

Walzen — Ziehen — Pressen

entstehen.

Wir sind davon überzeugt, daß mit Vorliegen der hier beschriebenen Erkenntnisse die Praxis neue Wege finden wird, um ihre Verfahren höheren Anforderungen anzupassen, die an sie herantreten mögen, wenn die gleiche Güte verlangt wird, die sich an besten abgespanten Oberflächen findet.

Dem Bundesministerium für Wirtschaft und der Arbeitsgemeinschaft industrieller Forschungsvereinigungen (AIF) danken wir für die finanzielle Unterstützung dieser Arbeit. Ferner haben wir dem Verein Deutscher Eisenhüttenleute und dem Max-Planck-Institut für Eisenforschung sowie der Forschungsgesellschaft Blechverarbeitung für einen fruchtbaren Gedankenaustausch zu danken.

Zu besonderem Dank sind wir Herrn Professor Dr.-Ing. H. v. Weingraber verpflichtet, der unsere Einführung eingehend mit uns durchgesprochen hat. Auch schulden wir einer weiteren Reihe von Fachgenossen Dank, die uns durch Hinweise, Auskünfte und Mitteilung ihrer Ergebnisse unterstützt haben. Die Namen der Herren, denen wir für Beiträge aus ihren Diplomarbeiten zu danken haben, werden bei den betreffenden Abschnitten genannt.

Dem Springer-Verlag danken wir für die sorgsame Drucklegung und die vorzügliche Wiedergabe der Bilder.

Stuttgart und Woodbury, N.J./U.S.A..
im März 1965   **Otto Kienzle   Klaus Mietzner**

Inhaltsverzeichnis

1. Einführung 1

1.1 Oberflächenrauheit und technische Normen 2
1.2 Die makrogeometrische Veränderung von Werkstückoberflächen . 5
   1.2.1 Gesamte Oberfläche und Oberflächenteile 5
   1.2.2 Die Oberfläche eines Korns 8
1.3 Wesen umgeformter Oberflächen 9
   1.3.1 Einfluß der Vorgeschichte 9
   1.3.2 Ungleichförmigkeit 11
   1.3.3 Richtungscharakter 12
   1.3.4 Gebirgsoberfläche und wahre Oberfläche 13
1.4 Ordnung umgeformter Oberflächen 16
1.5 Angewandte Meßgrößen 17
   1.5.1 Wahl geeigneter Meßgrößen 17
      1.5.1.1 Senkrechtmeßgrößen 18
      1.5.1.2 Waagrechtmeßgrößen 21
      1.5.1.3 Leeregrad 22
      1.5.1.4 Räumliche Glättungstiefe 26
      1.5.1.5 Böschungswinkel 26
      1.5.1.6 Tragende Fläche 27
   1.5.2 Beurteilung der verschiedenen Meßgrößen 27
      1.5.2.1 Senkrechtmeßgrößen 27
      1.5.2.2 Leeregrad 29
      1.5.2.3 Böschungswinkel 30
      1.5.2.4 Tragende Fläche 31
   1.5.3 Auswertung der Messungen 32
1.6 Angewandte Meßverfahren 34
   1.6.1 Visuelle Rauheitsprüfung 34
   1.6.2 Optische Meßgeräte 35
   1.6.3 Tastschnittgeräte 35
   1.6.4 Abdruckverfahren 38
      1.6.4.1 Abdrucke für Tastgeräte 39
      1.6.4.2 Abdrucke für Interferenzgeräte 39
   1.6.5 Sonstige Meßverfahren und Hilfsmittel 40

2. Freie Umformung 40

2.1 Einfluß des Umformgrades 41
2.2 Einfluß der Anfangsrauheit 43
2.3 Einfluß der Umformart 44
2.4 Einfluß des Gefüges 48
2.5 Waagrechte Umformspuren 51
2.6 Schmierbett 55
2.7 Abschließende Betrachtung zu Abschnitt 2 56

3. Gebundene Umformung 58

Inhaltsverzeichnis VII

4. Walzen 59

4.1 Glattwalzen 60
   4.1.1 Glattwalzen von Wellen aus Stahl 61
   4.1.2 Glattwalzen von ebenen Außenflächen an gußeisernen Körpern 65
   4.1.3 Glattwalzen von zylindrischen Innenflächen in gußeisernen Hohlkörpern 68
4.2 Walzen von Kaltband 69
   4.2.1 Rauheitsart der kaltgewalzten Oberfläche 71
      4.2.1.1 Entstehung 71
      4.2.1.2 Veränderung der Rauheit nach Art und Größe . . . 74
   4.2.2 Einfluß des Werkstücks 75
      4.2.2.1 Bandquerschnitt 75
      4.2.2.2 Ausgangsrauheit 76
   4.2.3 Einfluß der Walzenrauheit 77
   4.2.4 Einfluß der Schmierung 78
   4.2.5 Nachwalzen mit glatten Walzen 78
   4.2.6 Nachwalzen mit rauhen Walzen 80
4.3 Walzen von Gewinden 82
   4.3.1 Entstehung der Gewindeoberfläche 84
   4.3.2 Vorbereitung der Werkstücke zum Gewindewalzen 85
   4.3.3 Einfluß des Werkzeugs und des Verfahrens 87
      4.3.3.1 Walzen mit Flachbacken 88
      4.3.3.2 Walzen mit Rundwerkzeugen 89
      4.3.3.3 Vergleich der Verfahren 90
   4.3.4 Einfluß des Werkstücks 90
      4.3.4.1 Werkstoff 90
      4.3.4.2 Schwankungen der Bolzendurchmesser 91
      4.3.4.3 Bolzenrauheit 92
   4.3.5 Einfluß der Walzbedingungen 92
      4.3.5.1 Kraft 92
      4.3.5.2 Walzgeschwindigkeit 93
      4.3.5.3 Schmierung 93
   4.3.6 Oberflächenfehler 93

5. Ziehen von Stäben und Drähten 95

5.1 Stabziehen 95
   5.1.1 Rauheitsart der kaltgezogenen Oberfläche 97
   5.1.2 Rauheitsänderungen beim Ziehen von gewalzten Stäben . . . 98
      5.1.2.1 Einfluß der Werkzeugrauheit 99
      5.1.2.2 Einfluß der Querschnittsabnahme und der Profilform . 100
   5.1.3 Rauheitsänderungen beim Weiterziehen 103
      5.1.3.1 Weiterziehen ohne Zwischenglühe 103
      5.1.3.2 Rauheitsänderungen durch Zwischenglühe 105
      5.1.3.3 Weiterziehen mit Zwischenglühe 105
   5.1.4 Oberflächenfehler 106
   5.1.5 Rauheitsänderungen durch Richten 107
      5.1.5.1 Walzrichten von gezogenen Stäben 108
      5.1.5.2 Walzrichten von abgespanten Stäben 108
5.2 Drahtziehen 109
   5.2.1 Rauheitsart der gezogenen Drahtoberfläche 110
   5.2.2 Veränderung der Rauheit nach Art und Größe 111

6. Kaltfließpressen 117

6.1 Werkstoff und Vorbehandlung 120
6.2 Oberflächengestalt der Werkzeuge. 122
6.3 Oberflächenänderungen beim Stauchen. 122
6.4 Oberflächenänderungen beim Napf-Fließpressen. 123
    6.4.1 Rauheitsbildung an den Außenflächen der Werkstücke . . . 125
    6.4.2 Rauheitsbildung an den Innenflächen der Werkstücke . . . 125
6.5 Oberflächenveränderungen beim Vorwärts-Hohl-Fließpressen. . . 126
    6.5.1 Rauheitsbildung an den Außenflächen der Werkstücke . . 129
    6.5.2 Rauheitsbildung an den Innenflächen der Werkstücke . . 130
6.6 Oberflächenänderungen beim Abstrecken. 131
    6.6.1 Rauheitsbildung an den Außenflächen der Werkstücke . 131
    6.6.2 Rauheitsbildung an den Innenflächen der Werkstücke . . . 132
6.7 Oberflächenfehler 133
    6.7.1 Fehler infolge mangelhafter Werkzeuggestaltung 133
    6.7.2 Fehler, entstanden durch zu große Ausgangsrauheit 134
    6.7.3 Fehler infolge falscher Schmierung 136
6.8 Phosphatschicht und Rauheitsmessung. 137

7. Strangpressen 138

7.1 Entstehung der stranggepreßten Oberfläche 139
7.2 Einfluß des Werkstoffs. 141
7.3 Einfluß der Preßbedingungen. 143
    7.3.1 Temperatur des Blocks 143
    7.3.2 Austrittsgeschwindigkeit 143
    7.3.3 Schmierung an der Matrize 144
7.4 Einfluß des Werkzeugs. 146
7.5 Einfluß der Strangquerschnittsform 150
7.6 Einfluß der Nachbehandlung 152
    7.6.1 Aushärten. 152
    7.6.2 Richten und Beizen 153
7.7 Oberflächenfehler 155

8. Zusammenfassung 155

8.1 Annäherung an das Ziel dieser Schrift 155
8.2 Die Ergebnisse eigener und fremder Untersuchungen 156
8.3 Gesichtspunkte für eine „Typologie umgeformter Oberflächen" . . 159
8.4 Ergebnisse für die Normung 160

9. Verzeichnisse 162

9.1 Schrifttum 162
9.2 Sachverzeichnis 167

1. Einführung

Seitdem G. Schmaltz im Jahre 1936 seine „Technische Oberflächenkunde" [*60*] geschrieben hat, besitzt die Technik einen Grund, auf dem sie weiterbauen kann. Wir finden dort grundsätzliche Erkenntnisse sowohl über Rauheit und Glätte, als auch über andere physikalische Eigenschaften technischer metallischer Oberflächen. Seither sind viele Untersuchungen insbesondere über die Rauheit mit folgenden Zielen angestellt worden:

a) eine Oberfläche geometrisch möglichst eindeutig durch Zahlen zu beschreiben [*68*],

b) ihre Bestimmungsgrößen eindeutig zu messen,

c) die Mikrogeometrie der durch die verschiedenen Fertigungsverfahren in natürlicher Weise entstehenden Oberflächen kennenzulernen,

d) die Bestimmungsgrößen anzugeben, die bestimmte Funktionen der Oberfläche gewährleisten [*64, 74*].

Weit fortgeschritten sind die Arbeiten zu a) und b). Zu c) liegen Ergebnisse aus einigen Abspanverfahren vor, während über Umformverfahren erst sehr wenig bekannt ist. Am fernsten liegt gegenwärtig noch das Ziel d); wenn man es bisher noch kaum angegangen hat, so mag das u. a. daran liegen, daß die Arbeiten zu a), b) und c) nicht genügend weit fortgeschritten waren.

Unser Beitrag gilt dem Ziel c) im Rahmen der Umformtechnik; er ist darin begründet, daß diese immer mehr in die Endfertigung vordringt [*25*] und daß sich daher an fertigen Gegenständen immer mehr „umgeformte Oberflächen" finden.

Zunächst eine Bemerkung zu diesem Ausdruck! Als Objekt des Umformens gilt gewöhnlich der Körper, denn auf ihn werden Formänderungen, Kräfte und Arbeitsbeträge bezogen. Es kann aber kein Körper umgeformt werden, ohne daß sich seine Oberfläche nach Größe und Form verändert (s. Abschn. 1.2). Es ist daher gerechtfertigt, von umgeformten Oberflächen zu sprechen, zumal auch zugleich die Rauheitsart der Oberfläche verändert wird.

Wir beschränken unsere Betrachtungen auf die Geometrie der Oberflächen unter dem Blickwinkel ihrer Rauheit. Eine Gesamtbeurteilung dessen, was an der Oberfläche bei einem Umformvorgang vor sich geht, muß jedoch auch die Oberflächen*schicht* einschließen, wie das Schmaltz [*60*] allgemein dargelegt hat. Die Kristallite, die die Oberflächenschicht bilden, erfahren nämlich meist nicht nur andere Verformung als die im Innern liegenden, sondern häufig auch eine Texturänderung [*66*].

1.1 Oberflächenrauheit und technische Normen

Das Deutsche Normenwerk legt zu Halbzeugen und Fertigteilen die Eigenschaften fest, die innerhalb gewisser Grenzen eingehalten sein müssen, damit sie „austauschbar" sind.

„Austauschbar" bedeutet, daß an die Stelle eines einer Norm entsprechenden Stückes jedes andere Stück treten kann, sofern es die gleichen Norm-Eigenschaften aufweist. Nun sind in einer DIN-Norm nicht *mehr* Eigenschaften festzulegen als für die praktische Verwendung erforderlich sind. Aber diese funktionsmäßigen Anforderungen an ein Maschinen- oder Geräteteil verfeinern sich dauernd. Das hat zur Folge, daß die Normen verändert oder erweitert werden, die darin enthaltenen Toleranzen verfeinert oder Toleranzen für neue Größen aufgenommen werden müssen.

Toleranzen, mit anderen Worten Vorschriften, daß gewisse Höchst- und Mindestwerte einer Größe nicht überschritten werden dürfen, können sich nach KIENZLE und nach ICKERT auf jede technisch wesentliche Eigenschaft beziehen. Es ist daher abwegig, den Begriff Austauschbau — wie es immer noch oft geschieht — auf Längenmaße zu beschränken. Werte für Festigkeit, elektrische und magnetische Widerstände, Korrosionsverhalten, Bearbeitbarkeit u.a.m. gehören ebenso dazu.

Als Beispiel für die Verfeinerung von Anforderungen mögen zunächst die Maßtoleranzen herangezogen werden. Verfolgt man z.B. die Normen für gezogene Stäbe, so enthielten sie ursprünglich zahlenmäßig angegebene Dickentoleranzen. Nach 1932 traten an ihre Stelle die ISA-Toleranzen, womit auch die Art der Prüfung durch feste Lehren angegeben und die Unsicherheit an den Maßgrenzen beseitigt wurde. Der nächste Schritt besteht in der Angabe zulässiger Unrundheiten und Dickenschwankungen innerhalb bestimmter Längen. Ein weiterer Schritt in dieser Reihe ist die Angabe der zulässigen *Oberflächenrauheit*.

Als praktisches Beispiel für weiter zu verarbeitende Gegenstände seien die Bleche genannt. Die Rauheit ihrer Oberflächen ist insofern wichtig, als diese fast immer mit einem Überzug versehen werden. Sowohl Lacke als auch galvanisch aufgebrachte Schichten weisen bei bestimmten Rauheiten günstigste Haftfestigkeiten auf. Werden blanke Bleche zu Gefäßen für siedende Flüssigkeiten verwendet, so beeinflußt ihre Rauheit den Wärmeübergang [64]. Auch bei einem Umformvorgang selbst kann die Rauheit eines Bleches im Hinblick auf die Schmierung eine Rolle spielen [76]. So kommt es, daß man für Tiefziehbleche bestimmte Rauheiten fordert. Auch das Verschleißverhalten von Schnittwerkzeugen sowie die Vorgänge bei der Widerstandsschweißung werden durch die Blechrauheit beeinflußt u.a.m.

Ein anderes Beispiel für das Verlangen einer bestimmten Oberflächengüte ist das innen glatte Rohr, aus dessen Abschnitten hydraulische und pneumatische Arbeitszylinder ohne weitere Innenbearbeitung hergestellt werden.

Ein Beispiel einbaufertiger Normteile bilden die durch Kaltumformung erzeugten Schrauben. Damit sie gleichmäßig in den vorgeschriebenen Vorspannungsbereich gelangen, müssen ihre Gewindeflanken und ihre Kopfauflageflächen von hoher und gleichmäßiger Güte sein [23].

Die Rauheit technischer Körper hat somit einen wesentlichen Einfluß auf ihre Funktion. Zahlenmäßige Rauheitsangaben für sie werden daher Aufgabe einer zukünftigen Normung sein [67, 69].

Die Oberflächenrauheit wird meist in irgend einer Senkrechtmeßgröße angegeben, durch die man das Ausmaß der Rauheit nach oben begrenzen will. Wenn auch meist ihr unterer Grenzwert gleich Null ist, mit anderen Worten, wenn die Fläche völlig glatt werden darf, so gilt dies doch nicht allgemein. Es gibt auch untere Grenzen, d.h. die Forderung nach einer Mindestrauheit wie z.B. bei Paßflächen für Schrumpf- und Dehnpassungen, bei Grenzflächen an Wärmeaustauschern, bei optisch matten Flächen, bei Flächen, an denen Überzüge haften sollen u.a.m. Die Art der Angaben wird Sache der Zeichnungsnormen sein. Sie sollten da, wo umgeformte Flächen in ihrer besonderen Eigenart verlangt werden, entsprechende Kennzeichnungen vorsehen.

Damit man in technischen Normen für Halbzeuge und umgeformte Werkstücke Vorschriften hinsichtlich der Oberflächenrauheit machen kann, muß man ihre Eigenarten und ihre natürlichen maßlichen Schwankungen kennen. Diese aufzuzeigen und aus ihren Ursachen zu erklären, ist Aufgabe dieser Schrift.

Es besteht aber noch ein zweiter Zusammenhang mit der Normung, insofern nämlich, als diese auch die Grundbegriffe und Grundregeln für das Messen bereitzustellen hat. Mit diesem Ziele sind die Normen DIN 4760 und DIN 4762 [86—90] entstanden, für die insbesondere die Untersuchungen H. VON WEINGRABERS [67—70] maßgebend gewesen sind.

Unsere Untersuchung umgeformter Oberflächen fördert insbesondere ihre Beziehung zu DIN 4761 [87] zutage, die charakteristische Typen beschreibt, sowie zu dem ursprünglichen, aber inzwischen zurückgezogenen DIN-Entwurf 4763 [91], in dem eine Zuordnung von Herstellverfahren und erzielbarer Rauheit versucht worden war.

Manche Begriffe sollten allgemeinere Benennungen erhalten. Da man bereits gewohnt ist, von „Oberflächengebirge" zu sprechen, so erscheint es nützlich, von Tal und Mulde, von Kamm, Gipfel und Berg zu sprechen. Dann ist in der Oberflächenschicht der von Stoff erfüllte Raum ein Berg oder ein Kamm, der leere Raum eine Mulde oder ein Tal. Unsere Betrachtungen werden zeigen, daß an umgeformten Oberflächen Erscheinungen auftreten, die man an abgespanten nicht kennt, z.B. Tafelberge.

1*

Gegenüber bisherigen Angaben über Oberflächengüten bedeutet die *Zahl* einen großen Fortschritt. In einer Reihe von Normen mußte man sich nämlich bis jetzt mit einer meist wenig eindeutigen Beschreibung begnügen. So lesen wir z. B. bei Kaltbändern von „riß- und porenfreien bzw. glänzenden Oberflächen" (DIN 1624, August 1954), bei gezogenen Stäben von „blanken und glatten Oberflächen, die frei von Riefen und Narben sein sollen" (DIN 1652, August 1944), bei gezogenen Rohren von „der Herstellungsart entsprechenden, glatten Oberflächen" (DIN 2391, November 1957), bei handelsüblichen Stahldrähten von „trocken- und naßblanker Oberfläche" usw. (DIN 1653, November 1942). In keinem dieser Fälle wird aber gefordert, daß die Rauheit in einem bestimmten Toleranzbereich liegen soll. Daher ist die Verständigung über die Möglichkeiten des Herstellers einerseits und die Wünsche des Verbrauchers

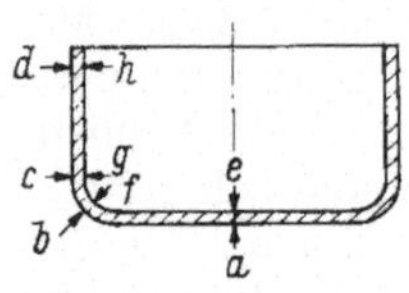

Bild 1.
Verschiedene Rauheiten an einem tiefgezogenen Becher; die Pfeile deuten auf Stellen verschiedener Rauheit

andererseits sehr schwierig. Oft werden aus Unkenntnis der wahren Verhältnisse Oberflächen gefordert, die technisch oder wirtschaftlich nicht zu verwirklichen sind, oder Oberflächen nachbearbeitet, die für ihren Zweck bereits genügend glatt sind.

Mit *einer* Zahlenangabe über die Rauheit an einem Gegenstand ist es aber nicht getan. An einem umgeformten Werkstück befinden sich wegen der Art der Herstellung Stellen verschiedener Rauheit.

Allein das Beispiel eines Tiefziehteils (Bild 1) zeigt, daß daran eine solche Mannigfaltigkeit verschiedener Rauhtiefen ($a-h$) besteht, daß es schlechterdings unmöglich ist, sie alle mit *einer* Zahl anzugeben. Ja selbst eine einzige Fläche, z. B. die zylindrische Außenfläche dieses tiefgezogenen Bechers weist — ganz im Gegensatz etwa zu einer gedrehten Fläche — durchaus keine einheitliche Rauheit auf, weil sie vom Boden nach dem Rand hin zunimmt. Daher ist es wünschenswert, in Normen zweierlei festzulegen, nämlich

a) welche Teile einer gesamten Oberfläche bei einer Prüfung in Betracht zu ziehen sind und

b) an welchen Stellen des betreffenden Flächenteils die Rauheit zu prüfen ist.

Beispiel: An der Außenseite der Zarge eines Tiefziehteils ist die Rauhtiefe außen in halber Höhe zu prüfen.

Wenn wir es unternehmen, Größe und Art der Oberflächenrauheit und ihre Abhängigkeit von den Fertigungsstufen und -bedingungen bei einigen Umformverfahren festzustellen, so empfiehlt sich die schon von SCHMALTZ [60] vorgeschlagene Unterteilung der Umformvorgänge in *freie und gebundene* (s. Abschn. 1.3.1), die als feste Normbegriffe anerkannt werden sollten. Freie Umformvorgänge werden wir beim Stauchen und Biegen kennenlernen. Bei den Untersuchungen über die gebundene Umformung trafen wir eine Auswahl derart, daß die kennzeichnenden Einflüsse der hauptsächlichsten Grundverfahren der Umformtechnik zu Tage treten.

Unsere Betrachtungen gehen auf die Deutung der *mikrogeometrischen Wandlung* von metallischen Oberflächen beim Umformen aus; sie wurden vornehmlich an Werkstücken aus Stahl gemacht. Erscheinungen, die der Oberflächen- und Grenzschichten-Physik zuzuordnen sind, stehen außerhalb unserer Erörterungen; jedoch werfen wir einen Blick auf die Beteiligung der Kornstruktur an der Oberflächenbildung. Wir haben im wesentlichen die Gestaltabweichungen 3. und 4. Ordnung (Rauheit) gemäß DIN 4760 untersucht; nur in einigen Fällen wurde, wo es notwendig erschien, auch die Gestaltabweichung 2. Ordnung (Welligkeit) bestimmt.

Eine Schwierigkeit in der Einführung von Rauheitsangaben in DIN-Normen besteht im Messen. Selbst mit gleichen Geräten werden an gleichen Gegenständen verschiedene Größen gefunden. Das liegt teils an den Geräten und am Fehlen von Einstell-Normalen, teils am Mangel an erfahrenen Meßtechnikern. Im Hinblick auf die Dringlichkeit der Aufgabe haben wir uns durch diese Schwierigkeiten in den Betrieben nicht abhalten lassen, Vergleichsmessungen durchzuführen. Werkstücke und zugehörige Werkzeuge wurden laufenden Fertigungen entnommen und im Versuchsfeld des Instituts für Werkzeugmaschinen und Umformtechnik der Technischen Hochschule Hannover einheitlich vermessen. Von schweren Werkstücken und Werkzeugen, insbesondere von Walzen oder von Flächenteilen, die der unmittelbaren Messung nicht zugänglich waren, wurden Abdrücke genommen (s. Abschn. 1.6.4).

1.2 Die makrogeometrische Veränderung von Werkstückoberflächen

1.2.1 Gesamte Oberfläche und Oberflächenteile

Eine Voraussetzung für das Verständnis dessen, was mit einer Oberfläche beim Umformen vor sich geht, ist die Kenntnis ihrer makrogeometrischen Veränderung. Deshalb fragen wir uns, wie sich die Größe der geometrisch idealen Oberfläche beim Umformen ändert.

Bekanntlich hat bei gegebenem Volumen die Kugel die kleinste Oberfläche. Formen wir sie zu einem Körper anderer Gestalt um, so wird ihre Oberfläche größer. Formen wir diese Gestalt wieder rückwärts zur Kugel um, so wird die Oberfläche wieder kleiner. Die einzelnen Oberflächenelemente — etwa als dünne Schicht von Kristalliten betrachtet — werden somit gedehnt oder gestaucht.

Bei diesen Vorgängen können sich aber, wie die Anschauung lehrt, nicht alle Teile der Oberfläche in *gleicher* Weise verändern, d.h. wachsen oder schrumpfen. Denn stellen wir uns vor, daß sich an einem massiven Körper bei Konstanthaltung seines Volumens alle Oberflächenelemente gleichmäßig veränderten, so bedeutete das, daß die Oberfläche geome-

trisch ähnlich zu sich selbst wüchse oder schrumpfte. Das aber zöge eine
Änderung des Volumens nach sich, was der Voraussetzung widerspräche.
Daher läßt sich folgender Satz von der Inhomogenität der Oberflächen-
änderung aussprechen:

*Die Oberfläche eines vollen Körpers ändert bei einem Umformvorgang
ihre Größe, und zwar in inhomogener Weise.*

Das leuchtet manchmal erst bei näherem Hinsehen ein. Etwa beim
Runden eines Blechstreifens zu einem Zylinder werden in der Tat alle

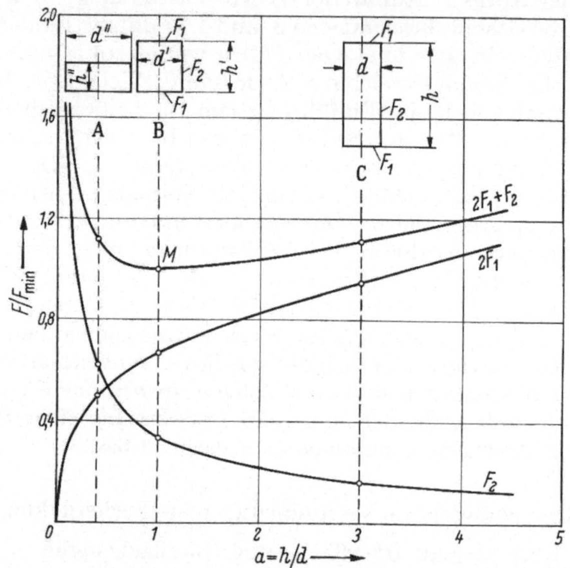

Bild 2. Makrogeometrische Veränderung der Teiloberflächen (2 F_1, F_2) und der Gesamtoberfläche eines
auf verschiedene Höhen h, h', h'' gestauchten Zylinders

Teile der äußeren Fläche gleichförmig gedehnt, die Teile der inneren Zylinderfläche aber werden, wenn auch in sich gleichförmig, gestaucht. Selbst
an einem Blechstreifen, der einem freien Zug unterworfen wird, ändert
sich die Oberfläche nicht homogen, denn die Dicke verringert sich mehr
als die Breite. Ein Grenzfall scheint auf den ersten Blick denkbar zu
sein, indem man eine Hohlkugel unter allseitigem hydraulischen Druck
zusammendrückt oder dehnt. Jedoch werden auch hier Außen- und
Innenfläche makrogeometrisch verschieden schrumpfen oder sich dehnen, weil sich die Wanddicke ändert.

Diese Tatsache der inhomogenen Oberflächenänderung spielt bei der
Veränderung der Mikrogeometrie der Oberfläche, wie wir im folgenden
Abschnitt sehen werden, eine wichtige Rolle. Daher sei diese Erscheinung
an einigen bekannten Körperformen näher betrachtet.

Stauchen wir einen zylindrischen Körper mit $h > d$ (C im Bild 2), der an den Stirnflächen in idealer Weise keiner Reibung unterliegt, in Achsrichtung, so entsteht eine Augenblicksform B, bei der $h' = d'$ ist. In diesem Augenblick hat er als Zylinder bekanntlich die kleinste Oberfläche. Stauchen wir ihn weiter, so wird $h'' < d''$ und die Oberfläche wird wieder größer. Von diesen Veränderungen der gesamten Oberfläche ist indes die Veränderung der Teilflächen, nämlich hier der Stirnflächen ($F_1 + F_1$) und der Mantelflächen (F_2) gänzlich verschieden. Gemäß Bild 2 nehmen die ersteren während des ganzen Vorganges stetig zu, die Mantelfläche nimmt stetig ab; ihre Summe aber durchläuft bei M ein Minimum.

Anmerkung: Diese Überlegung wird praktisch innerhalb gewisser Grenzen von h/d bis h''/d'' verwirklicht, wenn man mit Molybdän-Disulfid-Schmierung die Reibung an den Stirnflächen aufs äußerste verringert. Staucht man über eine gewisse Grenze hinaus, so ändert sich der Mechanismus der Oberflächenveränderung, indem ein Teil der ursprünglichen Mantelfläche zur Stirnfläche wird.

Ein anderes Beispiel ist die Oberflächenveränderung beim Walzen von Gewinden. Bei einem Gewinde, das den halben Flankenwinkel $30°$ und ein ideal spitzes Profil besitzt, wird die ursprüngliche Oberfläche fast genau verdoppelt. Beim Walzen eines metrischen Gewindes mit Profilrundungen am Außen- und Innendurchmesser wächst sie auf das 1,75fache. Bei einem Trapezgewinde sind auch die zylindrischen Flächen am Außen- und Innendurchmesser zu berücksichtigen; davon ist die eine im Verhältnis von Ursprungsdurchmesser zu Gewindeaußendurchmesser gedehnt, die andere etwa ebensoviel gestaucht, während die Flankenflächen in radialer Richtung eine größere Dehnung aufweisen als die eines Spitzgewindes.

Am eindrucksvollsten sind die makrogeometrischen Veränderungen bei der Umformung von vollen Zylindern zu hohlen Näpfen beim Rückwärtsfließpressen. Dort werden Teile der Innenflächen 10- bis 50mal so groß wie sie vorher waren (s. Abschn. 1.2.2, Bild 5).

Wer diese Zusammenhänge überblickt, der wird nach der Lehre des Abschn. 2 bereits gemäß den makrogeometrischen Veränderungen bestimmte Oberflächenwandlungen erwarten.

Die makrogeometrische Veränderung einer Oberfläche hat auch eine Bedeutung, wenn diese beim Umformen einen Schmierfilm trägt. So weist Akeret [2] auf Grund von Versuchen beim Strangpressen von Aluminium darauf hin, daß ein zwischen Bolzen und Aufnehmer aufgebrachter Schmierfilm am ehesten dort abreißt, wo die Flächenvergrößerung eine gewisse Grenze überschreitet.

Weiterhin hat die Vergrößerung der Oberfläche eine eigene physikalische Bedeutung, wenn sie beim gemeinsamen Umformen zweier Stücke so groß ist, daß die auf den Oberflächen befindlichen Oxydschichten aufplatzen. Je nach dem Ausmaß der Flächendehnung wird zwischen den Oxydresten so viel frische Metallfläche frei, daß unter Druck spontan eine *Kaltpreßschweißung* erfolgt (so z. B. beim Walzplattieren). HOFMANN und Mitarbeiter [*21*, *33*] haben Stäbe verschiedener Metalle derart zusammengepreßt, daß zwischen den gestauchten Stirnflächen zufolge der Flächendehnung eine einwandfreie Kaltverschweißung eintrat. Daraus haben sie geschlossen, daß überall, wo eine solche Vergrößerung stattfindet, im Prinzip eine Kaltverschweißung möglich ist, also auch wenn man bei gewissen Umformvorgängen statt eines Werkstücks deren zwei aus gleichen oder aus verschiedenen Werkstoffen zwischen die Werkzeuge bringt. Das haben in jüngerer Zeit HOFMANN und GUMM beim gemeinsamen Vorwärts-Vollfließpressen von Elektrolyt-Kupfer und Hüttenaluminium bestätigt [*20*]. Dabei steigt gemäß Bild 3 die Fugenfläche ABC[1] auf etwa das Dreifache der anfänglichen Berührfläche ($= F_0$) an. Ferner haben sie gefunden, daß vorheriges Bürsten der Berührflächen das Kaltpreßfügen begünstigt. Vermutlich spielt dabei die Kaltverfestigung der gebürsteten Oberflächen eine Rolle. Dazu kommt u. E. eine günstig wirkende Vergrößerung der wahren Oberfläche (s. Abschn. 1.3.4).

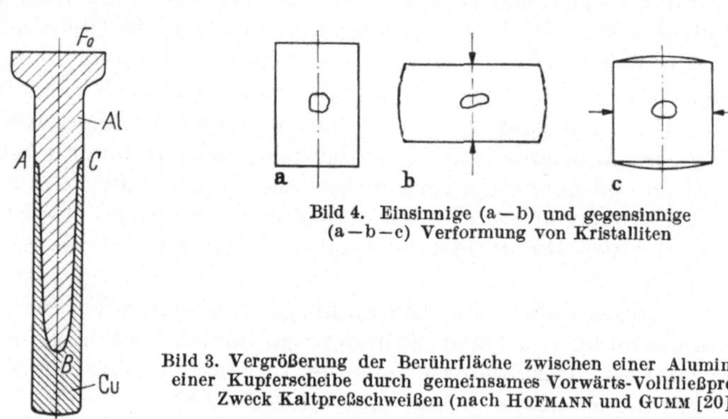

Bild 4. Einsinnige (a — b) und gegensinnige (a — b — c) Verformung von Kristalliten

Bild 3. Vergrößerung der Berührfläche zwischen einer Aluminium- und einer Kupferscheibe durch gemeinsames Vorwärts-Vollfließpressen — Zweck Kaltpreßschweißen (nach HOFMANN und GUMM [*20*])

1.2.2 Die Oberfläche eines Korns

Was für ganze Werkstücke gilt, trifft sinngemäß auch für einzelne Kristallite zu. Wird ein globulares Korn mit seinem Verband gestaucht und gebreitet, so vergrößert sich seine Korngrenzfläche. Sie wächst beispielsweise auf das 1,6fache, wenn beim Drahtziehen ein globulares Korn die Form eines viermal längeren Ellipsoids annimmt. Wird ein Korn durch eine gegensinnige Umformung wieder der Kugelform angenähert, so verringert sie sich wieder (Bild 4). Gewöhnlich ist die Kornverformung nahe der Oberfläche anders als im Innern.[2]

---

[1] im Unterschied zu der wahren Oberfläche, wie sie der Physiker versteht. Hierzu s. Abschn. 1.3.4.

[2] Diese Inhomogenität der Kornverformung hat, wie WASSERMANN und GREWEN [*66*] schreiben, eine Inhomogenität der Textur zur Folge. So sei z. B.

Zum Verständnis dessen, was aus einem globularen Korn bei starker Umformung eines Werkstücks werden kann, erscheint es vorteilhaft, es in *dreidimensionaler Darstellung* zu betrachten. Ein Beispiel haben wir dem Rückwärtshohlfließpressen entnommen (vgl. Abschn. 6.4) und stellen es in Bild 5 dar. Die Projektionen aus den Blickrichtungen *A*, *B*, *C* der Skizze d sind in den Schliffbildern a, b, c dargestellt.

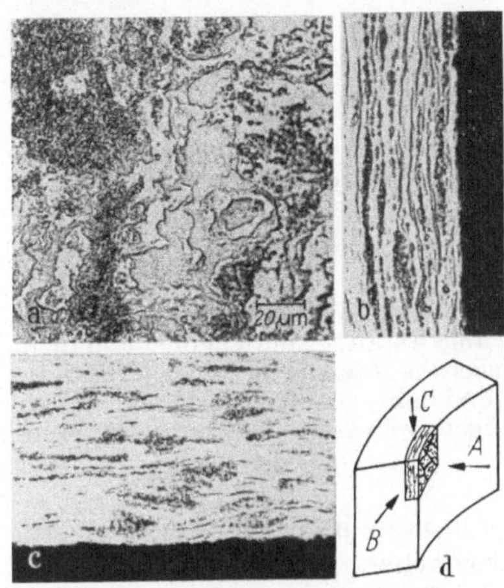

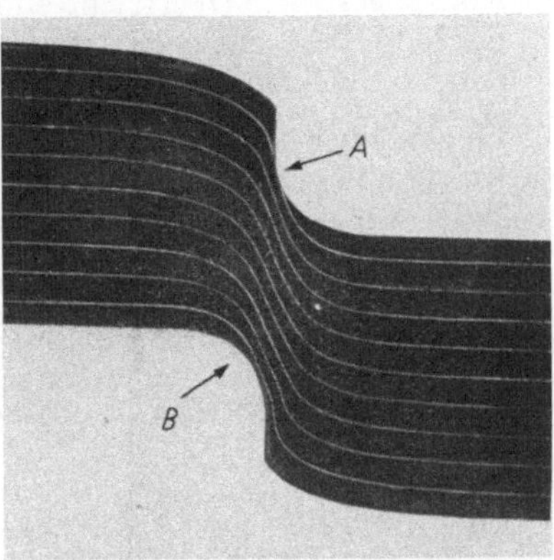

Bild 5. Stark verformte Korngruppe in dreidimensionaler Darstellung, entstanden an der Innenwand eines Napfes beim Rückwärts-Fließpressen

Bild 6. Partielle Stofftrennung (bei *A*) beim Eindringen eines Stempels mit gerundeter Kante in eine aus Stahllamellen hartgelötete Probe (nach M. RICK [57])

1.3 Wesen umgeformter Oberflächen

1.3.1 Einfluß der Vorgeschichte

Wo Flächen vergrößert oder verkleinert werden, ohne daß auf sie von einem Werkzeug Kräfte ausgeübt werden, sprechen wir mit SCHMALTZ [60] von *freier* Umformung; dabei wird ihre ursprüngliche Rauheit je nach Korngröße und Umformgrad verändert.

Wo von Werkzeugen Druck- und Schubkräfte auf das Werkstück übertragen werden, da treten Mikroprägevorgänge und Gleitverformungen auf; das ist die *gebundene* Umformung.

in den Außenzonen eines gezogenen Drahtes oder eines Bleches häufig eine andere Textur (Oberflächentextur) vorhanden als im Innern. Insbesondere könne auch die Streuung der Orientierung verschieden groß sein; sie sei meistens außen stärker als innen. Häufig sei auch die Textur nicht an allen Stellen einer Band- oder Draht-Oberfläche völlig gleich. Dies ist, wie wir hinzufügen, erst recht bei den Oberflächen zu erwarten, die bei einem nichtstationären Umformvorgang entstehen.

In beiden Fällen entstehen keine frischen Oberflächen, vielmehr werden die vor der Umformung bestehenden Oberflächen mikrogeometrisch gewandelt. Es gilt daher der Satz:

Der Endzustand einer umgeformten Oberfläche hängt von ihrer Geschichte ab [30].

Daraus ergibt sich gegenüber einer abgespanten Oberfläche der grundlegende Unterschied:

Eine abgespante Oberfläche entsteht neu, sie ist die Begrenzung einer neuen Schicht. Eine umgeformte Oberfläche ist hingegen die Begrenzung der gleichen Schicht.

Es gibt aber einige Umformvorgänge, bei denen frische Flächen entstehen, nämlich beim üblichen Strangpressen ohne Schmierung des eingesetzten Bolzens (s. Abschn. 7) und beim scharfkantigen Durchsetzen.

Das letztere sei, da es später nicht behandelt wird, hier kurz beschrieben. Es besteht, auf eine geschlossene Umformkante angewandt, eigentlich in einem nicht zu Ende geführten Schervorgang. Bild 6 zeigt an Hand einer aus Blechen zusammengelöteten Probe den Faserverlauf und läßt erkennen, daß die Fasern oberhalb A an einer frischen Oberfläche endigen, während bei B keine Trennung stattgefunden hat.[1]

Solche Flächen stehen den abgespanten nahe und fallen nicht eigentlich unter den Begriff „umgeformte Oberflächen".

Trotzdem werden im Abschn. 7 Oberflächen behandelt, die beim Strangpressen entstehen, weil gerade diesem Umformverfahren Werkstücke und Normprofile entspringen, deren Oberflächen häufig nicht nachbearbeitet werden.

Damit die mikrogeometrische Wandlung der Oberflächen in ihren Einzelheiten erkannt werden kann, ist es notwendig, alle Einflüsse, die in den einzelnen Fertigungsstufen auftreten, zu erfassen. Zum Verständnis der Rauheit der Endform ist es somit notwendig, die Rauheit der Ausgangsform und etwaiger Zwischenformen zu kennen [31]. Dabei sind die Ausgangsformen häufig selbst durch einen Umformvorgang entstanden; bisweilen werden aber auch abgespante Oberflächen umgeformt (vgl. Abschn. 4.1 und 4.3). Zu diesem wesentlichen Einfluß der Vorgeschichte eines Werkstücks treten nun die Auswirkungen der Fertigungsbedingungen selbst. Hier wären zu nennen:

Größe und Art der Umformung
Verhältnis der freien zur gebundenen Umformung
Gleitung im Wirkpaar
Werkzeuggestalt
Werkzeugrauheit (Verschleiß)
Werkstückrauheit vor der Umformung

---

[1] Der Versuch wurde von Dipl.-Ing. M. RICK im Institut für Werkzeugmaschinen und Umformtechnik der Technischen Hochschule Hannover angestellt.

Werkstoffeigenschaften (z. B. Korngröße)
Wärmebehandlung
Schmierung
Umformgeschwindigkeit
Umformtemperatur u.a.m.

Während einer Massenfertigung, wie sie die Umformverfahren meist darstellen, bleiben diese Fertigungsbedingungen nicht immer gleich, so daß aus ihrer Schwankung zusätzliche Einwirkungen auf die Oberflächenbeschaffenheit der Werkstücke zu erwarten sind.

1.3.2 Ungleichförmigkeit

Eine weitere Schwierigkeit in der Beurteilung umgeformter Oberflächen liegt oft in ihrer mikrogeometrischen Ungleichförmigkeit. Nicht selten finden wir Bereiche unterschiedlicher Rauhtiefe und unterschiedlichen Rauheitscharakters, nämlich

a) Oberflächen, die an gewissen Flächenstücken eine geringere Rauhtiefe aufweisen als an anderen,

b) Oberflächen, bei denen das, was wir innerhalb einer gewissen Teilfläche einen Ausreißer nennen würden, sich in typischer Weise wiederholt,

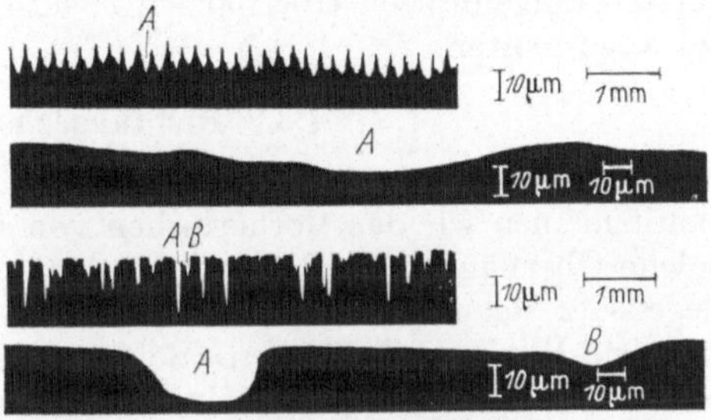

Bild 7. Rauheitsform einer abgespanten und einer umgeformten Oberfläche
a) gedreht, überhöhtes Profil; b) gedreht, entzerrtes Profil; c) durch einen Ziehring gezogen, überhöhtes Profil; d) durch einen Ziehring gezogen, entzerrtes Profil

c) Oberflächen, bei denen die Rauhtiefe von einem Ende zum anderen stetig zunimmt (Beispiel Bild 1 auf der Fläche zwischen c und d).

Oft werden mehrere Teilflächen durch *einen* Umformvorgang gebildet, sie werden aber verschiedenartig beeinflußt. Es können Unterschiede im Umformgrad, in der Größe der Gleitung am Werkzeug, in der Wirksamkeit von Schmiermitteln, im Verhältnis freier zur gebundenen Umformung und manche andere mehr auftreten. Daher können Aussagen über die Rauheit einer Körperoberfläche nur dann zutreffend gemacht werden, wenn an zahlreichen Stellen gemessen wird. Schwierigkeiten bestehen oft auch in der eindeutigen Zuordnung von Werkzeug- und Werkstückrauheit, weil mehrere Werkzeugteilflächen das Werkstück nacheinander beeinflussen.

Die oben erwähnte Verschiedenheit umgeformter Oberflächen gegenüber abgespanten erläutern wir in Bild 7, in dem zwei vorherrschende Typen beider Arten untereinander dargestellt sind. Da man sich bei den üblichen Profilaufzeichnungen oder Tastschrieben mit stark (z. B. 40fach) überhöhten Bergen und Tälern (Bild 7a und c) leicht über die wahre

Natur einer Oberfläche täuscht, sind wahre Profilabbildungen (Bild 7b und d) dazu gegeben. Darnach ist das abgespante Profil gleichsam *offen*; seine Kämme sind schmäler als die Täler, und sein Profilleeregrad (s. Abschn. 1.5.1.3) ist $>0,5$. Demgegenüber sind bei dem gebundenen umgeformten Oberflächenprofil etwa einer gezogenen Stange die Berge breiter als die Täler, wie etwa Tafelbergkämme im Verhältnis zu „Canyons"; der Profilleeregrad ist dann $<0,5$. Auf jeden Fall darf man solche Täler nicht als „Ausreißer" in einem Istprofil betrachten, sie stellen vielmehr als nicht geglättete, an der vorausgegangenen Form vorhanden gewesene Rauheit eine typische Profilart dar und müssen in der Messung voll berücksichtigt werden. Diese Stellen, die den starken Einfluß der Vorgeschichte des Werkstückes zeigen, gehören durchaus zur üblichen Oberfläche. Die Tafelbergform, die wir *halboffen* nennen wollen, ist bei gebunden umgeformten Oberflächen ebenso typisch, wie die offene Form bei abgespanten.

1.3.3 Richtungscharakter

Beiderlei Oberflächen können einen *Richtungscharakter* aufweisen; damit meinen wir das Vorherrschen von Rillen gemeinsamer Richtung. Solche Oberflächen werden in DIN 4761 „geordnet-rillig" genannt. Im Gegensatz dazu gibt es Oberflächen, bei denen in keiner Richtung parallele Rillen vorherrschen. Solche entstehen z. B. beim Läppen und heißen „ungeordnet-rillig", ferner bein Abtragen z. B. durch Funkenerosion, wo sie nach der Norm den Namen „narbig" haben.

Im Hinblick auf umgeformte Oberflächen bevorzugen wir die Ausdrücke „*gerichtet*" und „*ungerichtet*", so wie man das Innere eines kristallinen Stoffes texturbehaftet bzw. texturfrei nennt. In der Umformtechnik sind Beispiele gerichteter Oberflächen solche, die beim Ziehen durch verschlissene Ziehsteine oder beim Strangpressen entstehen, während ungerichtete Flächen vor allem beim freien Umformen entstehen und an Stelle von Rauhkämmen Rauhgipfel aufweisen. Da sich die beiderlei Oberflächenarten beim Umformen ineinander umwandeln und u. U. Zwischenstufen bilden können, bestimmen wir die beiden Arten zwecks objektiver Unterscheidung wie folgt:

Gerichtete Oberflächen sind solche, bei denen quer zu den Rillen und längs den Rillen Rauhtiefe oder Glättungtiefe oder beide *nicht* gleich sind. *Ungerichtete* Oberflächen sind solche, bei denen Rauhtiefen und Glättungstiefen in zwei zueinander etwa senkrechten Richtungen ungefähr gleich sind und sich der durchschnittliche Rillenabstand nicht wesentlich unterscheidet.

Wir vernachlässigen hierbei feine Unterschiede der Istprofile in beiden Richtungen, z. B., wenn bei gleichen Rauhtiefen das eine Profil eine feinzackige Rauheit höherer Ordnung aufweist. Keinesfalls soll der Augenschein maßgebend sein, da das Auge auch andere Rauheitsunterschiede wahrnimmt wie Glanz Schimmern, Flecken u. a., aber kaum vermag,

Rauheiten der Größe nach zu bestimmen. Deshalb geben wir bei unseren Messungen — unbeschadet der Profilart — in der Regel Meßwerte für zwei zueinander senkrechte Tastrichtungen an [28].

Die oben erwähnte Wandlung von gerichteten zu ungerichteten Oberflächen tritt z. B. ein, wenn die gerichtete Oberfläche gewisser glatt gewalzter Bleche (vgl. Bild 91) durch Nachwalzen mit rauhen Walzen zu einer ungerichteten wird. Umgekehrt kann die ungerichtete Oberfläche eines Walzdrahtes durch Kaltziehen zu einer gerichteten werden (s. Abschn. 5.2).

1.3.4 Gebirgsoberfläche und wahre Oberfläche

Bei unseren geometrischen Betrachtungen wird der Leser fragen, welche Bewandtnis es mit dem Flächeninhalt des Rauhgebirges hat. Damit meinen wir die Summe der Flächen der Gipfel oder Kämme, der Böschungen und der Mulden oder Täler. Diese Fläche könnten wir *Gebirgsoberfläche* nennen. Wir stellen an Hand des schematischen Bildes 8 fest, daß im Verhältnis zur ideal-geometrischen Oberfläche die Gebirgsoberflächen b und c je nach Bö-

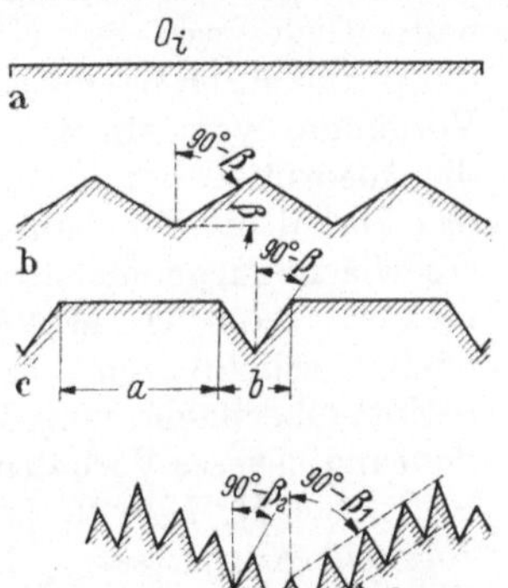

Bild 8. Vergrößerung der geometrisch-idealen Oberfläche (a) durch Rillen (b, c, d)

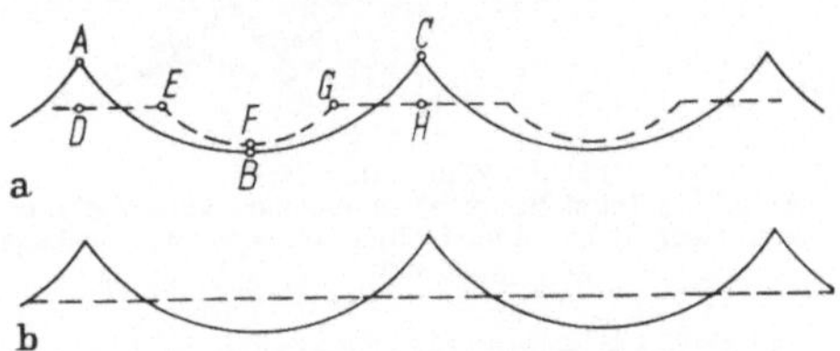

Bild 9. Umformung einer rilligen Oberfläche
a) teilweise geglättet; b) völlig geglättet

schungswinkel und örtlicher Verteilung der Täler zunehmen. In stärkerem Maße ist dies der Fall, wenn sich der Hauptrauheit eine feinere Rauheit überlagert, wie in d.

Umgekehrt entsteht die Frage, wie sich eine Gebirgsoberfläche beim Einebnen durch Umformung verringert. Wir betrachten im Bild 9 zwei Idealfälle rilliger Oberflächen mit rundem Rillenprofil. Im Fall a ist das Profil teilweise eingeebnet, indem der Kamm eingedrückt und das Tal angehoben wurde. Mit der Wandlung des Profils $A\,B\,C$ zur Form $D\,E\,F\,G\,H$ ist die Oberfläche um etwa 10% kleiner geworden. Wird das Profil völlig eingeebnet (Fall b), so verringert sich die Oberfläche um etwa 15%. In Wirklichkeit sind die Profile häufig flacher und die so berechneten Flächenverringerungen sind noch geringer.

Der physikalische Grenzbegriff dessen, was wir Gebirgsoberfläche nennen, ist die *wahre Oberfläche*. Sie definiert der Physiker als die Größe jener Fläche, die man sich durch die Mittelpunkte aller Oberflächenatome gelegt denken kann.[1]

Für die Bestimmung der wahren Oberfläche sind eine Reihe von Methoden entwickelt worden, die von BRUNAUER [8] beschrieben werden. Unter diesen erscheint für Metalle neben der sog. BET-Adsorptionsmethode [8] die elektrolytische Methode geeignet. Man mißt die Elektrizitätsmenge in Coulombs, die je Flächeneinheit nötig ist, um das Potential an der Elektrode um 100 mV zu erhöhen. Teilt man diesen Wert durch 6×10^{-7} Coulombs, so erhält man die wahre Oberfläche, die den Wasserstoffionen zugänglich ist, und ihr Verhältnis zur geometrisch-idealen Oberfläche.

Bild 10 möge anschaulich machen, um wieviele Größenordnungen die hiernach in Betracht kommenden örtlichen Rauheiten kleiner sind, wenn wir auf der wahren Oberfläche eine monomolekulare Schicht aufgebracht denken.

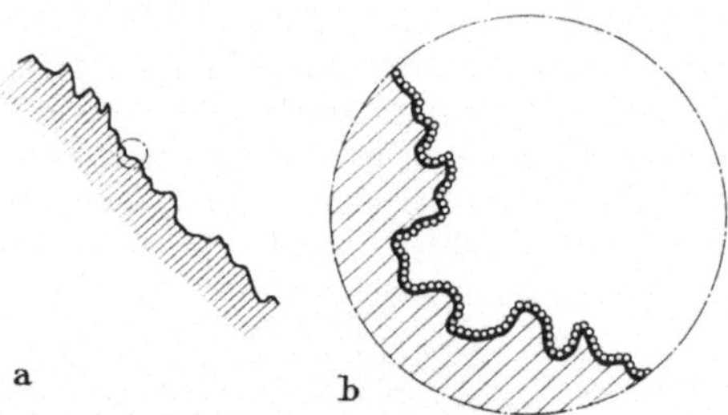

Bild 10. Wahre Oberfläche
a) in üblicher Darstellung; b) in submikroskopischer Darstellung einer Stelle: Rauhgebirge von einer Molekül-Lage bedeckt

Für gewisse Zwecke, namentlich wo es sich um physikalisch-chemische Vorgänge, vor allem um die Adsorption handelt, ist das Verhältnis der wahren Oberfläche zur geometrisch-idealen (von H. MAYER auch „scheinbaren" genannt) Oberfläche von Bedeutung. Dieses Verhältnis heißt bei H. MAYER [43] *Rauheits-Koeffizient*, bei den Amerikanern [49] roughness factor. Für umgeformte Oberflächen finden sich dort nur die Angaben der Tafel 1.3.

Wenn wir uns auch gegenwärtig solcher Kennwerte für die Rauheit nicht bedienen, sollten wir sie im Sinne unserer Typologie doch im Auge haben. Die niederen Rauheitskoeffizienten, die umgeformte, halboffene Oberflächen aufweisen, erklären, weshalb sie einem Korrosionsangriff besser widerstehen als jede offene Oberfläche, ein Begriff, der gerade hier eine zweite Begründung erhält.

Beachtlich ist auch der niedere Wert (Nr. 4), der beim Elektropolieren einer gewalzten Oberfläche erreicht werden kann. Er liegt bedeutend niederer als bei einer mechanisch polierten Oberfläche, die zwar durch Glanz besticht, aber einen beachtlichen Rauheits-Koeffizienten hat (vgl. Nr. 5 und 6).

Eine wichtige Rolle spielt das *Beizen*. Wo es nach einer Zwischenglühung nötig ist, rauht es die Oberfläche auf. Wie stark sie dadurch

---

[1] Diese Definition verdanken wir Herrn Professor Dr. H. MAYER, Clausthal.

Tafel 1.3

Rauheitskoeffizienten $= \dfrac{\text{wahre Oberfläche}}{\text{ideal-geometrische Oberfläche}}$

Lfd. Nr.	Gegenstand	Erzeugung der Oberfläche	Rauheits-Koeffizent	Schrifttum
1	Draht aus Silber oder Nickel	gezogen	2	[43]
2	Folie aus Armco-Eisen 0,08 mm dick	gewalzt	1,25	[49]
3	Zinkfolie	gewalzt	1,9	—
4	Folie aus rostbeständigem Stahl	elektropoliert	1,1	[49]
5	desgl.	mit Schmirgelpapier geglättet (amerikanische Nr. 26)	3,1	[49]
6	NE-Metalle	poliert	3—16	[43]
7	Folie aus nichtrostendem Stahl	gebeizt in 25 Vol.% HCl 25 Vol.% H_2SO_4	4	[49]
8	Silberdraht	gebeizt in HNO_3	51	[43]

vergrößert wird, können unsere Tastschriebe (z. B. Bild 112) nur andeuten, so daß die oben genannten Rauheitskoeffizienten eine wertvolle Ergänzung bilden.[1] Eine nützliche Wirkung hat die mit dem Beizen verbundene Oberflächenvergrößerung für die Haftung von Klebschichten und Überzügen.

Eine unmittelbare Nutzanwendung des Beizens gewalzter Oberflächen finden wir an Aluminiumfolien für Elektrolyt-Kondensatoren. Die Oberfläche erhält durch Ätzen eine Gestalt, die sich kaum darstellen, höchstens durch Bild 11 andeuten läßt. Im Innern der etwa 25 μm tiefen Ätzgruben findet sich eine koksartige Oberfläche, deren Rauheit unter die Gestaltabweichungen 5. Ordnung (DIN 4760) fällt. Nach Angaben des Herstellerwerks wächst die Oberfläche auf das

Bild 11. Wahre Oberfläche einer geätzten Aluminiumfolie für Elektrolyt-Kondensatoren

44fache derjenigen der „glatten" Folie. Damit wird etwa ein Rauheitskoeffizient erreicht, wie er auch aus den Werten in Nr. 2 und Nr. 8 der Tafel 1.3 hervorgeht. Beachtlich ist, daß, wie wir im Stereomikroskop beobachten konnten, bei dem gewählten Ätzverfahren Teile der Walzoberfläche erhalten bleiben, so daß die Folien definierte Anlageflächen haben.[2]

---

[1] Elektronenmikroskopische Aufnahmen enthüllen feinste Fältchen im gegenseitigen Abstand von rd. 0,03 μm, die sich Rauhmulden von 1 μm $\varnothing$ überlagern (vgl. Bild 8d).

[2] Die wahre Oberfläche der Folie wird mit einer monomolekularen Oxydschicht elektrisch isoliert. Zwischen solchen dielektrischen Schichten benachbarter Folien befindet sich als leitender Belag ein Elektrolyt. So liefert die große Oberfläche zusammen mit dem dünnen Dielektrikum eine hohe Kapazität.

1.4 Ordnung umgeformter Oberflächen

Nach dem vorher Gesagten untersuchten wir dreierlei Oberflächen, die primär beim Umformen entstehen:

>   frei umgeformte Oberflächen
>   gebunden umgeformte Oberflächen
>   frische Oberflächen.

Diese Arten lassen sich indes nicht eindeutig den Verfahren zuordnen, da bisweilen mehrere bei einem und denselben Vorgang auftreten. Beim Rohrziehen tritt z.B. an der Einziehzone zuerst eine freie, dann am Ziehring eine gebundene Umformung auf. Beim Biegen treten gleichzeitig eine freie und eine gebundene Umformung auf. Trotzdem wird der Praktiker nach den Oberflächen fragen, die bei bestimmten Umformverfahren auftreten. Diese lassen sich in fünf große Klassen gliedern, wobei nach dem Angriff der hauptsächlich wirkenden Kräfte oder Momente unterschieden wird (DIN 8580):

1. Druckumformen
2. Zugumformen
3. Zugdruckumformen
4. Biegeumformen
5. Schubumformen.

Während in den Klassen 2 bis 5 Oberflächentypen erzeugt werden, die sich bei den einzelnen Verfahren innerhalb der Klassen nur wenig unterscheiden, müssen wir die Klasse 1 in zwei Verfahrensgruppen unterteilen, bei denen ganz verschiedene Oberflächentypen auftreten: das *Walzen* und das *Pressen*. Bei den letzteren tritt dann die obige Unterteilung in umgeformte und frische Oberflächen auf. Aus Abschn. 4 wird hervorgehen, daß die Walzverfahren geeignet sind, die besten Oberflächen hervorzubringen, die durch Umformen zu erreichen sind. Außerdem hat der Umformtechniker einige sekundär entstehende Oberflächen zu betrachten, nämlich solche, die durch Beizen, Glühen, Abstrahlen[1] erzeugt werden. Auch ist daran zu denken, daß Werkstücke zur Erleichterung der Umformung mit einer Schicht bedeckt werden. Die Rauheit auf einer solchen verpreßten Schicht ist anders als die der darunter liegenden Metalloberfläche (vgl. Abschn. 6).

Für eine Ordnung nach dem Verwendungszweck der verschiedenen Oberflächen liefert uns der DIN-Entwurf 4764 [*92*] eine geeignete Grundlage. Darnach teilen wir die Oberflächen ein in:

---

[1] Diese Verfahren werden nicht geschlossen behandelt, weil es Hilfsverfahren sind, die in Kombination mit verschiedenen Umformverfahren angewandt werden. Hinweise auf die durch sie bewirkten Oberflächenwandlungen finden sich in verschiedenen Abschnitten.

a) mechanisch nicht beanspruchte Flächen (z.B. Sicht-, Optik-, Thermo-, Chemo-, Elektrofläche, zu beschichtende Flächen);

b) durch Spannungen beanspruchte Flächen (z.B. Stütz-, Dicht-, Haft-, Richt-, Fügefläche);

c) durch Gleit- und Rollreibung beanspruchte Flächen (z.B. Trockengleitfläche und Schmiergleitfläche, Meßfläche, Wirkfläche eines Werkzeugs, Walz-Rollpreßfläche, Wirkfläche von Walzwerkzeugen);

d) durch Stoß beanspruchte Flächen.

1.5 Angewandte Meßgrößen

Wenn wir im Rahmen unserer Einführung trotz des umfangreichen Schrifttums (Überblick in [*54, 62, 70, 82*]) auf die anzuwendenden Meßgrößen, Meßverfahren und Meßgeräte eingehen, so nur insoweit, als es für die eindeutige Bestimmung der untersuchten umgeformten Oberflächen notwendig ist.

1.5.1 Wahl geeigneter Meßgrößen

Eine technische Oberfläche ist ein so verwickeltes Gebilde, daß es schwierig ist, es zahlenmäßig zu beschreiben. Schon bei Oberflächen mit ideal glatten Rillen bedarf es wenigstens vierer Angaben, nämlich Rauhtiefe, Glättungstiefe, Rillenabstand und Rillenrichtung. Da die Rillen aber niemals ideal glatt sind, müssen die ersten beiden Angaben je für 2 Richtungen gemacht werden. Auch bei nicht gerichteten Oberflächen (s. S. 12) benützt man zwar ebenfalls Rauhtiefe und Glättungstiefe, weil man sie aus den selbsttätig gewonnenen Aufzeichnungen handelsüblicher Tastgeräte erhält, aber ihr Informationsgehalt ist nicht der gleiche. An die Stelle der Rillenentfernung müßte die mittlere Endfernung der Rauhgipfel treten.

Notwendig ist es, Welligkeit und Rauheit zu unterscheiden. Besonders gilt dies für die gebundene Umformung, weil hierbei die Welligkeit wie auch eigentliche Formfehler i.a. durch Verbesserung des Werkzeuges und des Verfahrens vermindert oder vermieden werden kann. Eine eindeutige Trennung dieser oft miteinander vermischten Begriffe ist nach v. WEINGRABER [*69*] dadurch möglich, daß zwei Kreise von verschiedenem Halbmesser r_f und r_e gemäß dem der DIN-Norm 4762 Bl. 3 entnommenen Bild 12 über die Oberfläche gerollt werden und daß ihre Mittelpunktskurven um r_f bzw. r_e gegen die Oberfläche verschoben und somit berührend an sie herangebracht werden.[1] Dann ergeben die Ordinatenunterschiede der ersten Kurve (Formprofil) vom geometrischidealen Profil den Formfehler, die Ordinatenunterschiede der zweiten

---

[1] Diese Art, die Rauheit auf eine Hüllfläche bzw. Hüllinie (Enveloppe) zu beziehen, heißt E-System.

Kurve (Hüllprofil) von der ersten die Tiefen der Welligkeit und die Ordinatenunterschiede des Istprofils vom Hüllprofil die Rauhtiefen.[1]

1.5.1.1 Senkrechtmeßgrößen. Denkt man sich das Hüllprofil, das nunmehr zum Bezugsprofil für die Senkrechtmeßgrößen geworden ist, begradigt, so ergeben sich die Senkrechtmeßgrößen aus Bild 13. Hierin

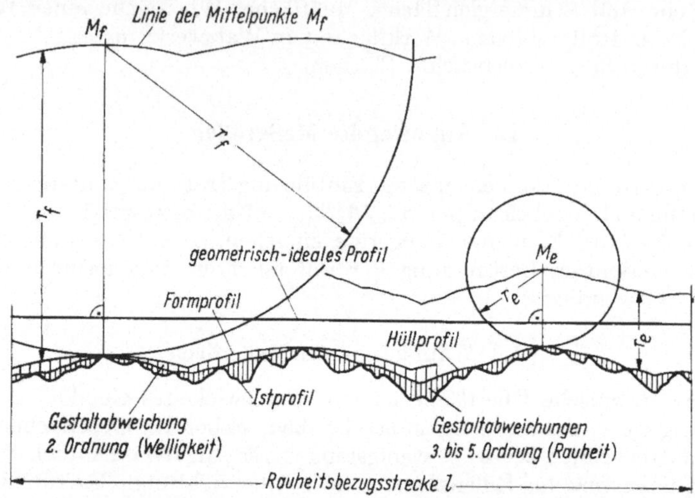

Bild 12. Entstehung des Formprofils und des Hüllprofils bei gegebenem Istprofil. Der Deutlichkeit wegen ist ein Istprofil mit einer übertrieben großen Rauheit dargestellt. Auch die Halbmesser r_f und r_e sind nicht maßstäblich wiedergegeben (aus DIN 4762 Bl. 3)

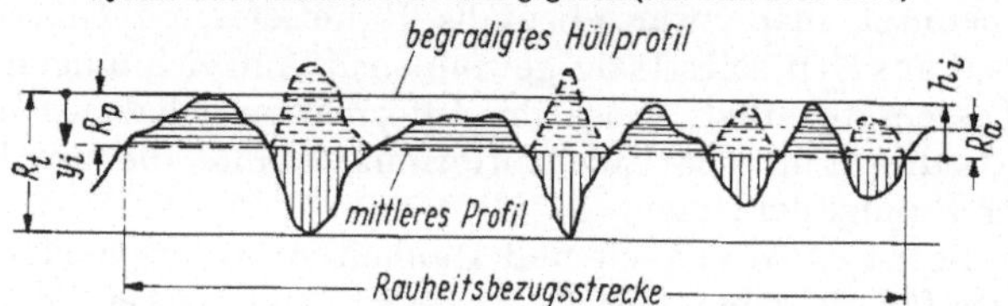

Bild 13. Rauhtiefenmaße R_t, R_p, R_a gezeigt an einem begradigten Hüllprofil

sind auszugsweise die in dieser Arbeit hauptsächlich verwendeten Meßgrößen dargestellt. Es sind dies

---

[1] In Wirklichkeit wird eine Oberfläche nicht mit kreisförmigen Schneiden, die allein solchen Kreisen exakt entsprächen, abgetastet, sondern mit Tastkörpern, deren Tastflächen Kugelkalotten bilden. Bei einem solchen Tasten kommen auch Erhöhungen zur Geltung, die ein wenig seitlich der Profilschnittebene liegen. Die Gesamtheit aller Tastanlagen definiert eine Hüllfläche (statt eines Hüllprofils), und die Aufzeichnung ist nichts anderes als ein Schnitt durch diese Hüllfläche. Diese meßtechnisch begründete Definition ist vom ISO-Comité TC 57 W.G. 1 vorgeschlagen worden.

Das durch die Rollkreise ermittelte Profil ist hieran eine Annäherung und liegt grundsätzlich unterhalb des Schnittes durch die Hüllfläche.

Rauhtiefe $\quad\quad R_t =$ Abstand des Grundprofils vom Hüllprofil

Glättungstiefe $\quad R_p =$ mittlerer Abstand des Istprofils vom Hüllprofil

$$R_p = \frac{1}{l} \int\limits_{x=0}^{x=l} y_i \, dx$$

Mittenrauhwert $R_a =$ arithmetischer Mittelwert der absoluten Beträge der Abstände des Istprofils vom mittleren Profil

$$R_a = \frac{1}{l} \int\limits_{x=0}^{x=l} h_i \, dx \; .$$

Der Begriff „Mittenrauhwert" ist in den anglikanischen Ländern entstanden, weil er in elektrischen Tastschnittgeräten leicht als Mittelwert entsteht. Da diese Meßgröße im englischen und amerikanischen Schrifttum sehr viel benutzt wird, verwenden wir sie auch, wenngleich nicht ohne Bedenken (s. Abschn. 1.5.2). Da hierbei nämlich das Mittel aus den *absoluten* Abweichungen von der Mittellinie angegeben wird, ist der R_a-Wert beispielsweise für zwei so verschiedene Profile wie in Bild 14 derselbe, obwohl das Profil *a* für eine abgespante Fläche und das Profil *b* für eine umgeformte kennzeichnend ist.

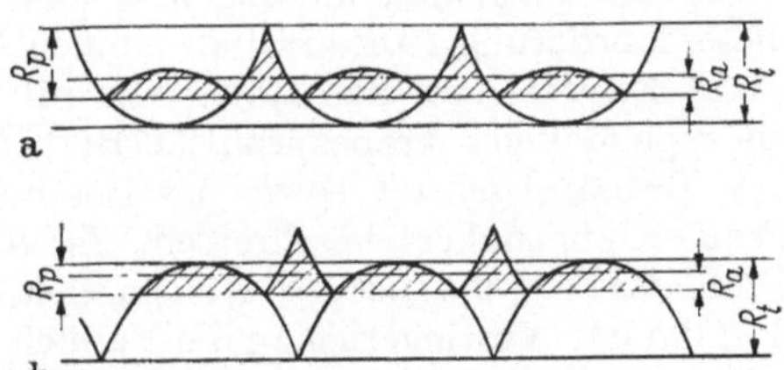

Bild 14. Rauhprofile mit gleichem R_t- und R_a-Wert
a) $R_p = 1/3\ R_t$; b) $R_p = 2/3\ R_t$

Die Gegensätze solcher Profile werden in der Umformtechnik deutlich und machen geradezu den Unterschied zwischen unseren Begriffen „offen" und „halboffen" aus. Außerdem sei beim Lesen von R_a-Werten darauf hingewiesen, daß sie zur Rauhtiefe R_t durchaus nicht in einem festen Verhältnis stehen; R_a/R_t schwankt etwa von 1:4 bis zu 1:20.

Alle drei Meßgrößen R_t, R_p, R_a werden an Hand von Profilschnitten ermittelt, entweder als Anzeige eines Meßgerätes oder durch Auswerten eines von einem Gerät aufgezeichneten Istprofils. Wenn wir in unserer Typologie Veränderungen von Rauheiten zu betrachten haben, so genügt es nicht, die absolute Ab- oder Zunahme festzuhalten, vielmehr muß die Änderung auch auf den Ausgangszustand bezogen werden. Es wird daher entsprechend der makrogeometrischen Formänderung eine mikrogeometrische Rauheitsänderung eingeführt. In Anlehnung an die bezogene Formänderung $\varepsilon_L = \dfrac{L_0 - L_1}{L_0}$ wird daher im Hinblick auf Rauhtiefe R_t,

2*

Glättungstiefe R_p und Mittenrauheit R_a die *bezogene Rauheitsänderung* wie folgt definiert:

$$\varrho_t = \frac{R_{t_0} - R_{t_1}}{R_{t_0}} \; ; \qquad \varrho_p = \frac{R_{p_0} - R_{p_1}}{R_{p_0}} \; ; \qquad \varrho_a = \frac{R_{a_0} - R_{a_1}}{R_{a_0}} \, ,$$

wobei der Index 0 den Zustand *vor* der Umformung, der Index 1 den *nach* der Umformung deutet.

Diese neuen Begriffe haben sich bei unseren Untersuchungen als sehr nützlich erwiesen, nicht nur bei der Bestimmung der relativen Rauheitsänderung bei einem Umformvorgang, sondern auch bei der Unterscheidung von Rauheitsarten und ihrer Veränderung bei Umformungen. Wird nämlich ein „offenes" Profil zu einem „halboffenen" geändert, (z.B. wenn eine abgestrahlte Staboberfläche durch einen Ziehring gezogen wird, so äußert sich dies zunächst in einem unterschiedlichen Leeregrad: $\lambda > 0,5 \rightarrow \lambda < 0,5$). Der Leeregrad (s. Abschn. 1.5.1.3) allein jedoch beschreibt die Veränderung nicht vollständig, da er als Quotient von zwei Veränderlichen (R_t und R_p) abhängig ist. Das Verhältnis der bezogenen Rauheitsänderungen ϱ_t und ϱ_p zueinander hingegen genügt dieser Forderung. Dies soll an einigen Beispielen erläutert werden.

a) Ersetzt man das Rauheitsprofil mit begradigter Hüllinie durch ein regelmäßiges Trapezprofil (s. Bild 15), so kann man durch Variation des Verhältnisses a/b sowie des Böschungswinkels β eine Vielzahl von Profilen angenähert beschreiben. Ist $a \geq b$, so stellen wir ein offenes Profil dar ($\lambda \geq 0,5$), ist $a < b$, so handelt es sich um ein halboffenes, wobei $\lambda < 0,5$ ist. Verringert man die Rauheit durch Niederdrücken der Gipfel oder — und — Anheben der Täler, so kann man die bezogene Rauheitsänderung ϱ_t und ϱ_p aus der Änderung der Maße R_t, a und b berechnen. Das Verhältnis ϱ_t zu ϱ_p beschreibt dann die Art der Rauheitsänderung.

Gemäß Bild 15 ist $R_p = R_t \cdot \dfrac{L - b + a}{2\,L}$ (Gerade Hüllinie vorausgesetzt)

$$\varrho_p = \frac{R_{p_0} - R_{p_1}}{R_{p_0}} = 1 - \frac{R_{p_1}}{R_{p_0}} = 1 - \frac{R_{t_1}}{R_{t_0}} \cdot \frac{L - (b_1 - a_1)}{L - (b_0 - a_0)} = 1 - \frac{R_{t_1}}{R_{t_0}} \cdot c \, .$$

Der Faktor c bestimmt, ob R_p oder R_t stärker abnimmt.

b) Häufiger als die oben beschriebene Änderung von regelmäßigen Rauheitsprofilen ist die Beeinflussung einzelner, ausgezeichneter Rauheitsbereiche, z.B. das Niederdrücken höherer Gipfel (s. Bild 16), oder das Anheben tieferer Täler (s. Bild 17). Hierbei sei das umformende Werkzeug eine ebene Platte und die Preßrichtung senkrecht zu deren betrachtetem Oberflächenausschnitt. In Bild 16 handelt es sich um die Umformung eines offenen zu einem halboffenen Profil. Während die Rauhtiefe nur um 40% sinkt, nimmt die Glättungstiefe um 70% ab. Dies ist eine für Umformvorgänge typische Oberflächenveränderung (s. z.B. Abschn. 5.1 Stabziehen und vgl. Bild 82).

Wird hingegen ein halboffenes Profil, z. B. eine glatte Oberfläche mit einzelnen Vertiefungen unterschiedlicher Tiefe umgeformt, so werden zumeist die tiefsten Stellen am stärksten beeinflußt, d. h. in Bild 17 F_{02}; hier ist $\varrho_p < \varrho_t$. Eine derartige Umformung finden wir z. B. beim Walzrichten von gezogenen Stangen (s. Bild 149).

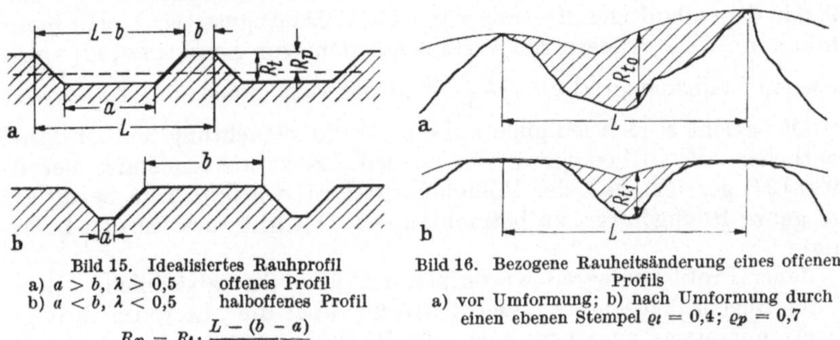

Bild 15. Idealisiertes Rauhprofil
a) $a > b$, $\lambda > 0{,}5$ offenes Profil
b) $a < b$, $\lambda < 0{,}5$ halboffenes Profil

$$R_p = R_t \cdot \frac{L - (b - a)}{2\,L}$$

Bild 16. Bezogene Rauheitsänderung eines offenen Profils
a) vor Umformung; b) nach Umformung durch einen ebenen Stempel $\varrho_t = 0{,}4$; $\varrho_p = 0{,}7$

1.5.1.2 Waagrechtmeßgrößen. Bei den üblichen Oberflächenuntersuchungen wird dem Abstand der Rauhgipfel wenig Aufmerksamkeit geschenkt; lediglich beim Drehen und ähnlichen Vorgängen wird von der Breite der Vorschubspur gesprochen. In DIN 4782 Bl. 1 ist dafür der Begriff „Rillenabstand" und neben diesem der „Wellenabstand" festgelegt.

Bei umgeformten gerichteten Oberflächen spielen diese Abstände kaum eine Rolle, wenn die Brauchbarkeit einer Oberfläche für einen bestimmten Zweck zu beurteilen ist. Deshalb haben wir sie bei unseren Beispielen aus der gebundenen Umformung kaum erwähnt. Bei umgeformten ungerichteten Oberflächen taucht indes der neue Begriff des (mittleren) *Gipfelabstands* auf.

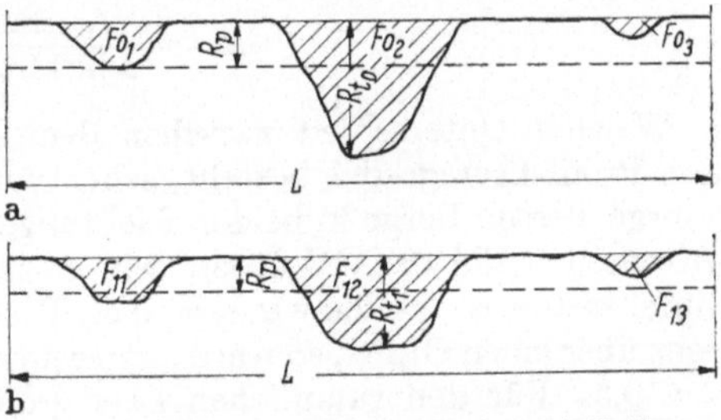

Bild 17. Bezogene Rauheitsänderung eines halboffenen Profils
a) vor Umformung; b) nach Umformung durch einen ebenen Stempel $\varrho_t = 0{,}38$; $\varrho_p = 0{,}16$

Die Waagrechtmeßgrößen sollten u. E. bei der Charakterisierung einer rauhen Oberfläche im Sinne einer vollständigen Typologie nicht fehlen. Der Rauhgipfelabstand spielt bei der Betrachtung frei umgeformter Oberflächen eine Rolle und wird daher dort (Abschn. 2.5) behandelt werden.

1.5.1.3 Leeregrad. Zusätzlich zu den obengenannten Meßgrößen wird noch eine abgeleitete Meßgröße verwendet, der Leeregrad $\lambda = \dfrac{R_p}{R_t}$. Dieser Begriff erweist sich bei der Beschreibung der verschiedenen Rauheitsarten in der Umformtechnik als nützlich und bedeutsam. Wir wenden ihn daher an, obwohl er im Gegensatz zum Normenentwurf von 1956 in der endgültigen Fassung von DIN 4762 (August 1960) nicht mehr enthalten ist. Der Leeregrad λ[1] steht mit dem von SCHMALTZ [60] angegebenen Völligkeitsgrad $k = \dfrac{R_t - R_p}{R_t}$ in der Beziehung: $\lambda = 1 - k$. Insoweit bezieht er sich lediglich auf eine Profilbetrachtung und ist daher deutlicher „Profil-Leeregrad" zu nennen. KIENZLE hat indes bereits 1939 [24] gezeigt, daß der Völligkeitsgrad räumlich, d.h. in bezug auf das ganze Rauhgebirge, zu betrachten sei. Das gilt auch für den Leeregrad.

Jener Profil-Leeregrad würde nämlich über die tatsächliche „Leere in der Oberflächenschicht" oder deutlicher über die „Leere im Rauhgebirge" nur etwas aussagen, wenn die Rauheit in Rillenrichtung gleich Null wäre. Da dies nicht der Fall ist, betrachten wir die *Leere als räumliches Problem.*

Nennen wir den Raum zwischen den über die Gipfel und durch die Talsohlen gehenden Hüllflächen „Schichtraum" und den darin nicht von Metall erfüllten Raum „Leerraum", so definieren wir den räumlichen Leeregrad

$$\lambda_r = \frac{\text{Leerraum}}{\text{Schichtraum}} \, .$$

Welcher Unterschied zwischen dem räumlichen Leeregrad λ_r und dem Profil-Leeregrad λ besteht, sehen wir an einem idealisierten Rauhgebirge, dessen Berge in beiden Richtungen *1* und *2* reine Dreiecksprofile aufweisen (Bild 18). Würden wir entlang der Linie $A-B$ über die Gipfel tasten, so fänden wir $\lambda_1 = 0,5$. Tasteten wir entlang $C-D$ wenigstens über einen Gipfel, so wäre offensichtlich, auf das gleiche R_t bezogen, $\lambda_2 = 0,5$. Für den räumlichen Leeregrad λ_r, der gleich dem Vollraum weniger dem von Stoff erfüllten Pyramidenraum ist, ergibt sich $\lambda_r = 0,67$.[2] Zugleich erkennen wir, daß die Entfernungen a, b ohne Einfluß sind.

In Wirklichkeit haben wir unregelmäßige Profile, aus denen die Ermittlung von $\lambda_r = f(\lambda_1, \lambda_2)$ nur durch eine mühsame graphische Integration erfolgen könnte, da die bisherigen Meßmethoden uns nur Profil-

---

[1] Wir benutzen hier absichtlich ein von den Normen abweichendes Formelzeichen, um deren Weiterentwicklung nicht vorzugreifen.

[2] Hierbei gehen wir von der Vorstellung eines Abtastens mit einem spitzen Taster aus (zweidimensionales Abtasten), während beim Abtasten mit einer Kugelkalotte im Sinne der Fußnote 1 (S. 18) die Hüllfläche einen grundsätzlich anderen Leeregrad liefert.

schriebaufzeichnungen und damit in jeder Richtung einen Profil-Leere-grad λ_1 und λ_2 liefern. Daher schlagen wir einen Näherungsweg ein, indem wir in beiden Richtungen die Istprofile durch Trapezprofile derart er-setzen, daß jeder der beiden Profilleeregrade erhalten bleibt.[1]

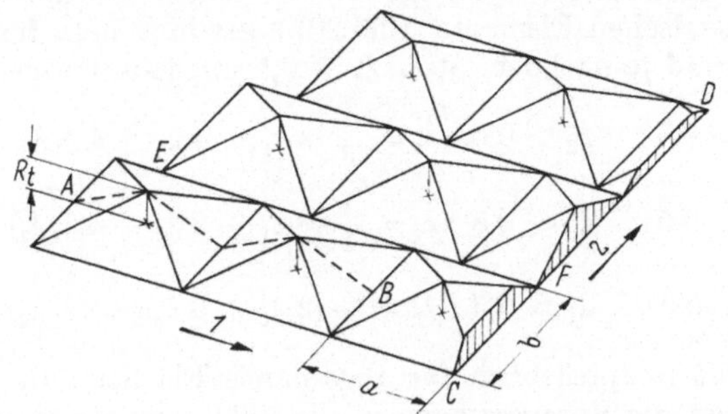

Bild 18. Idealisiertes, aus Pyramiden bestehendes Oberflächengebirge
zur Erläuterung des räumlichen Leeregrades

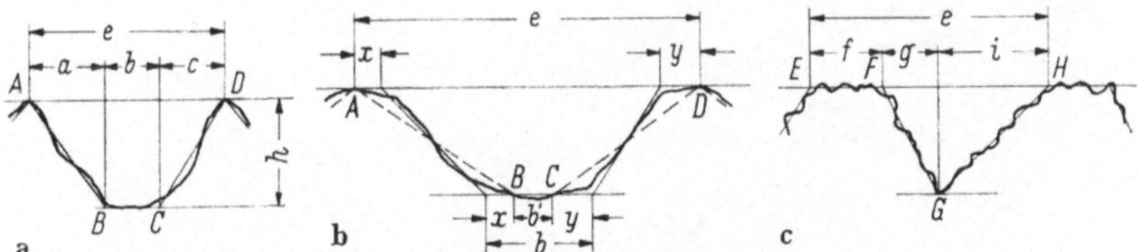

Bild 19. Ersatz eines Istprofils durch Trapeze

Bild 19a zeigt ein Profil, dessen $\lambda > 0,5$ ist. Das Talprofil wird durch das Trapez $A\,B\,C\,D$ ersetzt. Dann wird

$$\lambda = \frac{\left(\dfrac{a+c}{2}+b\right)h}{(a+b+c)\,h} = \frac{a+2\,b+c}{2\,(a+b+c)} > 0,5\,. \tag{1}$$

Daß ein ähnlicher Ersatz zulässig ist, wenn auch der Berg eine Trapez-form hat, zeigt Bild 19b. Man kann, ohne λ zu ändern, b um $x+y$ kürzen und das Profil durch das Profil $A\,B\,C\,D$ ersetzen, so lange nur voraussetzungsgemäß $\lambda > 0,5$ ist.

Für $\lambda < 0,5$ tritt gemäß Bild 19c das Profil $E\,F\,G\,H$ an die Stelle des Istprofils; dann ist

$$\lambda = \frac{g+i}{2\,(f+g+i)} < 0,5\,. \tag{2}$$

---

[1] Diesen Ansatz verdanken wir Herrn Privatdozent Dr. phil. HEINRICH HEESCH, Technische Hochschule Hannover.

Die Gleichwertigkeit mit wirklichen Oberflächen setzt voraus, daß der Berechnung von λ_r die in *zufälligen* Abtastbahnen aus Profilschnitten bestimmten λ_1 und λ_2 zugrunde gelegt werden.

Räumlich entstehen somit idealisierte geometrische Gebilde, von denen Bild 20a eines mit $\lambda_1 < 0,5$, $\lambda_2 < 0,5$ zeigt. Durch die Zerlegung in ihre geometrischen Elemente (Bild 20b) gewinnt man für den räumlichen Leeregrad je nachdem ob $\lambda_1, \lambda_2 \gtrless 0,5$ folgende Formeln

$$\text{a) } \lambda_1 > 0,5, \quad \lambda_2 > 0,5 : \lambda_r = \frac{1}{3}\,(4\,\lambda_1 + 4\,\lambda_2 - 4\,\lambda_1\lambda_2 - 1) \qquad (3)$$

$$\text{b) } \lambda_1 < 0,5, \quad \lambda_2 < 0,5 : \lambda_r = \frac{1}{3}\,(3\,\lambda_1 + 3\,\lambda_2 - 4\,\lambda_1\lambda_2) \qquad (4)$$

$$\text{c) } \lambda_1 < 0,5, \quad \lambda_1 > 0,5 : \lambda_r = \frac{1}{3}\,(2\,\lambda_1 + 3\,\lambda_2 - 2\,\lambda_1\lambda_2) \qquad (5)$$

Formel a) gilt hauptsächlich für abgespante Flächen; die Formeln b) und c) erfüllen die Voraussetzungen, die bei umgeformten Oberflächen

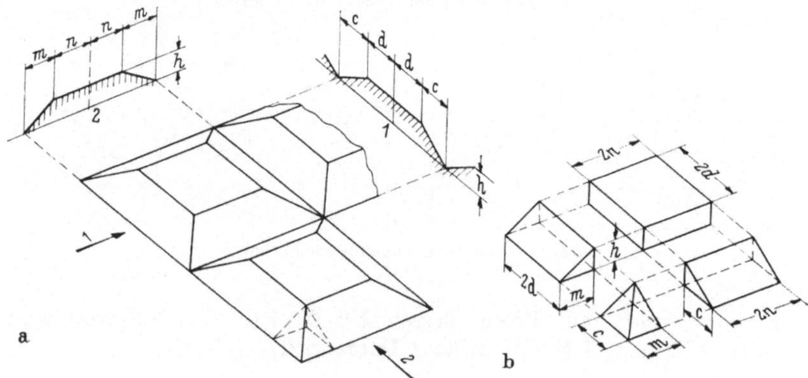

Bild 20. Ermittlung des räumlichen Leeregrades

gegeben sind, wo fast immer einer der beiden Profil-Leeregrade $< 0,5$ ist. Das haben wir für etwa 15 verschiedene Umformverfahren festgestellt.

Die Formeln a) bis c) gelten unter der Voraussetzung, daß die Rauhtiefen in beiden Richtungen gleich sind. Damit sind alle ungerichteten Rauheiten erfaßt und von den gerichteten diejenigen, bei denen die beiderlei Rauhtiefen (aber nicht die Glättungstiefen) gleich sind. Das trifft angenähert für die meisten Umformverfahren zu. Hier sei nochmals, aber in einer Formel ausgedrückt, folgende Definition für λ_r gegeben:

Betrachten wir über einem beliebigen Flächenstück den vollen Raum V von der Höhe R_t und den darin nicht von Stoff erfüllten leeren

Raum L, so ist der räumliche Leeregrad gleich dem Verhältnis des leeren zum vollen Raum:

$$\lambda_r = \frac{L}{V} \ . \tag{6}$$

Diese Berechnung des räumlichen Leeregrades ist eine *Annäherung* zu dem Zwecke, für diese nicht unwichtige Eigenschaft eine bequem zu ermittelnde *Kennzahl* zu finden. Als solche wollen wir den so ermittelten ungefähren „räumlichen *Leeregrad*" verstanden wissen.

Da nun schon die Werte der Rauhtiefen und der Glättungstiefen bei ein und derselben Fläche und noch mehr innerhalb der vielen, einem

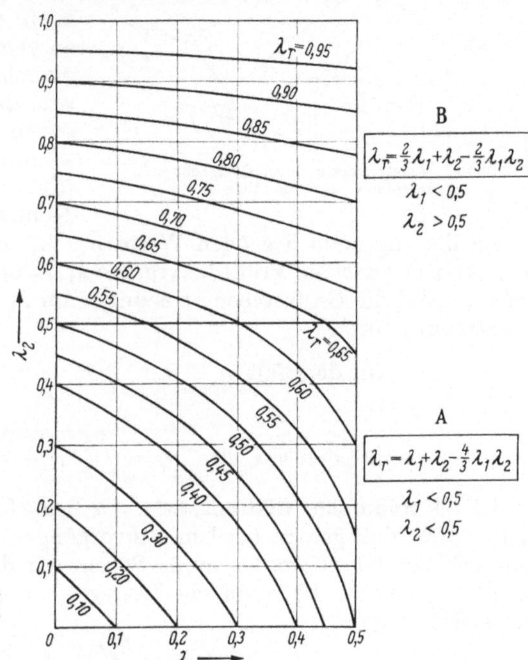

Bild 21. Kurven zur Ermittlung des räumlichen Leeregrades λ_r aus den Profilleeregraden λ_1 und λ_2

und demselben Verfahren entstammenden Flächen, trotz gleicher Fertigungsbedingungen erheblich schwanken, erscheint das Näherungsverfahren bei gleichen Rauhtiefen (Bild 20) ohne weiteres zulässig. Der bequemen Bestimmung von λ_R dienen die Kurventafeln A und B in Bild 21.

A gilt für den Bereich $\lambda_1 < 0{,}5$; $\lambda_2 < 0{,}5$

B gilt für den Bereich $\lambda_1 < 0{,}5$; $\lambda_2 > 0{,}5$.

Wie ist es nun, wenn die Rauhtiefe in der zweiten Richtung geringer ist als in der ersten? Wenn λ_1 klein ist, mit anderen Worten, wenn die

Täler eng sind, dann kann man gemäß Bild 22 ohne großen Fehler in der Richtung *2* die Leere *A B C* durch die gleich große auf volle Tiefe R_t gehende *E F G* ersetzen. Dann können wir λ_2 zahlenmäßig einsetzen, wie in den Formeln (b) und (c) geschehen. λ_1 als der größere der beiden Profil-Leeregrade liegt bei den meisten Umformverfahren, bei denen $\lambda_1 > \lambda_2$ ist, unter 0,4.

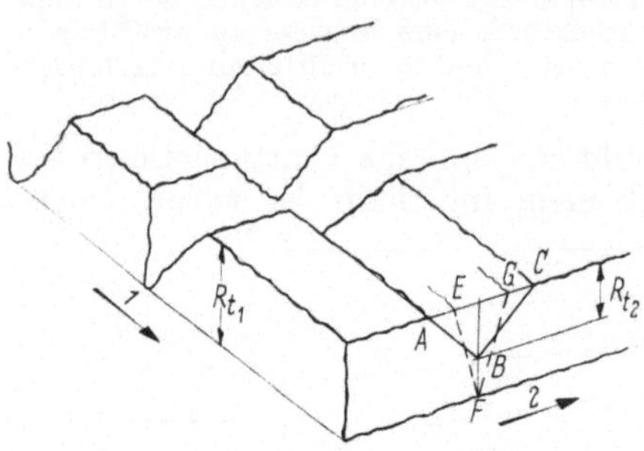

Bild 22. Ersatz einer geringen Querrauhtiefe durch eine volle Rauhtiefe

Natürlich könnte man nach der Art des Bildes 20 auch für $R_{t_1} > R_{t_2}$ Formeln ansetzen, sie würden aber unübersichtlich. Indes glauben wir, daß man — mindestens bei umgeformten Oberflächen — mit den Formeln (4) und (5) genügend angenäherte Kennwerte erhält.

Da die zugrunde liegenden Werte R_t, R_p mit Streuungen behaftet sind, sind es auch die Profil-Leeregrade λ_1, λ_2 und der räumliche Leeregrad λ_r. Sind die GAUSSschen Streuungen für λ_1 und λ_2 σ_1 und σ_2, so ist die Streuung für λ_r

$$\text{für den Fall b)} \quad \sigma_r = \sqrt{\sigma_1^2 + \sigma_2^2 + \frac{16}{9}\sigma_1^2\cdot\sigma_2^2}$$

und

$$\text{für den Fall c)} \quad \sigma_r = \sqrt{\frac{4}{9}\sigma_1^2 + \sigma_2^2 + \frac{4}{9}\sigma_1^2\cdot\sigma_2^2}.$$

1.5.1.4 Räumliche Glättungstiefe. Es bedarf nun keiner Begründung mehr dafür, daß gerade bei Umformvorgängen auch die Glättungstiefe räumlich betrachtet werden muß. Setzen wir die räumliche Glättungstiefe $= R_{pr}$, so ist der räumliche Leeregrad, der durch Gl. (6) definiert ist, gleichzeitig

$$\lambda_r = \frac{R_{pr}}{R_t}. \tag{7}$$

Wenn wir nun λ_r nach der oben angegebenen Methode ermittelt haben, dann ist damit auch die Bestimmung der räumlichen Glättungstiefe gegeben

$$R_{pr} = \lambda_r \cdot R_t. \tag{8}$$

Hierbei ist R_t der größere Wert der Rauhtiefen, die in zwei Richtungen verschieden sind.

1.5.1.5 Böschungswinkel. Eine Meßgröße, die bei abgespanten Oberflächen nicht erforderlich war, aber bei umgeformten Oberflächen in bestimmten Fällen eine geradezu entscheidende Bedeutung gewinnt, ist der von MÜHLENWEG eingeführte *Böschungswinkel* [48]. In den entzerrten Beispielen des Bildes 7 geht β bei der abgespanten Fläche bis etwa 20°, bei der umgeformten bis 90°. Bei Hinterschneidungen kann der Böschungswinkel $> 90°$ werden.

Es ist gemäß Bild 23 der Winkel zwischen einer beliebigen Tangente (*1*) an das wirkliche (unverzerrt dargestellte) Istprofil und dem geometrisch-idealen Profil (*2*).

1.5.1.6 Tragende Fläche. Eine rauhe Fläche trägt zunächst an ihren höchsten Gipfeln: dort treten indes schon bei kleinen Lasten bildsame Verformungen auf. Bei Vergrößerung der Last kommen immer mehr hohe Stellen (Gipfel) zur Anlage. Diese Erscheinung wird durch den Begriff „Flächentraganteil" t_f erfaßt. Er ist das Verhältnis der tragenden Fläche F_t zum Bezugsbereich B.

Ein Flächentraganteil F_t gilt indes nur für eine bestimmte Last und eine bestimmte Gegenfläche. Dagegen hat man in DIN 4762 Bl. 1 entsprechend den eindimensionalen Senkrechtmeßgrößen R_t, R_p und R_a eine tragende Länge l_f definiert und hiervon den Profiltraganteil t_p als das Verhältnis zur Bezugslänge angeleitet: $t_p = \dfrac{l_t}{l}$.

1.5.2 Beurteilung der verschiedenen Meßgrößen

Im letzten Abschnitt haben wir die für uns in Betracht kommenden Meßgrößen zunächst lediglich genannt und beschrieben. Welche Bedeutung sie für unsere Typologie haben, soll nun behandelt werden.

1.5.2.1 Senkrechtmeßgrößen. Das anschaulichste Oberflächenmaß ist die *Rauhtiefe* R_t. Sie gibt einen ersten, ziemlich guten Anhaltspunkt für die Beurteilung einer Rauheit. Aber als alleiniges Maß reicht sie zur Kennzeichnung einer Oberfläche nicht aus, wie wir weiter unten sehen werden. Die Angabe der Rauhtiefe ist bisweilen unmittelbar nützlich z. B. wenn die Dicke einer Schicht angegeben werden soll, durch deren Abtragen das Rauhgebirge zum Verschwinden gebracht werden kann. Sie ist auch von Bedeutung bei der Beurteilung von Veränderungen der Oberflächengestalt durch die einzelnen Fertigungsstufen oder durch Verschleiß. An ihr können die absolut größten Änderungen als Extremwerte festgestellt werden.

Die Rauhtiefe wird nach DIN 4762 Bl. 1 vom Bezugsprofil aus bestimmt (Bild 12). Da sie innerhalb der näheren Umgebung eines Punktes der Oberfläche, z. B. innerhalb der für eine Abtastung gewählten Bezugstrecke schwankt und ihrem Betrag nach erheblich von der Länge der Bezugsstrecke abhängt, so muß man sich entscheiden, wie lang die Bezugsstrecke sein soll und ob man den größten Wert von R_t oder einen Mittelwert (arithmetisches Mittel oder Häufigkeitswert) angibt. In DIN 4762 ist eindeutig festgelegt, daß unter verschieden tiefen Punkten des Profils der vom Bezugsprofil am weitesten entfernte Punkt (vgl. Bild 13) maßgebend ist. Man sollte demnach auf einer größeren Fläche den rauhesten Bereich suchen. Die Angabe „$R_t = x\,\mu$m" bedeutet dann, daß die Oberfläche in ihrer typischen Feingestalt an der gewählten Stelle keine größere Rauhtiefe als $x\,\mu$m aufweist, was nicht besagt, daß die tatsächlich auf der Oberfläche vorhandene größte, aber zufällig nicht gemessene Rauhtiefe den gemessenen Wert nicht noch übersteigt. Die Rauhtiefe, die zugleich die Höhe des von uns so genannten Schichtraums (vgl. Bilder 13, 19, 22) ist, läßt sich leicht aus einem Profilschnitt ermitteln (Bild 7). Lediglich eine heikle Frage bleibt dabei offen, nämlich die nach sog. *Ausreißern*; damit meint man einzelne Tiefstellen, die selten vorkommen und für die Feingestalt nicht typisch sind.

Bei *umgeformten Oberflächen* ist die Rauhtiefe oft an einer und derselben Stelle entstehungsgemäß verschieden. In solchen Fällen halten wir es für geraten, zwei Werte der Rauhtiefen anzugeben. Das gilt sinngemäß auch für die anderen Senkrechtmeßgrößen. Es kann durchaus von praktischem Interesse sein, in solcher Weise auch die weniger rauhen Stellen zu kennzeichnen, z. B. wenn sie für einen Verwendungszweck ungünstig sind. Umgekehrt kann eine solche Angabe einen nützlichen Hinweis geben, wenn ein Werkstück einer Dauerwechselbeanspruchung unterworfen sein wird, bei dem von tiefen Stellen Kerbrisse ausgehen können.

Glättungstiefe (im Profilschnitt ermittelt). R_p ist anschaulich das Maß, um das ein geordnet rilliges Rauhprofil ($\lambda_r = \lambda_1$; $\lambda_2 = 0$) niedergewalzt oder -gepreßt werden müßte, bis die ganze Fläche eingeebnet wäre. Auch die Glättungstiefe allein könnte ein Oberflächengebirge nur ungenügend beschreiben; ja, ihre alleinige Angabe wäre noch schlechter als die alleinige Angabe von R_t, denn sie kann, da

$$R_p = \lambda \cdot R_t$$

je nach dem Leerheitsgrad zu einem großen oder einem kleinen Rauhtiefenwert gehören. Trotzdem besitzt R_p von allen Oberflächenmaßen den höchsten Informationsgehalt; sie reagiert am empfindlichsten auf die verschiedenen Rauheitsarten und sagt am meisten über die Funktionseigenschaften der Oberfläche aus. Dies zeigt sich deutlich an einem Vergleich verschiedenartiger Profile mit gleicher Rauhtiefe und gleichem Mittenrauhwert, wo nur die Glättungstiefe die Unterschiede beschreiben kann [*39, 70*].

Die Bedeutung, die R_p gerade für umgeformte Oberflächen hat, zeigt sich am deutlichsten in Bild 7, das eine abgespante und eine gebunden umgeformte Oberfläche zeigt. Die letztere ist durch eine große Rauhtiefe an diskreten Orten gekennzeichnet. Deshalb ist ihr R_p-Wert wesentlich kleiner als bei der gedrehten Fläche, obwohl ihr R_t-Wert größer ist. Erst aus der gleichzeitigen Angabe der beiden Meßwerte R_t und R_p ergibt sich das Bild eines Rauheitstypes. Auch um die von Arbeitsgang zu Arbeitsgang sich wandelnde Oberflächengestalt bei Umformungen zu beschreiben, ist stets die Messung beider Werte erforderlich, da, wie schon oben erwähnt, häufig eine Wandlung von einer offenen zu einer halboffenen Oberfläche oder umgekehrt auftritt.

Die Profilglättungstiefe wird exakt durch Planimetrieren von Profilschrieben ermittelt. Hier zeigt sich der Vorteil eines anzeigenden Gerätes z.B. Perth-O-Meter, das diese Werte selbsttätig liefert[1]. Hierbei ist jedoch sorgfältig auf die Rauheitsart zu achten, da infolge der Bauart des Tasters und der Gleitkufe Welligkeiten und Gestaltsabweichungen niederer Ordnung in die Messung der Glättungstiefe eingehen können.

Wichtiger als die Profilglättungstiefe erscheint uns die *räumliche Glättungstiefe* (s. Abschn. 1.5.1.4). Sie ist nicht nur eine entscheidende Meßgröße, sondern hat auch eine unmittelbare Bedeutung. Sie gibt in erster Annäherung den Betrag an, um den ein Werkzeug in das umzuformende Werkstück einsinkt, bevor die makrogeometrische Umformung einsetzt. Außerdem ist sie bei einem reinen Glättungsvorgang wie dem Glattwalzen (s. Abschn. 4.1) für die Veränderung der senkrecht zur umzuformenden Oberfläche verlaufenden Längenmaße wesentlich.

Mittenrauhwert. Der Mittenrauhwert R_a ist, wie die Glättungstiefe, eine Integralmaßgröße. Er hat keinen hohen Informationsgehalt, und ist, wie oben erläutert, wenig anschaulich. Er streut absolut wenig, wenn auch prozentual ebenso wie die anderen Rauhwerte; das zeigen die vorliegenden und andere Untersuchungen [39]. Er ist jedoch bisweilen zum Vergleich mit ausländischen Mitteilungen erforderlich, da einige Länder ihn ausschließlich benutzen. Aus diesem Grund wird er bei den meisten Messungen in dieser Arbeit neben den anderen Werten angegeben.

1.5.2.2 Leeregrad. In der Umformtechnik sagt uns der Leeregrad anschaulich, was Glättung oder Einebnung, auf das ganze Rauhgebirge bezogen, bedeutet. Diese Größe macht den Unterschied zwischen einem Zustand vor und nach dem Umformen einer Oberfläche auf eindringliche Weise erkennbar. Sinkt z.B. ein Leeregrad von 0,35 auf 0,15, so bedeutet das praktisch zugleich eine bedeutende Vergrößerung der tragenden Fläche und wird damit neben den Rauhtiefenwerten zu einem wichtigen zusätzlichen Kennwert für die Leistung des betreffenden Verfahrens.

Der Leer-Raum spielt auch eine Rolle, wenn eine Fläche mit einer flüssig aufgebrachten Schicht (Metall, Lack) versehen wird. Soll diese oberhalb der Rauhberge eine Dicke δ haben und beträgt die räumliche Glättungstiefe $R_{pr} = \lambda_r \cdot R_t$, so ist eine Menge aufzutragen, die dem Betrag $(R_{pr} + \delta)$ proportional ist. Somit kann eine Verringerung von R_{pr} in gewissen Fällen zu einer Ersparnis führen.

---

[1] Jüngst wurde von H. v. WEINGRABER und J. HÄSING ein neues Glättungstiefenmeßgerät entwickelt [71].

Auch sagt uns der räumliche Leeregrad bei gegebener Rauhtiefe, wie groß der Raum ist, in dem Schmiermittel zwischen den Rauhgipfeln Platz finden. Das spielt eine positive Rolle, wenn ein Schmierpolster erwünscht ist, wie z. B. beim Tiefziehen von Blechteilen; eine negative Rolle spielt dieser „Schmiermittelraum", wenn er zuviel Schmiermittel aufnimmt, die z. B. beim Prägen nicht entweichen können und dann schädliche Vertiefungen hervorrufen.

1.5.2.3 Böschungswinkel. Der Böschungswinkel in der Umformtechnik hat eine doppelte Bedeutung. Einmal gibt er einen Zustand steiler oder gar unterschnittener Flanken an (Bild 23). Zum anderen bildet er einen Hinweis auf die Möglichkeit von Schäden an einer Oberfläche. Von einer gewissen Größe des Böschungswinkels ab besteht z. B. die Gefahr, daß ein Walz- oder ein Ziehvorgang die Flanke umlegt und eine *Falte* bildet (vgl. Bild 75 und 79).

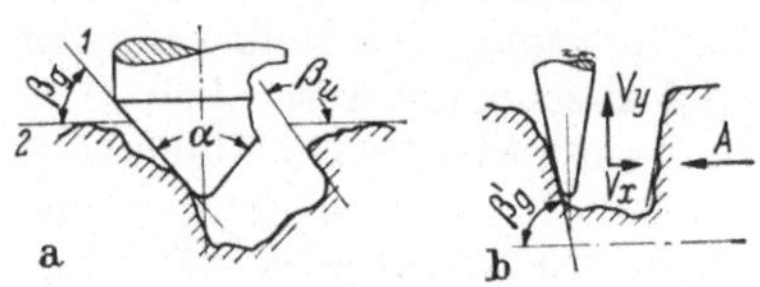

Bild 23. Tastnadel und Rauhprofil
a) wirklicher Böschungswinkel β;
b) scheinbarer Böschungswinkel β'

Nun ist der Bestimmung großer Flankenwinkel beim Abtasten durch den Kegelwinkel der Tastnadel eine Grenze gesetzt. Tastschnittgeräte können Unterschneidungen gar nicht und steile Flanken nur bis zu einem gewissen Böschungswinkel β_g wiedergeben. Daher sei für einen Tastschrieb, der ein Istprofil in der Höhe V_y mal, in der Breite V_x mal vergrößert wiedergibt, der Winkel β'_g ermittelt, bei dem es ungewiß ist, ob der wirkliche Böschungswinkel größer ist (Profilpunkt A) oder gar eine Unterschneidung β_u vorliegt. In Bild 23a sei der Kegelwinkel der Tastnadel α und der Böschungswinkel an der Stelle, an der eine Mantellinie des Tastkegels eine Tangente bildet, $\beta = 90° - \dfrac{\alpha}{2}$. Dann ist der scheinbare Böschungswinkel in diesem Fall (Bild 23b)

$$\tan \beta' = \frac{V_y}{V_x} \tan \beta = \frac{V_y}{V_x} \cot \frac{\alpha}{2}. \tag{9}$$

Für verschiedene Tastkegelwinkel und für die üblichen Überhöhungen $\dfrac{V_y}{V_x} = 40$ und 10 ergeben sich Werte für β' gemäß Tafel 1.5.

Eine weitere Bedeutung hat der Böschungswinkel für das Verhältnis der Größe der Gebirgsoberfläche O_g zur Größe der geometrisch-idealen Oberfläche O_i (s. Abschn. 1.3.4). Ist die Oberfläche geordnet rillig, wie im Bild 8b, so wird $O_g = \dfrac{O_i}{\cos \beta}$. Im Falle nach Bild 8c, der bei umgeformten Oberflächen vorkommt, wird

$$O'_g = \frac{a/b + 1/\cos \beta}{a/b + 1} \cdot O_i.$$

Bei genauerem Hinsehen findet man der Gestaltabweichung 3. Ordnung (β_1) eine Gestaltabweichung 4. Ordnung (β_2) überlagert (Bild 8d), so daß die Gebirgsoberfläche noch wesentlich größer wird, als allein durch den Böschungswinkel β_1. Galvanische Niederschläge pflegen an Flächen ähnlich b oder d besser zu haften, als an Flächen ähnlich c.

Tafel 1.5

Grenzböschungswinkel, die noch richtig abgetastet werden: β am Istprofil; β' im Tastschrieb

Kegelwinkel der Tastspitze α	Grenzböschungswinkel β	Überhöhung des Schriebs V_y/V_x	Grenzböschungswinkel im Schrieb β'	Angewandt im Gerät
30°	75°	10	88° 28'	Leitz-
		20	89° 14'	
		25	89° 22'	Forster
		40	89° 37'	
60°	60°	10	86° 41'	
		20	88° 21'	
		25	88° 40'	
		40	89° 11'	
90°	45°	10	84° 17'	Perth-O-Meter,
		20	87° 09'	
		25	87° 42'	Talysurf
		40	88° 33'	

1.5.2.4 Tragende Fläche. Was uns am flächenbezogenen Traganteil interessiert, sind zwei Dinge, nämlich

a) der Beginn der plastischen Einebnung bei sich steigernder Last; sie tritt bei einer Tafelbergfläche (vgl. Bild 7c, d) bei höherer Last ein als bei einer offenen. Ist das Verhältnis von fehlender Fläche zur ganzen (idealen) Fläche[1] $= q$ und ist die Umformfestigkeit des Werkstoffs $= \sigma_F$, so genügt ein scheinbarer auf die Gesamtfläche bezogener Prägedruck $= \sigma_P$

$$\sigma_P = \sigma_F \cdot (1 - q),$$

um den Beginn der bildsamen Formänderung der Rauhgipfel herbeizuführen. In q tritt somit ein weiteres Phänomen der Leere in Erscheinung.

---

[1] Im Beispiel des Bildes 20 ist $q = \dfrac{c(m + n) + d \cdot m}{(c + d)(m + n)}$.

b) die Steigerung von σ_P, die nötig ist, um bei dem mit der Einebnung fallenden q schließlich eine genügend eingeebnete Fläche zu erzielen.

Leider steht der praktischen Anwendung dieser Erkenntnis die Schwierigkeit entgegen, q nicht nur im Profil, sondern über die Fläche ermitteln zu müssen. Nun hängt aber q so eng mit dem räumlichen Leeregrad zusammen, wobei allerdings $q > \lambda_r$, daß es in gewissen Fällen praktisch sein dürfte, statt des Flächentraganteils

$$t_f = 1 - q$$

den räumlichen Völligkeitsgrad

$$k_r = 1 - \lambda_r$$

zu benutzen, besonders wenn λ_r klein ist.

1.5.3 Auswertung der Messungen

Bei gerichteten Flächen werden Profilformen und Rauheitswerte oft nur mittels *eines* oder weniger paralleler Profilschnitte bestimmt. Hierbei wird angenommen:

1. Die Oberfläche ist homogen,
2. der Tastschnitt erfolgt senkrecht zur Rillenrichtung,
3. die Taststrecke umfaßt eine größere Zahl von Rillen.

Ein Profilschnitt würde aber nur dann eine genügende Information liefern, wenn die Rillen fast ideal glatt wären. In Wirklichkeit sind die Rillen und Kämme auch in ihrem Längsverlauf rauh. Daher haben KIENZLE und HEISS [*28*] gefordert, daß nicht nur an verschiedenen Stellen, sondern auch in verschiedenen Richtungen abgetastet werde. Dabei sind mehrere kurze Tastungen an unterschiedlichen Stellen günstiger als eine lange. Nur wenn das Oberflächengebirge statistisch ungeordnet und isotrop ist, entfällt die Forderung, in verschiedenen Richtungen abzutasten.

Umgeformte Oberflächen sind meist schwach gerichtet. Häufig ist der Unterschied zwischen Längs- und Querrichtung so klein, daß man ihn erst durch eine große Zahl von Tastungen von der Streuung der Rauheit trennen kann. Dies ist z. B. der Fall beim Blechwalzen mit glatten Walzen, beim Stabziehen, beim Gewindewalzen u. a. m. Es handelt sich oft um gestreckte muldenartige Vertiefungen oder um Ziehriefen, die wohl sichtbar, aber gegenüber der narbenartigen Grundrauheit klein sind.

Für die Rauheit von Werkstücken darf man nicht nur ihren Größtwert oder ihren arithmetischen Mittelwert angeben; letzteres kann man wohl zur Kennzeichnung von Veränderungen und zum Vergleichen tun.

Eine Oberfläche stellt ein mehrfach streuendes Kollektiv von Rauhtiefen dar. Schon in der engeren Umgebung eines Punktes streuen sie; weiter schwanken sie von Stelle zu Stelle einer und derselben

Fläche und schließlich von Werkstück zu Werkstück. Daher wird eine Oberfläche zweckmäßigerweise mit den Mitteln der Statistik beschrieben. Die Verteilungskurve der Rauheit gibt Auskunft über den gemessenen häufigsten Wert und über die Größe der Streuung. Nun haben unsere und andere Untersuchungen ergeben, daß die Häufigkeitsverteilung der Rauhtiefen an mehreren Stellen eines und desselben umgeformten Werkstücks *nicht* gleich einer GAUSSschen Verteilung sind, wenn man die Häufigkeit über einer arithmetischen Teilung der Rauhtiefen aufträgt. Vielmehr sollten nach den Regeln der Statistik die Argumente (Rauhtiefen) in einem logarithmischen Maßstab aufgetragen werden. Dann wird die Verteilung der nunmehr geometrisch gestuften Klassen häufig symmetrisch. Die Abweichungen vom arithmetischen Mittelwert aus diesen Tastungen sind zu größeren Rauheiten hin stärker als zu kleineren. In der Auswertung spielen die Abweichungen nach unten meist keine Rolle, während sich die nach oben voll auswirken.

In der Darstellung bevorzugen wir die Summenhäufigkeitskurve in dem bekannten Liniennetz nach DAEVES-BECKEL, auf dem eine GAUSSsche Verteilung eine Gerade ergibt. Die Argumente (Rauhtiefen) stufen wir geometrisch nach Normzahlen und tragen sie in eine gleichmäßige Teilung ein, was einer logarithmischen Eintragung gleichkommt.

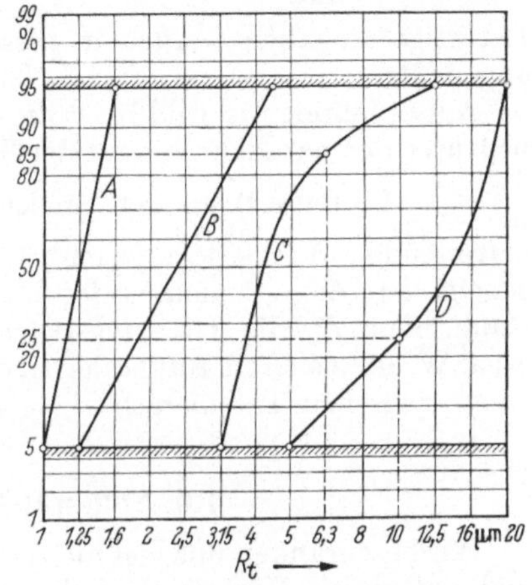

Bild 24. Aussageinhalt von Summenhäufigkeitskurven von Rauhtiefen

Die Darstellung in der Summenhäufigkeitskurve, für die Bild 24 einige Beispiele gibt, hat mehrere Vorteile:

a) Sie ist bequemer zu zeichnen.

b) Sie läßt ohne weiteres erkennen, in welchem Rauhtiefenbereich ein bestimmter Anteil der Stellen einer Fläche liegt; z. B. liegen bei Kurve A 95% unterhalb von $R_t = 1,6\ \mu$m.

c) Eine breitere Streuung ist leicht an der geringeren Steigung der Kurve (B) zu erkennen.

d) Die Krümmungen in der Summenhäufigkeitskurve, konvex (C) oder konkav (D), lassen erkennen, ob die kleineren oder größeren Rauheitswerte vorherrschen.

Nehmen wir bei jeder Kurve das *geometrische* Mittel ihrer Rauhwerte zwischen den Summen 5% und 95%, so finden wir:

Bei Kurve C liegen unterhalb des geometrischen Mittelwerts $R_t = 6{,}3 \; \mu\mathrm{m}$ 85%, darüber 15%. Urteil: der glattere Teil herrscht vor.
Bei Kurve D liegen unterhalb des geometrischen Mittelwerts $R_t = 10 \; \mu\mathrm{m}$ nur 25%, darüber 75%. Urteil: der rauhere Teil herrscht vor.

e) Die Wandlung der Rauheit durch einen Umformvorgang läßt sich leicht in einer Darstellung vereinigen (vgl. Bild 78).

Kennzeichnend für eine technische Oberfläche ist nun z. B. die Angabe:

90% der Meßwerte (zwischen 5 und 95%) liegen zwischen . . . . . und . . . . . μm; der am häufigsten gemessene Wert beträgt . . . . . μm.

Derartige Angaben werden in dieser Arbeit den jeweiligen Verfahren angepaßt.

Aufschlußreich in Bild 78 ist die gegenseitige Lage der Kurven. In a) bedeutet der parallele Verlauf der Kurven R_t und R_p, daß das Verhältnis

$$\frac{R_p}{R_t} = \lambda \;\; \text{(Leeregrad)}$$

an den Stellen feiner und grober Rauheiten des betreffenden Werkstücks gleich ist. Wenn aber die Kurve verschieden geneigt ist, dann bedeutet das im Beispiel b), daß bei den größeren Rauhtiefen R_t die Glättungstiefen R_p verhältnismäßig kleiner sind. M. a. W. die tieferen Rauhtäler sind verhältnismäßig schmal wie „Canyons" zwischen Tafelbergen.

1.6 Angewandte Meßverfahren

Wir beschränken uns hier auf die von uns angewandten Meßverfahren und auf einige Hinweise bei ihrer Benutzung an umgeformten Oberflächen.

1.6.1 Visuelle Rauheitsprüfung

Mit dem Auge kann man gewisse Rauheitsunterschiede gut feststellen[1] und vor allem Oberflächen vergleichen, die unter ähnlichen Bedingungen hergestellt sind [19, 58]. Die Bedeutung der Sichtprüfung liegt in der Beurteilung von Rillen und ihrem Abstand, von Störungen z. B. durch Kratzer, im Auffinden eines „Gerichtetseins" zur Beurteilung des Verfahrens u. a. Die Prüfung mit unbewaffnetem Auge kann durch mikroskopische Beobachtung erweitert werden. Es ist aber zu bemerken, daß ein Augenschein zu erheblichen Täuschungen führen kann, denn in der Wirkung des Glanzes auf das Auge liegt eine starke Gefahr der Täuschung. Man ist nämlich allzu leicht geneigt. Glanz für Glätte und Mattheit für Rauheit zu halten, obwohl glänzende Flächen

---

[1] Beispielsweise ist auf einer polierten Fläche eine Riefe von 0,4 μm Tiefe mit bloßem Auge aus 0,3 m Entfernung deutlich zu erkennen.

unter Umständen rauher sind als matte. Auch kommt es leicht vor, daß man die Riefentiefen falsch beurteilt; so scheinen z. B. an gezogenen Stäben Längsrillen, d. h. Querrauheit, stärker hervorzutreten, während bei objektiver Messung die Längsrauheit größer ist (s. S. 97). Dabei kommt es sehr auf den Lichteinfall an (vgl. [60], S. 33). Bei abgespanten Flächen hat man festgestellt, daß die Mehrheit geübter Sichtprüfender mit den gemessenen Unterschieden von Rauhtiefe und Glättungstiefe qualitativ übereinstimmen. Besser ist nach HÄSING [19] allerdings die Übereinstimmung zwischen den durch Fühlen gewonnenen Urteilen und den tatsächlichen Unterschieden der Glättungstiefe. Dies gilt vermutlich auch für umgeformte Oberflächen.

Die visuelle Rauheitsprüfung ist unentbehrlich:

1. zur Feststellung, welche Art der Oberflächenmessung für das zu untersuchende Teil zweckmäßig ist;

2. zur Auswahl repräsentativer Stellen an einer größeren Anzahl von Werkstücken;

3. zur zusätzlichen Beschreibung des Oberflächencharakters, da es Eigenarten gibt, die wohl sichtbar, aber nicht meßbar sind.

1.6.2 Optische Meßgeräte

Eines der ältesten Oberflächenmeßgeräte, das Lichtschnittgerät von SCHMALTZ [60], wurde für die Untersuchungen nicht benutzt, da es vornehmlich für die Messung gerichteter Oberflächen gedacht ist. Hingegen können Interferenzgeräte für die Prüfung umgeformter Oberflächen, z. B. solcher, die glatt gewalzt worden sind, gut verwendet werden [50]. Wir haben die Bauart nach Dr. KOHAUT benutzt, die nach dem MICHELSON-Prinzip arbeitet. Das Interferenzverfahren bietet den Vorteil der berührungsfreien Messung, was für sehr glatte und weiche Flächen wichtig ist, da mechanische Verletzungen von Tastnadel und Gleitschuh vermieden werden (z. B. polierte und geglänzte Aluminium-Oberflächen).

Außerdem ist das Interferenzmikroskop das einzige Gerät, das keine Eichung erfordert, da es mit einer konstanten Lichtwellenlänge arbeitet. Der Meßbereich liegt bei $0,1 < R_t < 1\ \mu$m; er läßt sich mit Hilfe von Filmabdrücken zu größeren Rauhtiefen erweitern (s. Bild 126) [82]. Geringere Rauheiten sind mit der Methode der Vielstrahlinterferenzen meßbar [65].

Das Elektronenmikroskop eignet sich vor allem dazu, die kleinsten Waagrechtmeßgrößen zu erkennen (s. Bild 55).

1.6.3 Tastschnittgeräte

Tastschnittgeräte sind schreibende oder anzeigende Geräte, die den Vorteil einer schnellen Messung über eine größere Meßstrecke bieten. Sie zeichnen einen Profilquerschnitt auf. Aus diesem „Schrieb" lassen

sich — unter unterschiedlichem Zeitaufwand — die einzelnen Meßwerte
für die Rauheit ermitteln. Die Meßergebnisse sind in gewissem Maße
von der Bauart der Geräte abhängig. Ein Gerät kann mehr oder weniger
angenähert schreiben; auf seine Anzeige (elektrisches System) ist aber
der „Wellenabschneider" (cut-off) von Einfluß. Diese Abweichungen
sind je nach Größe und Art der Rauheit verschieden. Sie liegen darin,
daß sich die Bezugslinien für eine normgerechte Istprofil-Schriebaus-
wertung und die Registrierbasis für eine elektrische Verarbeitung nicht
decken. Es sind hier gerätetechnische Eigenarten, wie Ausbildung der
Gleitkufe und Wellenfilterung, von Einfluß [80]. Zu diesen Unterschieden zwischen Meßwertanzeige und Profilaufzeichnung kommen noch
Fehler in der Bildung des Profilquerschnittes selbst. Von Einfluß sind
hier neben dem Einfluß der zufällig gewählten Meßstelle:

Form der Tastspitze (Halbmesser, Kegelwinkel) (s. Abschn. 1.5.2.3),
Verletzung der Oberfläche durch Nadel und Gleitschuh,
Verzerrung der Aufzeichnung durch die Bauart des Gleitschuhs.[1]

In vielen Fällen kann man diese Fehlerquellen durch Anpassung der
Form der Tastspitze und des Gleitschuhs an die zu prüfende Rauheitsform ausschalten. Steile Profilformen wird man z. B. mit einer möglichst
schlanken Nadel tasten. Weiche Oberflächen mißt man besser ohne
Gleitschuh, da dieser die Oberfläche verändern kann und bei manchen
Geräten die Tastspitze in der Kufenspur mißt. Schwierig bleibt der
absolute Vergleich von Maßzahlen, die mit verschiedenen Geräten und
auf verschiedene Weise ermittelt werden [39]. Ein einwandfreier Vergleich zwischen verschiedenen Oberflächen ist nur möglich, wenn das
benutzte Meß- und Auswertverfahren genau angegeben wird; eine Forderung, die auch in DIN 4762 erhoben wird.

Bei den vorliegenden Untersuchungen wurden trotz der oben ge-
machten Einschränkungen über die Allgemeingültigkeit ihrer Meßergebnisse fast ausschließlich Tastschnittgeräte verwendet. Wenn man die
zu prüfende Oberfläche vor einer Messung auf ihre Rauheitsart untersucht und das Meßgerät auf sie abstimmt, wenn man die zu verglei-
chenden Teile gleichartig mißt und wenn man weiterhin die angezeigten
Meßwerte mit den geschriebenen Profilaufzeichnungen vergleicht, dann
kann man mit ausreichender Genauigkeit Angaben über Größe und Art
der Rauheit der untersuchten Körper machen. Wie eine statistische
Überlegung lehrt, ist es stets besser, mittels eines anzeigenden Geräts
zahlreiche Meßwerte von einer Oberfläche zu erhalten, als ein einzelnes
Istprofil genau auszuwerten. Meistens dürfte die Streuung der Rauheit
größer sein als der Gerätefehler, und eine Verteilungskurve für die

---

[1] Die letztere kann durch die Bauart von v. WEINGRABER-HÄSING (Doppel-
taster) [71] als überwunden gelten.

Rauheit der Oberfläche hat eine größere Aussagekraft als ein einzelner Meßwert.

Die von uns benutzten Tastschnittgeräte waren:
a) das Leitz-Oberflächenmeßgerät nach Forster,
b) das Perth-O-Meter,
c) das Talysurf-Gerät.

Beim *Forster-Gerät* wird der Prüfling unter einer kurzhubig schwingenden Tastnadel längs einer Geraden geführt [15]; es entfällt der Einfluß einer Gleitkufe. Das Gerät bietet den Vorteil einer langen Taststrecke (bis 75 mm). Die Tastnadel mit Halbmessern bis herunter zu $2\,\mu$m hat einen Kegelwinkel von nur $30°$, eignet sich also gut zum Tasten von steilen Böschungen. Das Gerät ermöglicht auch runde Teile in Umfangsrichtung zu prüfen [32]. Nachteilig ist aber, daß für jede Gewinnung von Rauhwerten ein Istprofil ausgewertet werden muß; dabei ist es nicht schwierig, die in die Messung eingehende Welligkeit mit einer den Rollkreis darstellenden Schablone herauszuziehen.

Das *Perth-O-Meter* bietet den Vorteil einer Meßwertanzeige der Oberflächenmeßgrößen R_t, R_p und R_a. Die Taststrecken sind $2-5-10$ mm. Verbunden mit diesen Taststrecken sind Wellenabschneider (cut-off) von 0,25, 0,75 und 2,5 mm. Der elektrische Wellenabschneider oder besser Wellenunterdrücker setzt die Wellentiefe W in Abhängigkeit von der Länge des Wellenabstandes A_w herab, aber nicht plötzlich, sondern innerhalb einer längeren Übergangs- bzw. Schwächungszone. Als Welligkeitstrennlänge (cut-off) wird derjenige Wellenabstand A_w in mm bezeichnet, dessen Wellentiefe W durch zwei voneinander entkoppelte Kondensator-Widerstands-Glieder mit 70% $\left(\text{Toleranz}\ \pm\ \begin{smallmatrix}5\%\\2\%\end{smallmatrix}\right)$ übertragen wird, wobei als Form der Welligkeit eine Sinuslinie angenommen wird [55]. Wenn man bei der Messung keinen größeren Fehler als 2% zulassen will, dann muß der cut-off mindestens fünfmal so groß gewählt werden wie die Wellenlänge des Rauhprofils [80]. Auch mit den Gleitkufen muß man sich der Oberfläche anpassen. Es besteht jedoch auch die Möglichkeit, mit Hilfe eines Freitastsystems eine geradlinige Registrierbasis zu bilden. Rundtastungen mit Kufen sind an konvexen Körpern für Durchmesser über 20 mm möglich. Für kleinere Durchmesser wurde eine besondere Rundlaufeinrichtung gebaut. Der Spitzenhalbmesser der Nadel liegt unter 10 μm, der Kegelwinkel beträgt $90°$, bei besonderem Verlangen für umgeformte Oberflächen $60°$. Das Perth-O-Meter wurde bei der Mehrzahl der Tastungen verwendet.

Das *Talysurf-Gerät* ähnelt in seiner Bauart dem Perth-O-Meter. Man kann sowohl mit Gleitschuhen tasten als auch mit definierter Registrierbasis. Diese kann eine Gerade sein, wenn sich der Tastarm auf einer ebenen Glasfläche abstützt, oder sie stellt einen Kreisbogen dar, wenn mit Hilfe von Drehstützen konvex oder konkav gekrümmte

Prüflinge abgetastet werden sollen. Das Gerät liefert Istprofile, die ohne weiteres mit denen der beiden anderen Geräte verglichen werden können. Angezeigt wird nur der Mittenrauhwert R_a, an einem Typ auch R_t und R_p. Die Tastnadel hat einen Spitzenhalbmesser unter 5 μm und einen Pyramidenwinkel von 90°. Das Talysurf-Gerät haben wir hauptsächlich bei der Messung an Gewindeflanken verwendet, ferner bei der Rauheitsbestimmung der Werkzeuge zum Drahtziehen.

1.6.4 Abdruckverfahren

Das Abdruckverfahren wird angewandt, wenn es unmöglich oder unzweckmäßig ist, den Prüfling unmittelbar zu messen. Dies kann der Fall sein, wenn

a) der Prüfling groß und unhandlich ist, z. B. schwierig auszubauende Werkzeuge wie Walzen zum Blechwalzen oder Schmiede-Gesenke; große Blechtafeln; glattgewalzte Achsschenkel von Radsätzen u. dergl. mehr;

b) die zu vermessende Stelle der Tastung ohne Zerstörung nicht zugänglich ist, z. B. Innenflächen von Rohren, Hohlkehlen und Kanten von Preßwerkzeugen;

c) das Meßgerät nicht geeignet ist, die besondere Gestalt der zu vermessenden Stelle abzutasten, z. B. kann man mit den meisten Geräten nur konvexe, aber nicht konkave Flächen messen;

d) eine gekrümmte Fläche in die Ebene abgewickelt werden soll.

An ein Abdruckverfahren werden eine Anzahl von Forderungen gestellt:

a) Der Abdruck darf die Prüfoberfläche nicht beschädigen.

b) Die Abbildtreue soll innerhalb der notwendigen Meßgenauigkeit liegen; dies bezieht sich sowohl auf die Mikro- als auch auf die Makrogestalt. Außerdem soll der Abdruck über einen längeren Zeitraum haltbar sein.

c) Der Abdruck muß gegen die Beanspruchung durch den Taster widerstandsfähig sein.

d) Das Abdruckverfahren soll für einen möglichst großen Rauheitsbereich und für alle geometrischen Formen anwendbar sein.

e) Der Abdruck soll einfach und schnell herstellbar sein.

Ein Abdruck wird hergestellt, indem eine flüssige Masse oder eine aufgeweichte Schicht auf die Prüfstelle gebracht wird und dort erstarrt. Die Erstarrung geschieht durch

a) Abkühlen (z. B. Schwefel),
b) Verdunsten (z. B. aufgeweichter Film) oder
c) Polymerisieren (Kunststoff).

Daneben gibt es noch die Möglichkeit, daß ein Körper plastisch auf die Prüfoberfläche gedrückt wird (z. B. Wachs, Plastilin, Blei). Aus der Zahl der verschiedenen Verfahren sollen hier nur die zwei Methoden beschrieben werden, die sich bei unseren Versuchen als zweckmäßig erwiesen haben.

1.6.4.1 Abdrucke für Tastgeräte. Es wurde der schnellhärtende Kunststoff TECHNOVIT (4030 b) der Firma Kulzer, Homburg, verwendet; Pulver und Flüssigkeit werden zu einem zähflüssigen Brei angerührt und auf die durch Metallstreifen oder Plastilin gedichtet abgegrenzte Prüffläche gegossen. Diese muß vorher gesäubert sein. Die Gießschicht ist etwa 10 mm dick und kann nach etwa 30 min abgenommen werden. Es können sowohl ebene als auch gekrümmte Flächen abgeformt werden. Schwierig und ungenau ist nur das Abbilden von Flächen, die im Raume senkrecht stehen.

Die Rauheit wird um bis zu 15% zu klein wiedergegeben, die untere Grenze der Abbildegenauigkeit liegt bei etwa $R_t = 0,5\ \mu$m. Dies bezieht sich auf Tastgeräte mit Tastnadeln von etwa $10\ \mu$m Spitzenhalbmesser und einer Tastkraft von 0,5 p [61]. Bei der Auswertung der in Tastgeräten gewonnenen Tastschriebe von Abdrücken ist darauf zu achten, daß als Anzeigenwert nur die Rauhtiefe R_t ausreichend genau wiedergegeben wird, die Glättungstiefe hingegen nicht. Für sie ist der Verlauf des Hüllprofils maßgebend (s. Bild 12), und

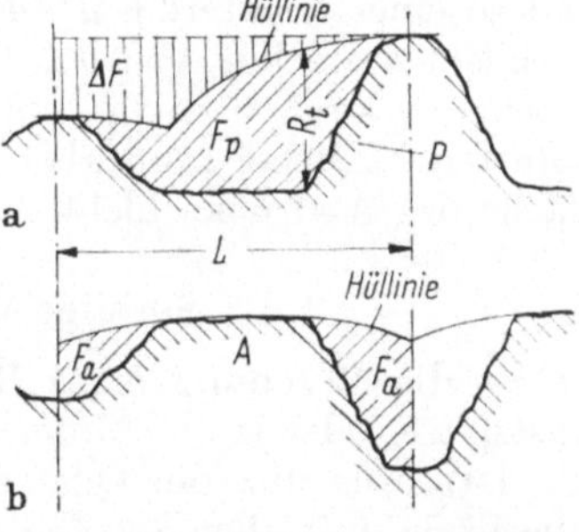

Bild 25. Unterschiedliche Glättungstiefe bei Prüfling (*P*) und Abdruck (*A*)
a) Werkstück (Prüfling); b) Abdruck

dieser ist unterschiedlich, je nachdem ob die Hüllinie an die „Berge" oder an die „Täler" des Rauheitsprofils gelegt wird (Bild 25). Die oft angegebene Beziehung

$$R_{p\ \text{Werkstück}} = R_t - R_{p\ \text{Abdruck}}$$

gilt nur für eine gerade Hüllinie. Man kann daher auf das Auswerten von Profilschrieben nicht verzichten.

1.6.4.2 Abdrucke für Interferenzgeräte. Hierbei wird zuerst der Prüfling oder die diesem zugewandte Seite eines dünnen durchsichtigen Cellonfilms von $100\ \mu$m bis $200\ \mu$m Dicke mit Aceton angefeuchtet; dann wird der Film mit leichtem Fingerdruck auf die Prüffläche gepreßt. Damit sich zwischen Prüffläche und Film keine Luftblasen bilden, empfiehlt es sich, die Folie wälzend auf die Oberfläche zu bringen. Da das Lösungsmittel schnell verdunstet, hat es sich bei unseren Versuchen als zweckmäßig erwiesen, Schnitzel als Abdruckfilm in Aceton zu lösen und diese verdickte Flüssigkeit dann an Stelle des

Lösungsmittels für die Folie auf die Oberfläche zu gießen. Es ist stets darauf zu achten, daß nicht zu viel Lösungsmittel verwendet wird, da nur die unterste Filmschicht aufgeweicht werden soll und nicht die gesamte Foliendicke, da sich sonst der Abdruck verwirft. Nach etwa 20 min kann der Abdruck abgelöst und mittels eines Spiegels unter dem Interferenzgerät vermessen werden. Während der Abstand der Interferenzlinien bei direkter Messung der Oberfläche $\lambda/2$ ($\lambda =$ Wellenlänge des verwendeten, meist monochromatischen Lichts) beträgt, muß nun der Brechungsindex Luft zu Film berücksichtigt werden, so daß der Abstand der Interferenzlinien auf $n \cdot \lambda/2$ vergrößert wird ($n \approx 2$). Wird der Abdruck in der Zehenderkammer in Öl eingebettet [82], so läßt sich der meßbare Rauheitsbereich zu noch größeren Rauheiten verschieben.

Neben dem Vorteil der berührkraftfreien Messung kleiner Rauheiten hat dieses Verfahren den Vorteil, gekrümmte Flächen eben darzustellen und so einer leichteren Messung zugänglich zu machen.

Klebt man den Abdruck mit seiner Rückseite auf eine glatte ebene Fläche, so kann man ihn auch mit einem Tastgerät (ohne Gleitschuh) abtasten. Hierbei muß aber die Tastkraft gering sein, damit die Oberfläche des Abdrucks nicht durch die Tastnadel verletzt wird.

1.6.5 Sonstige Meßverfahren und Hilfsmittel

Ist die Böschung eines Rauhberges steiler als die Mantellinie der Tastspitze, oder treten Unterschneidungen auf, so bleibt zur Ermittlung des Istprofils nur der Querschliff. Dieser muß unter Einbettung der Oberfläche mit aller Sorgfalt ausgeführt werden, damit das Profil nicht verändert wird. Zweckmäßig ist es, die Oberfläche galvanisch zu plattieren und zwar mit einer Schicht, deren Härte der des Grundwerkstoffs möglichst nahe kommt.

Der meßbare Rauheitsbereich kann vergrößert werden, indem man nach BOWDEN und TABOR [7] den Schliff schräg zur Prüffläche legt. Dadurch wird das Profil überhöht dargestellt, z. B. 10fach, wenn der Prüfling unter $10° 43'$ geschnitten wird. Dadurch werden Rauhtiefen bis herunter zu $0{,}1\ \mu$m meßbar.

2. Freie Umformung

Bei vielen technischen Umformvorgängen tritt sowohl eine freie, als auch eine gebundene Umformung auf. Es entstehen freie und gebundene Oberflächen gleichzeitig, oder es folgt einer anfänglich freien Umformung eine gebundene; bisweilen ist die Folge umgekehrt. Die Rauhtiefe nimmt bei einer freien Umformung meist zu; häufig gelingt es nicht, diese gesteigerte Rauheit in anschließenden Umformvorgängen wieder völlig zu beseitigen. Rauheitsveränderungen bei freier Umformung beeinflussen daher den Endzustand. Das weisen KIENZLE und MIETZNER [*30*] nach; REIHLE bestätigt es am Beispiel des Tiefziehens [*56*]. Wir leiten daraus die Forderung ab, daß diese Erscheinungen als Grundlage aller Untersuchungen über die Oberflächenbeschaffenheit umgeformter Körper berücksichtigt werden.

2.1 Einfluß des Umformgrades

Bei Zerreißversuchen wurde beobachtet, daß die Proben mit Zunahme der Gleichmaßdehnung rauher werden. Tiefziehproben nach ERICHSEN werden bei fortschreitender Tiefung an der Kuppe immer narbiger. Bei Härteprüfungen wird eine ursprünglich glatte Oberfläche in der Umgebung des Härteeindrucks durch die hier auftretende freie plastische Verformung „rauh". Zahlen zu diesen Beobachtungen sind jedoch nicht angegeben. Unser erster Schritt soll daher sein, den Zusammenhang zwischen Rauheitsänderung und der Größe der Umformung zu bestimmen.[1]

Um die mikrogeometrischen Veränderungen der Oberfläche einwandfrei zu erfassen, gehen wir von einem definierten Anfangszustand aus. Wählt man wenig rauhe Proben ($R_t = 0{,}5$ bis $2\,\mu$m), so kann man die bei der Umformung entstehende Rauheit gut verfolgen, wobei man die Größe der örtlichen Umformung aus der Abstandsänderung von eingeritzten Marken oder Vickers-Eindrücken bestimmen kann. Unsere Probenquerschnitte waren teils rechteckig, teils rund. Bild 26 zeigt das Ergebnis von Messungen beim Dehnen von Blechstreifen. Für jede bezogene Längenänderung sind die Mittelwerte aus 10 Tastungen mit dem Perth-O-Meter (cut-off 0,75) sowie deren größte und kleinste Einzelwerte aufgetragen. Das Ergebnis ist: *Die Rauheitszunahme an anfänglich wenig rauhen Flächen ist der Dehnung proportional.*

Setzen wir

R_{t_0} = Anfangsrauheit
R_t = Endrauhtiefe
ε_l = $\Delta l/l_0$ = bezogene Längenänderung,

so erhalten wir die Beziehung

$$R_t = R_{t_0} + c \cdot \varepsilon_l \tag{1}$$

(Abweichung bei größeren Anfangsrauhtiefen s. Abschn. 2.2).

Unsere Versuche haben wir auf eine Reihe anderer Werkstoffe ausgedehnt und gemäß Bild 27 gefunden, daß für die untersuchten Werkstoffe, die alle eine genügende Feinkörnigkeit aufwiesen, die gleiche Beziehung gilt. Die Unterschiede zwischen Längs- und Querrauheit fallen in den Streubereich. Die Rauheit ist als *ungerichtet* anzusehen.

---

[1] Erste Messungen in dieser Richtung machte J. KÖLBEL 1957 am Institut für Werkzeugmaschinen und Umformtechnik der Technischen Hochschule Hannover.

Ihr räumlicher Leeregrad ist beträchtlich; ihre Hüllfläche ist vom Körper weg nach außen verschoben.

Auch beim Stauchen eines Zylinders nimmt die Rauheit an den anfänglich wenig rauhen, freien Mantelflächen in gleicher Weise zu, so daß die Rauheitsänderung in erster Annäherung von dem Vorzeichen der Längenänderung unabhängig zu sein scheint. Wir nennen diese Rauheitsänderungen „freie Rauhung".

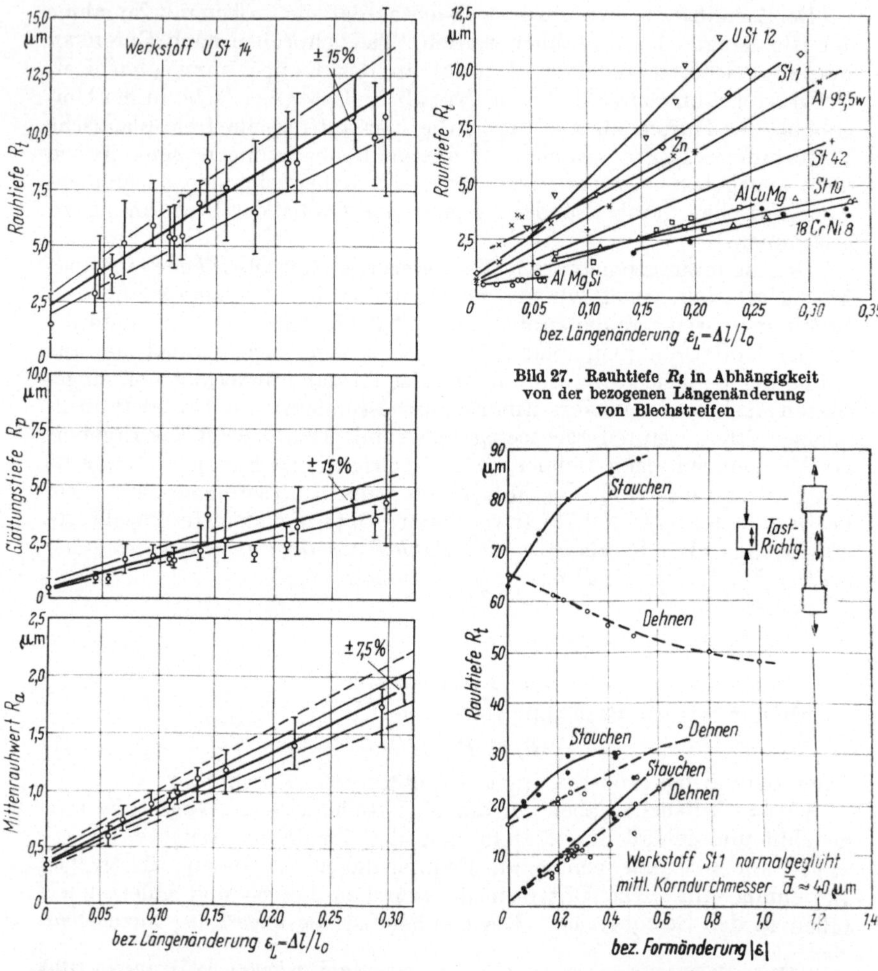

Bild 27. Rauhtiefe R_t in Abhängigkeit von der bezogenen Längenänderung von Blechstreifen

Bild 26. Abhängigkeit der Senkrechtmaße R_t, R_p und R_a von der bezogenen Längenänderung von Blechstreifen

Bild 28. Rauhtiefenänderung in Abhängigkeit von der Umformung für verschiedene Anfangsrauheiten

Für die Betrachtung dieser mikrogeometrischen Oberflächenveränderungen muß die Formänderung stets auf das Oberfläche*element* bezogen werden, an dem die Rauheit bestimmt werden soll. Diese örtliche Umformung ist oft von der Gesamt-Umformung des betreffenden Körpers verschieden, die sich aus der Änderung der Grobgestalt errechnet. Wird z. B. ein Körper stark gestaucht, so wälzt sich bekanntlich ein Teil des Mantelwerkstoffes an die obere und untere Stauchbahn heran, nimmt also an der Durchmesservergrößerung teil; dadurch kommt es, daß die örtliche Stauchung am Mantel kleiner als die Gesamt-Stauchung ist. Dadurch, daß wir nun die örtliche bezogene Längenänderung einführen, werden wir dem örtlichen Vorgang gerecht. Wird die Umformung stets auf das Oberflächenelement bezogen, so ist man bei der Bestimmung der freien Rauhung von der geometrischen Gestalt der Probe weitgehend unabhängig. Auf diese Weise haben wir die lineare Abhängigkeit gemäß Gl. (1) gewonnen.

2.2 Einfluß der Anfangsrauheit

Weist das Werkstück vor der Umformung eine größere Rauhtiefe auf als bei den soeben geschilderten Versuchen, so wird sie durch die freie Rauhung überlagert. Es wird auch ein Einfluß der Umformart zu erwarten sein, da es ja durchaus der Anschauung entspricht, daß der Böschungswinkel einer Rille, die quer zu ihrer Längserstreckung gedehnt wird, flacher wird (R_t sinkt) und daß er steiler wird, wenn sie zusammengedrückt wird (R_t steigt).

Es wurden daher Dehn- und Stauchversuche mit Proben gleichen Werkstoffes (St 37, normalisiert) und verschiedenen Anfangsrauheiten unternommen:

$$R_{t_0} = 1 \ \mu\text{m (geschliffen)}$$
$$R_{t_0} = 16 \ \mu\text{m (gedreht)}$$
$$R_{t_0} = 65 \ \mu\text{m (gedreht)}.$$

Die Ergebnisse sind in Bild 28 dargestellt. Es zeigt sich, daß die Rauheitsänderungen bei verschiedenen Anfangsrauheiten auch verschiedenartig verlaufen. Ist die Anfangsrauheit klein, so nimmt die Rauhtiefe gemäß Abschn. 2.1 zu. Das gilt anfänglich auch bei der mittelgroßen Rauheit, bei der die Unterschiede zwischen Stauchen und Dehnen etwas deutlicher sind. Bei großer Anfangsrauheit hingegen nimmt die Rauheit, wie oben erwartet, beim Dehnen ab und beim Stauchen zu.

Einen ähnlichen Rauheitsverlauf beobachtete MÜHLENWEG [48] beim Hohlzug von Rohren. Die Rauhtiefe der längsgedehnten Innenoberfläche der Rohre stieg linear bis zur bezogenen Längenänderung $\varepsilon_l = 0{,}5$ und näherte sich dann asymptotisch einem Grenzwert. Als erweitertes und genaueres Ergebnis stellen wir danach fest:

Bei der freien Rauhung ist die Rauhtiefenänderung sowohl von der Formänderung als auch von der Anfangsrauheit und dem Vorzeichen der Längenänderung abhängig.

Wenn wir nur die linearen Teile unserer Kurven in Betracht ziehen (beim Dehnen bis $\varepsilon \approx 0{,}6$; beim Stauchen bis $\varepsilon \approx 0{,}2$), so können wir schreiben:

$$R_t = R_{t_0} \pm a \cdot \varepsilon \tag{2}$$

($+$ für $\varepsilon < 0$, Stauchen; $-$ für $\varepsilon > 0$, Dehnen). Die Konstante a ist für Dehnen und Stauchen verschieden; sie muß durch Versuche ermittelt werden.

Eine Auswahl von Istprofilen zeigt Bild 29. Wir sehen hier, was die Formel besagt: die freie Rauhung durch Dehnen und Stauchen ist der Größe und Form nach verschieden. Bei einer Stauchung wird das Oberflächengebirge rauher und steiler. Besonders deutlich treten die Unterschiede bei der Umformung großer Anfangsrauheiten hervor. Der Böschungswinkel einer Rille nimmt beim Dehnen ab, beim Stauchen hingegen zu. Die gekrümmte Form der Istprofile bei den Stauchproben rührt davon her, daß die Stauchzylinder eine tonnenförmige Gestalt annehmen. Die gestauchten Rauhprofile erscheinen deutlich zackiger.

2.3 Einfluß der Umformart

Eine freie Umformung von Werkstücken kann außer durch Dehnen und Stauchen auch durch Biegen und Verdrehen erfolgen. Der Biegevorgang läßt sich auf ein Stauchen der Innenfaser und ein Dehnen der Außenfaser zurückführen. Es ist daher zu erwarten, daß die freie Rauhung, die beim Biegen eines glatten Körpers auftritt, von der gleichen Größenordnung ist wie beim Dehnen und Stauchen, sofern die Umformgrade einander entsprechen. Vergleicht man daraufhin die Oberflächenveränderungen an Proben gleichen Werkstoffs, die auf verschiedene Weise umgeformt wurden, nämlich durch Dehnen, Stauchen und Biegen, so erkennt man an Hand des Bildes folgendes: So wie die Rauhtiefe beim geraden Stauchen stärker zunimmt als beim geraden Dehnen (s. Bild 30 oben), ist es auch beim Biegen (s. Bild 30 unten). Indes ist an der gedehnten Biegefaser die Rauhung geringer als beim geraden Dehnen, während es an der gestauchten Biegefaser umgekehrt ist. Diese feinen Unterschiede verdienen noch weitere Untersuchungen, zumal sie unseren Einblick in die inneren Vorgänge erweitern.[1]

---

[1] Jüngere Versuche, die B. Rechlin am Versuchsfeld für Werkzeugmaschinen und Umformtechnik der Technischen Hochschule Hannover an verschiedenen Stählen und Aluminiumlegierungen angestellt hat, bestätigen unsere Beobachtungen. Nach seinen Messungen wächst die Rauhtiefe am Scheitel des Bogens mit der dort gemessenen Dehnung innerhalb eines Streufeldes von $\pm 15\%$ um die Kurve St 42 in Bild 27.

Bei einem bestimmten Werkstoff fanden wir gemäß Bild 30

$$\Delta R_t \approx 30 \cdot |\varepsilon| \quad \text{Dehnen}$$
$$\Delta R_t \approx 24 \cdot |\varepsilon| \quad \text{Biegen der Außenfaser}$$
$$\Delta R_t \approx 40 \cdot |\varepsilon| \quad \text{Stauchen}$$
$$\Delta R_t \approx 44 \cdot |\varepsilon| \quad \text{Biegen der Innenfaser}$$

Beanspruchung durch Zug | Beanspruchung durch Druck

In Bild 30 ist auch die Veränderung der Glättungstiefen eingetragen. Auch sie nehmen mit der Dehnung zu. In den Leeregraden sind, wie

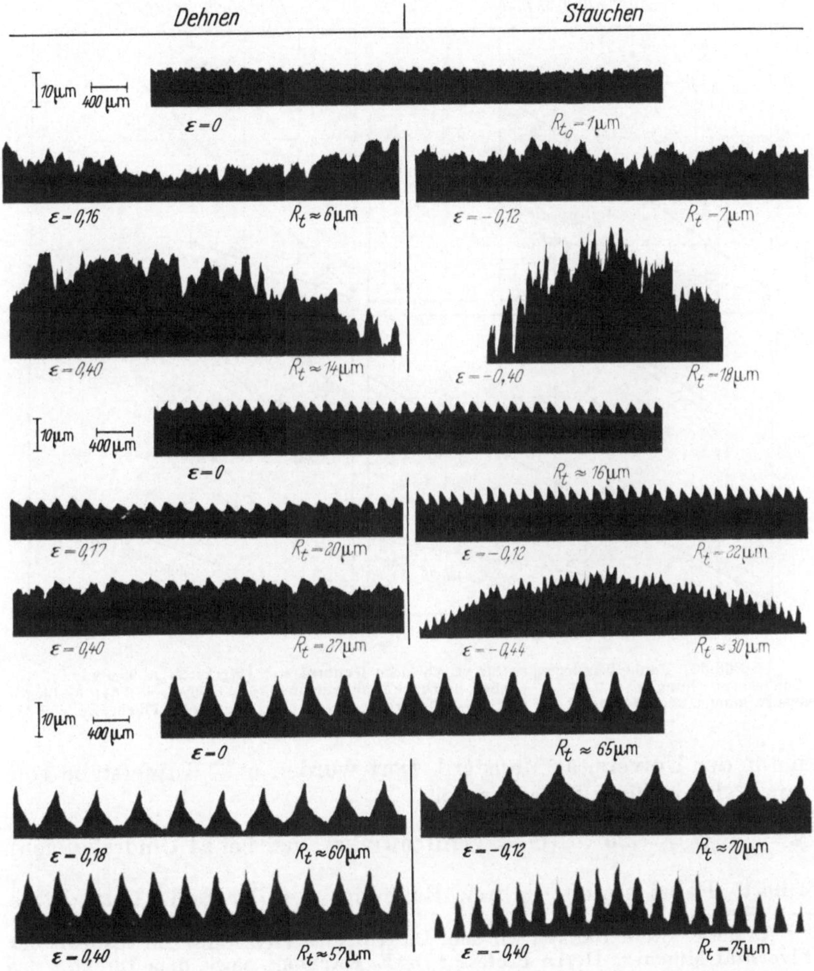

Bild 29. Einfluß der Anfangsrauheit beim Umformen durch Dehnen und Stauchen (Tastrichtung//Hauptspannung)

in der Bildunterschrift angegeben, wiederum Unterschiede zwischen dem Biegen und den reinen Zug- oder Druckbeanspruchungen zu finden. Im großen Ganzen sind aber die räumlichen Leeregrade unabhängig von der Dehnung etwa $\lambda_r = 0{,}5$.

Torsion. Eine freie Rauhung eigener Art erfährt die Oberfläche eines runden Stabes, wenn sie durch *Torsion* verformt wird. Auch diesen *Typ* zu erfassen, ermöglichte uns die Unterrichtung über eine Versuchs-

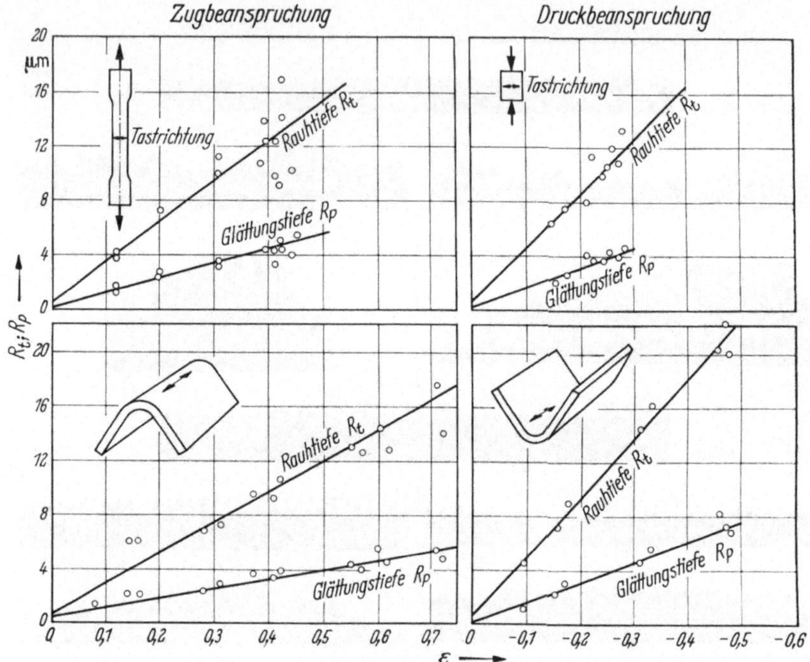

Bild 30. Rauheitsänderungen für verschiedene Umformarten (Werkstoff Al 99,5 w)
a) Zugbeanspruchung $\lambda_p = 0{,}36$, $\lambda_r = 0{,}54$; b) Druckbeanspruchung $\lambda_p = 0{,}36$, $\lambda_r = 0{,}54$; c) Biegebeanspruchung, äußere Fläche, $\lambda_p = 0{,}31$, $\lambda_r = 0{,}49$; d) Biegebeanspruchung, innere Fläche, $\lambda_p = 0{,}33$, $\lambda_r = 0{,}51$

reihe in der Universität Münster.[1] Dort wurden u. a. Kupferstäbe von 6 mm $\varnothing$ bis zu einer Scherung von

$$\gamma = \frac{r}{l} \cdot \Theta = 7{,}25 \qquad (\Theta = \text{Verdrehwinkel, hier bei 24 Umdrehungen})$$

tordiert. Dabei nimmt die freie Rauhung, von der Bild 31 das letzte

[1] An dieser Stelle danken wir dem Direktor des Physikalischen Instituts der Universität Münster, Herrn Professor Dr. E. KAPPLER, sowie dem Direktor des Instituts für Werkstoffkunde der Technischen Hochschule Darmstadt, Herrn Professor Dr.-Ing. WIEGAND, für ihre Unterstützung.

Stadium im Tastschrieb und Bild 32a in der Draufsicht zeigt, nach einer Kurve zu, die den Kurven in Bild 10 ähnlich ist. Hierbei ist die Rauhtiefe über der Dehnung entlang einer zur Schraubenlinie gewordenen Mantellinie aufgetragen. Die Rauheit ist im Gegensatz zur sonstigen freien Rauhung ausgesprochen gerichtet, und die Rauhtiefe nähert sich gemäß Bild 33 dem Grenzwert 36 μm. Vor der Torsion waren die Proben 2 Stunden lang in Vacuum bei 800° getempert worden und hatten dann einen mittleren wahren Korndurchmesser von etwa 125 μm.

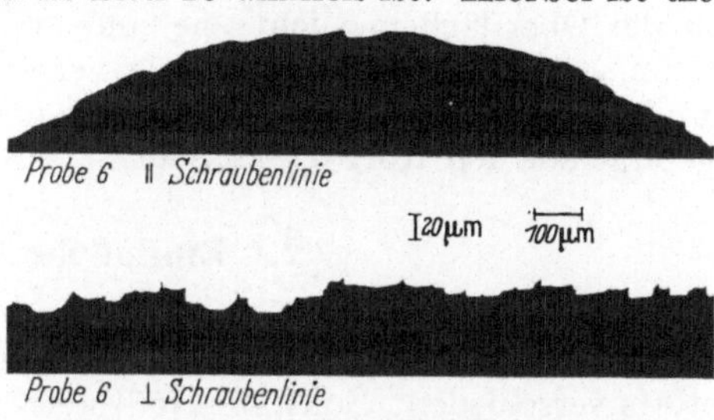

Bild 31. Rauheit eines anfänglich wenig rauhen ($R_t = 6$ μm) runden Kupferstabes von 6 mm ⌀ nach 24 Verdrehungen auf 60 mm Länge ($\gamma = 7,25$)

Die Verwandtschaft mit der Korngröße, von der der nächste Abschnitt handelt, wird an dieser Kupferprobe nicht deutlich. Während

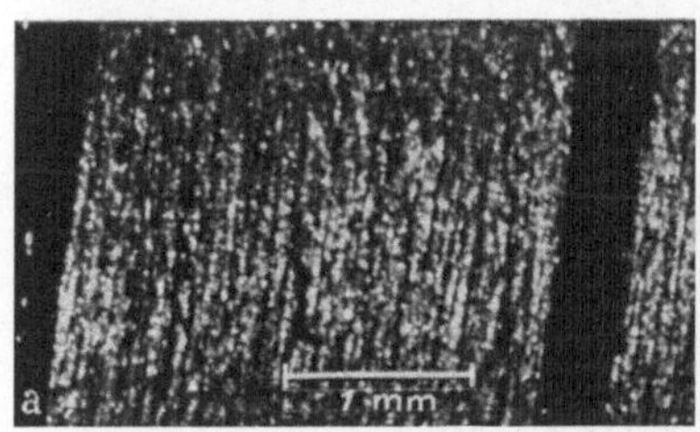

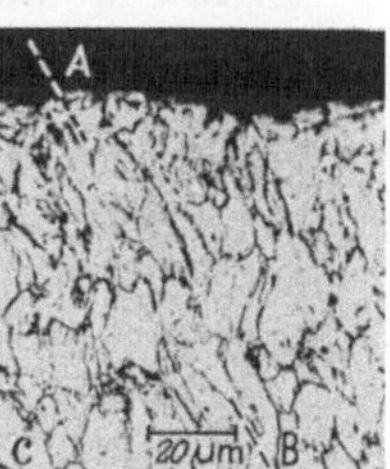

Bild 32. Freie Rauhung durch starkes Verdrehen. Kupferstab, $\gamma = 7,25$
a) Draufsicht; b) Schliffbild in der Achsebene; c) Randschliffbild in der Achsebene eines verdrehten ($\gamma = 1,9$) Stabes aus Ck 10

nach einer Berechnung zu erwarten war, daß ein ursprünglich globulares Korn in der Länge auf etwa 350 μm angewachsen und in der Breite auf etwa 45 μm verschmälert würde, zeigt Bild 32b, daß die Körner bei der außerordentlich großen Dehnung von $\varepsilon_l \approx 6$ zertrümmert worden sind. Die am Rand sichtbaren Rauhberge mit etwa 45 μm Gipfelabstand zeigen keine Beziehung zur ursprünglichen Korngröße. Dagegen zeigt eine

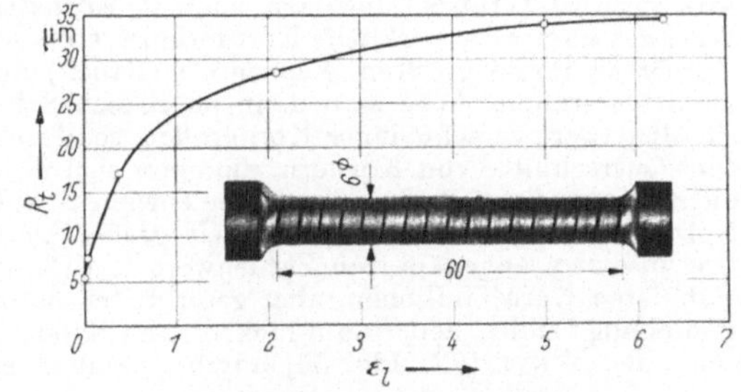

Bild 33. Zunahme der Rauhtiefe beim Verdrehen eines runden Kupferstabes

Torsionsprobe aus CK 10, die an der Technischen Hochschule Darmstadt[1] gemacht wurde, gemäß Bild 32 c die Erhaltung der Körner in der Oberflächenschicht; sie sind nur ganz am Rand zum Teil zertrümmert. Im übrigen sind sie verschmälert und etwa parallel der Linie A B gelängt. Man sieht anschaulich, wie sich das Oberflächengebirge aus den Körnern aufbaut.

2.4 Einfluß des Gefüges

Alle untersuchten Werkstoffe wurden bei der freien Umformung rauher, aber die *Größe* der Rauheitsänderung war für verschiedene Werkstoffe verschieden. SCHMALTZ [*60*] weist auf den Einfluß der Korngröße bei der Umformung hin. Er erwähnt, daß ein ursprünglich glatter, grobkörniger Al-Stab nach dem Recken sehr rauh wird. Weiterhin wird an das unterschiedliche Aussehen von Tiefziehteilen aus feinkörnigem Blech (ziemlich glatt) und aus grobkörnigem Blech (narbig) erinnert, wie es sich besonders deutlich bei der Erichsenprobe zeigt. Somit beeinflußt die Korngröße die Rauheitsänderungen bei der Umformung.

Ein Metall besteht in der Regel aus einem Kristallhaufwerk. Die einzelnen Kristallite bilden darin ein Kollektiv, dem man eine mittlere Korngröße zuordnen kann, sofern die Körner in dem betrachteten Volumen etwa gleich groß sind. Um den Einfluß kennenzulernen, haben wir in Blechstreifen aus St VIII.23, die von derselben Tafel stammten, durch Rekristallisationsglühen Gefüge mit verschieden großem Korn gezüchtet. Die mittleren Korndurchmesser betrugen 20, 100 und 200 μm.

Anmerkung zum Unterschied zwischen mittlerer und wahrer Korngröße. Wir benutzten die übliche Methode des Auszählens der Körner in einer Fläche von bekannter Größe, bestimmten den mittleren Kornquerschnitt und errechneten hieraus den Durchmesser eines rund gedachten Querschnitts. Unseres Ermessens ist jedoch die Methode, die Korngröße aus einem *ebenen* Querschnitt zu bestimmen, mit einem grundsätzlichen Fehler behaftet. Da eine Verwandtschaft zwischen Korngröße und Rauhgebirge besteht, kommt es uns auf die *wahre Korngröße* an. Unsere räumlichen Überlegungen über das Rauheitsgebirge (vgl. Abschn. 1.5.1.3) führen uns dazu, auch die Kornstruktur räumlich zu betrachten. Wie auch immer die wirkliche Kornform ist, stets wird ein ebener Schnitt manche Körner an ihrem größten Querschnitt (Bauch) und andere an kleineren Querschnitten treffen. Was man dann im ebenen Schnitt ermittelt, ist somit nicht ein Mittelwert verschiedener Korngrößen, sondern eher ein Mittel über verschiedene Querschnitte von Körnern, die unter sich zwar auch verschieden sind, aber nicht im gleichen Maße wie sie im ebenen Schliffbild erscheinen. Die wahre Korngröße ist daher in Wirklichkeit größer als die üblicherweise bestimmte. Um zu einem angenäherten Zahlenwert zu gelangen, gehen wir von einer dem globularen Korn ähnlichen, aber geometrisch definierten Kornform aus, die die Bedingung erfüllt, den Raum lückenlos zu füllen. Es ist dies der Tetrakaidekaeder, den WEYL [*72*, Fig. 56] angibt, nämlich ein Oktaeder, dessen 6 Ecken

---

[1] Siehe Fußnote S. 46.

abgeschnitten sind (Bild 35). Wir nehmen ferner an, daß bezüglich einer beliebigen Schliffebene die Wahrscheinlichkeit aller möglichen Höhenlagen gleich groß ist. Legen wir der Einfachheit halber eine Schliffebene parallel zu einer durch 4 Oktaederkanten gehenden Mittelebene, so erhalten wir als Mittelwert aller dazu parallelen Querschnittsflächen $0{,}63\,f$, wenn f den Querschnitt der Mittelebene und damit den wahren Kornquerschnitt darstellt. Jener Mittelwert ist dem mittleren Kornquerschnitt gleichzusetzen, wie wir ihn beim üblichen Ermittlungsverfahren finden. Demnach ist die wahre Kornquerschnittsfläche $\approx 1{,}6$ fachen der mittleren, und der wahre Korndurchmesser $\approx 1{,}25$ fachen des mittleren.

Werden die Streifen gedehnt, so werden auch die einzelnen Körner gereckt. Bild 34 zeigt einige dazugehörende Istprofile bei verschiedenen Dehnungen. Bei größerem Korn werden nicht nur die Berge höher und die Täler tiefer, sondern erhalten auch einen größeren Gipfelabstand.[1] Trägt man nun die Rauhtiefen auch in Abhängigkeit vom

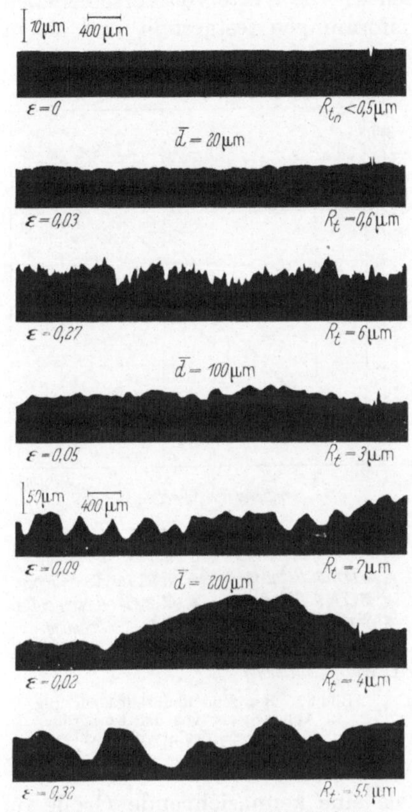

Bild 34. Rauheitsänderung beim Dehnen von USt 14 mit verschiedener Korngröße

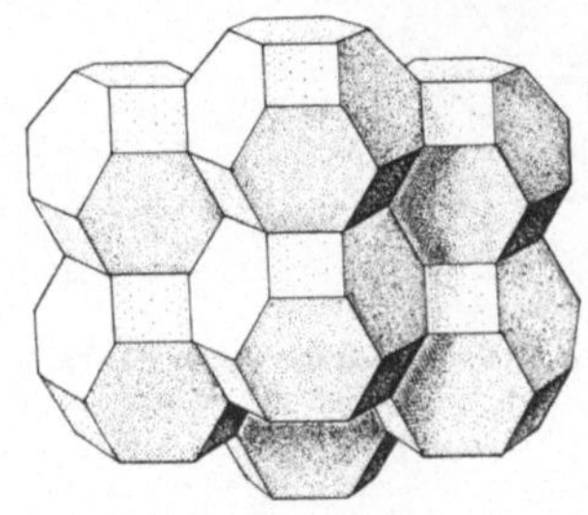

Bild 35. Tetrakaidekaeder (nach WEYL) als raumschlüssiges Modell für globulare Körner

mittleren Korndurchmesser d auf (s. Bild 36a), so ergibt sich wieder — bezogen auf anfänglich glatte Flächen — eine proportionale Abhängigkeit

$$R_t - R_{t_0} \sim \bar{d} \cdot |\varepsilon| \,. \tag{3}$$

Beide Abhängigkeiten können wir somit in folgender Gleichung darstellen die für kleine Werte von R_t gilt und in der $R_t - R_{t_0} = \Delta R_t$ gesetzt ist.

$$\Delta R_t = c \cdot d \cdot |\varepsilon| \tag{4}$$

---

[1] Siehe Abschn. 2.5.

oder

$$\frac{\Delta R_t}{|\varepsilon|} = c \cdot \bar{d} \ .$$

Um uns von der Gültigkeit dieser Gleichung für eine größere Anzahl von Werkstoffen zu überzeugen, haben wir die Werte von verschiedenen Stoffen nach verschiedenartigen Umformungen festgestellt und sie in Bild 37 aufgetragen.

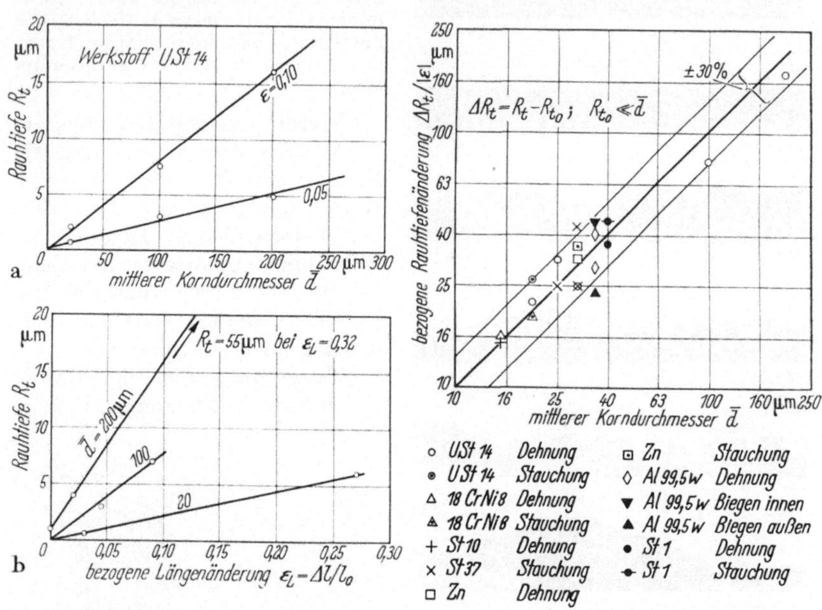

Bild 36. Rauhtiefenänderung in Abhängigkeit von
a) der Korngröße; b) der Dehnung

Bild 37. Bezogene Rauhtiefenänderung
in Abhängigkeit von der Korngröße
mit Angabe des Streubereiches

Somit kann das Verhältnis $\dfrac{\Delta R_t}{|\varepsilon|}$ als eine kennzeichnende Größe für die Rauhtiefenzunahme bei freier Umformung angesehen werden, die nur vom mittleren Korndurchmesser $\bar{d}$ abhängig ist. Zeichnet man diese Abhängigkeit in ein Koordinatensystem mit doppel-logarithmischer Teilung, so ergeben sich für einige Umformarten folgende Proportionalitätsfaktoren:

$$c \approx 0,7 \quad \text{Außenfaser beim Biegen}$$
$$c \approx 0,9 \quad \text{Dehnen}$$
Umformung durch Zug

$$c \approx 1,1 \quad \text{Stauchen}$$
$$c \approx 1,3 \quad \text{Innenfaser beim Biegen}$$
Umformung durch Druck.

Die Verschiedenheit der Kristallgitter scheint keine große Rolle zu spielen, denn auch Zink mit hexagonalem Aufbau zeigt ein ähnliches Verhalten.

Für grobe Betrachtungen kann man diesen ganzen Bereich als einen Streubereich von $\pm 30\%$ um die Gerade mit $c = 1$ ansehen (Bild 37).

Für genauere Betrachtungen, die auch den Einfluß der gröberen Anfangsrauheiten einschließen, trennen wir diesen vom Einfluß der Korngröße und schreiben

$$\text{für Dehnen} \quad R_t - R_{t_0} = c_L \cdot \bar{d} \cdot |\varepsilon_L| - a_L \cdot R_{t_0} \cdot |\varepsilon_L| \tag{5a}$$

$$\text{für Stauchen} \quad R_t - R_{t_0} = c_h \cdot \bar{d} \cdot |\varepsilon_h| - a_h \cdot R_{t_0} \cdot |\varepsilon_h| \ . \tag{5b}$$

Aus unseren Versuchsergebnissen ergibt sich für Dehnen $a_l = 1$ und für Stauchen $a_h = 0{,}5$, so daß die endgültigen Werte lauten

$$\text{für Dehnen} \quad R_t = R_{t_0} + (0{,}9 \cdot \bar{d} - R_{t_0}) \cdot |\varepsilon_l| \ \text{für} \ \varepsilon_l \leqq 0{,}5 \tag{6a}$$

$$\text{für Stauchen} \quad R_t = R_{t_0} + (1{,}1\,\bar{d} + 0{,}5\,R_{t_0}) \cdot |\varepsilon_h| \ \text{für} \ \varepsilon_h \leqq 0{,}3 \tag{6b}$$

$$\text{und für} \ \varepsilon_h \leqq 0{,}5, \ \text{wenn} \ R_{t_0} \ll \bar{d}.$$

Diese Theorie gibt trotz ihrer Einfachheit die Beobachtungen ziemlich gut wieder. Es ist jedoch zu beachten, daß die Formeln die Verhältnisse nie genau beschreiben können, sondern nach unseren Beobachtungen eine beträchtliche Streubreite (etwa $\pm 15\%$) zu berücksichtigen ist.

2.5 Waagrechte Umformspuren

Bis jetzt haben wir die Senkrechtmeßgrößen betrachtet und u. a. den Einfluß der Korngröße kennengelernt. Selbstverständlich bestimmt diese auch den Abstand zwischen den Rauhgipfeln. Daher wenden wir uns in diesem Zusammenhang einigen Waagrechtmeßgrößen zu (vgl. Abschn. 1.5.1.2).

Eine dem Praktiker geläufige Größe, die er allerdings meist visuell beurteilt, ist der Abstand der Rauhgipfel an den Blechkuppen von Erichsen-Tiefziehproben (Bild 38). Wenn wir nun einen davon genommenen Rauheitsschrieb wie Bild 39 betrachten, so finden wir der Hauptrauheit — im Sinne von DIN 4762 Gestaltabweichungen 3. Grads — eine feinere Rauheit überlagert. Diese ist für die tiefer gehende Betrachtung eines Umformvorgangs im Zusammenhang mit der Verformung der Körner von Bedeutung; hier stimmt die Gipfelentfernung an bestimmten Stellen, z. B. bei A mit der wahren Korngröße überein.

Vor allem wollen wir uns darüber klar werden, welche Erscheinungen auf einer metallischen Oberfläche unter dem Begriff Rauheit erfaßt werden können. Hierzu erscheint es zunächst zweckmäßig, die Größenordnung der Abmessungen aufzuschreiben, die bei den der Beobachtung zugänglichen Oberflächenveränderungen durch plastische Deformation auftreten.

Wenn wir vom Gitterabstand (bei Eisen $= 2,86\,\text{Å} = 0,28\,\text{nm} = 0,00028\,\mu\text{m}$) ausgehen, so begegnet uns bei geringer Kornverformung als erste Erscheinung die Tatsache, daß jeweils etwa 50 bis 300 Gitterkonstanten voneinander entfernte Gitterbereiche relativ zueinander abgleiten. Die zwischen den betätigten Gleitebenen liegenden Kristallitbereiche nennt man Gleitlamellen; ihre Begrenzungsspuren auf der Oberfläche, die sogenannten Gleitlinien, haben also einen submikroskopischen Abstand $n \lesssim 0,1\,\mu\text{m}$ (Bild 41). Bei größerer Verformung nimmt die Abgleitung dadurch zu, daß sich weitere Gleitlamellen an bereits vorhandene seitlich anlagern. Es entstehen so ganze Lamellenpakete, die

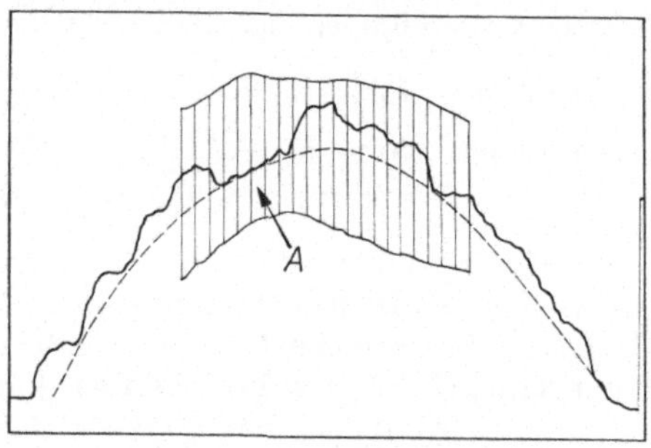

Bild 38. Freie Rauhung an der Kuppe
einer Erichsen-Tiefziehprobe;
mittlerer Korndurchmesser 32 µm,
wahrer Korndurchmesser 40 µm

Bild 39. Rauhprofil zu Bild 38.
(Die in der Höhe verzerrte Kurve stellt die Rundung
der Kuppe dar. Die Abstände der Netzlinien
entsprechen dem wahren Korndurchmesser

auf der Oberfläche sogenannte Gleitbänder der Breite p bilden. Innerhalb eines Kornes haben sie einen mittleren Gleitbandabstand A. Ein Gleitband umfaßt also stets mehrere Gleitlamellen, ein Korn stets mehrere Gleitbänder.[1]

Die Gleitbandabstände liegen in der Größenordnung von einigen Mikron. Damit kommen wir in den Bereich unserer Beobachtungen. Die Linien, die wir innerhalb der einzelnen Körner (Bild 40) *sehen*, sind solche Gleitbänder; ihr mittlerer Abstand beträgt in diesem Beispiel etwa $3\,\mu\text{m}$. Durch Abtasten stellten wir innerhalb einzelner Körner. z. B. von $35\,\mu\text{m}$ Durchmesser, bei zahlreichen umgeformten Stahlwerkstücken feinste Rauhspuren fest, deren Abstände bei $10\,\mu\text{m}$ liegen (B in Bild 40), und zwar unabhängig davon, ob eine freie oder eine gebundene Umformung vorlag.[2]

---

[1] Weitere Einzelheiten über die plastische Verformung von Vielkristallen können u. a. einer Arbeit von E. MACHERAUCH [41] entnommen werden.

[2] Auf einer Schliffebene ist natürlich noch viel mehr zu sehen, z. B. Unterkorngrenzen, d.h. Dinge, die unter der Schwelle unserer Betrachtungen liegen.

Bei freier Umformung eines Messing-Streifens (MS 63) im Zugversuch war zu erwarten, daß sich die Korngröße im Tastschrieb abhebt. Wir zeigen das Ergebnis in Bild 42a—e, wobei zu bemerken ist, daß die Tastnadel bei der Unregelmäßigkeit der Gipfellagen nicht geradlinig von Gipfel zu Gipfel fortschreitet und daher unregelmäßige Schriebe liefert. Hierbei betrug die mittlere Korngröße im nicht umgeformten Zustand nach der üblichen Ermittlungsmethode 50 μm; die wahre Korngröße[1]

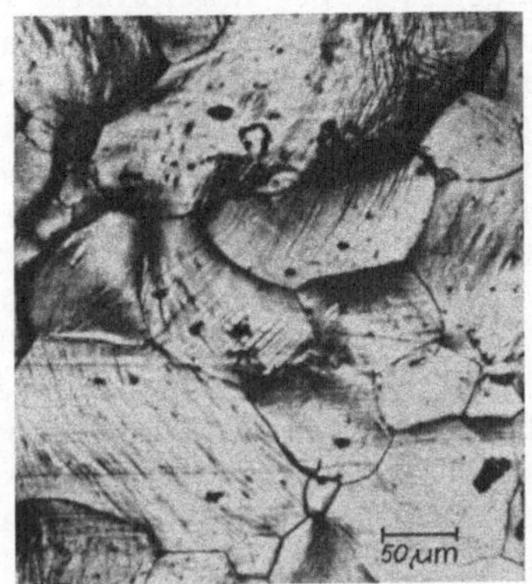

Bild 40. Verformte Körner aus USt 14 mit Gleitbändern

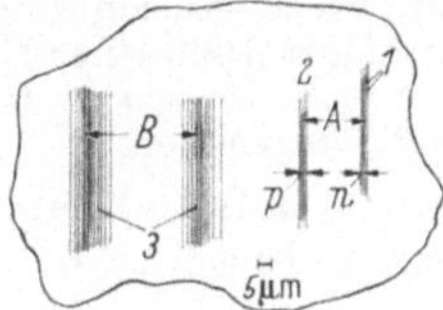

Bild 41. Gleitlinien und Gleitbänder innerhalb eines Kristallits
1 Gleitlinien, *2* Gleitband, *3* Rauchspuren

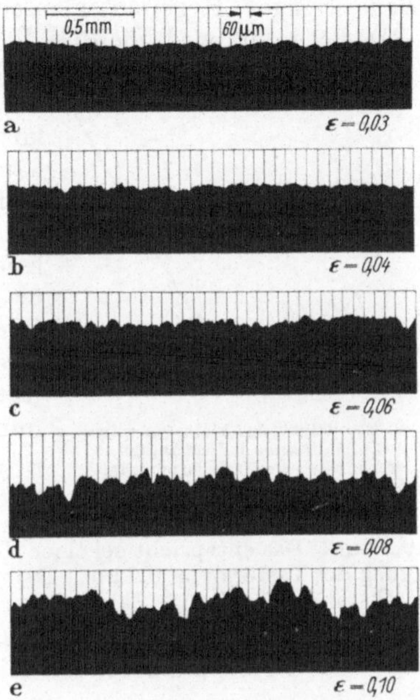

Bild 42. Rauhgipfelabstand und Korngröße an einem gezogenen Blechstreifen aus Ms 63 von 1 mm Dicke bei verschiedener Dehnung; mittlerer Korndurchmesser $\approx$ 50 μm, wahrer Korndurchmesser $\approx$ 63 μm

lag daher bei rd. 60 μm. Bei $\varepsilon = 0,03$ zeigt sich eine Aufrauhung mit einem mittleren Abstand der Rauhgipfel von 140 μm: hier macht sich somit nur etwa jedes zweite bis dritte Korn bemerkbar. Bei $\varepsilon = 0.04$ treten weitere Körner hervor. streckenweise sind die Abstände $\approx$ 60 μm und entsprechen der Korngröße. Daneben befinden sich gröbere Profile: aber es zeigen sich auch feinere Abstände von 18 μm, die innerhalb einzelner Körner liegen dürften (vgl. *B* in Bild 41). ohne daß sich die letzteren deutlich abgrenzen.

---

[1] Siehe Anmerkung S. 48.

Gut wahrnehmbar kommt der Kornabstand bei c zum Ausdruck. Bei d überlagert er sich einer gröberen Rauhung, die Korngruppen von je 3—4 Körnern in gegenseitiger Verschiebung zeigt. Bei e finden wir eine deutliche Welligkeit, deren Wellenlänge etwa dem 20fachen des wahren Korndurchmessers entspricht (lange Perioden, vgl. auch Bild 45). Damit liefert das Experiment Hinweise dafür, daß offenbar auch ganze Korngruppen gemeinsam Relativbewegungen gegeneinander ausführen können.

Weit weniger Regelmäßigkeiten fanden wir bei Stahlproben (s. Bild 34); bei Stahl wird überdies die Verteilung der Abgleitungen innerhalb eines größeren Kornbereichs von der gegenseitigen Lage von Ferritkörnern und den um ein Mehrfaches härteren Eisenkarbiden im Perlit beeinflußt.

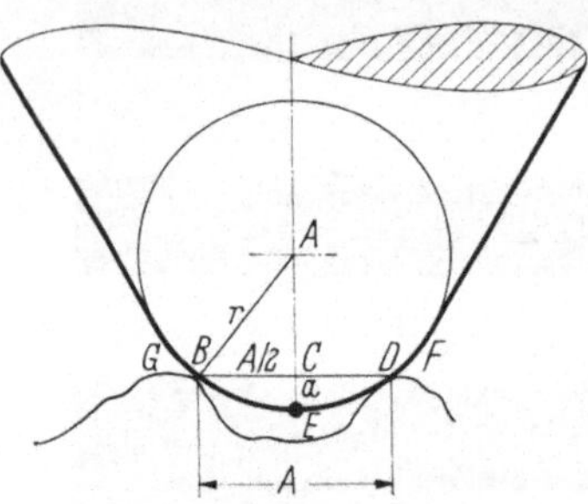

Bild 43. Ermittlung des kleinsten erfaßbaren Gipfelabstands in Abhängigkeit von der kleinsten im Tastschrieb wahrnehmbaren Höhenbewegung des Tasters

Das Auffinden der feinsten Rauheiten hängt natürlich vom Halbmesser der Tastnadel und von den Vergrößerungen im Tastgerät ab. Hier interessieren uns die kleinsten durch Abtasten auffindbaren Gipfelentfernungen.

Wir ermitteln sie anhand von Bild 43, indem wir annehmen, die kleinste im Tastschrieb wahrnehmbare Auslenkung sei $a = 0{,}2$ mm. Das entspricht bei einer Höhenvergrößerung $= 1000$ einer Höhenbewegung des Tasters von $0{,}2\ \mu$m. Dann ergibt sich aus dem Dreieck ABC der halbe Abstand $A/2$. Einige Zahlenwerte sind in Tafel 2.5 angegeben.

Die Tafel zeigt, daß wir in bezug auf Waagrechtmaße mit üblichen Tastmitteln Gleitbandabstände, mit den feinsten Tastmitteln sogar

Tafel 2.5
Kleinste durch Tasten feststellbare Gipfelabstände bei einem noch wahrnehmbaren Schriebhöhenunterschied von 0,2 mm

Halbmesser der Tastnadel μm	Vergrößerung der Senkrechtmaße	kleinste feststellbare Rauhhöhenunterschiede μm	kleinste feststellbare Abstände μm	Bemerkungen
1	2	3	4	5
10	1000	0,2	4	üblich
5	1000	0,2	2,8	
	2000	0,1	2	
	1000	0,2	1,7	
2	5000	0,04	0,8	empfindlichste Tastung

Gleitbänder erfassen können, sofern dort Rauhtiefenunterschiede mindestens in der Größe der Spalte 3 auftreten *und* vom jeweiligen Gerät registriert werden. Fortschritte in dieser Hinsicht kann man vom Ersatz geschliffener Tastnadeln durch Whisker[1] z. B. aus Kobalt mit einem Querschnitt von weniger als 50 μm² und durch entsprechend feinere Geräte erwarten.

2.6 Schmierbett

Bevor wir in Absch. 3 auf die an das Werkzeug gebundenen Oberflächen übergehen, sei auf eine Zwischenerscheinung hingewiesen, auf die WIEGAND und KLOOS [79] aufmerksam gemacht haben. Wenn sich nämlich in der Wirkfuge zwischen Werkzeug und Werkstück eine

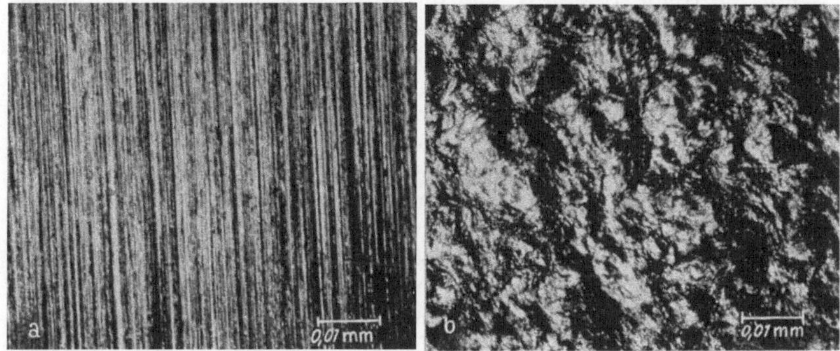

Bild 44. Feingeschliffene Oberfläche (a) ($R_t = 1$ μm) durch Kaltprägen ($\varepsilon_h = 0.65$) mittels einer gehärteten und polierten Stauchbahn ($R_t = 0{,}1$ μm) auf Schmierbett freigerauht; b) auf $R_t = 20$ bis 25 μm. Schmiermittel: Lithiumstearat (nach KLOOS [79])

Schmierschicht befindet, die auch während des Wirkens des Umformdrucks eine metallische Berührung zwischen beiden hintanhält, dann kann sich innerhalb dieses „Schmierbetts" die freie Rauhung ungehindert ausbilden. In welchem Ausmaß das geschieht, hängt von der Viscosität des Schmierstoffs und von der Annäherungsgeschwindigkeit des Werkzeuges ab. Die Versuche von WIEGAND und KLOOS haben beim Stauchen von Stahlzylindern zwischen ebenen geschliffenen Stauchbahnen folgendes gezeigt:

War der Schmierstoff Ölsäure und die Geschwindigkeit klein (0,17 mm/s), so trat bei der Stauchung eines Stahlzylinders auf 0,4 der Ausgangshöhe keine Aufrauhung ein, weil der dünnflüssige Schmierstoff über den Rauhbergen entwich, so daß die Körner nicht aufsteigen konnten; es trat aber auch keine Glättung ein, weil in den Rauhtälern Schmier-

---

[1] Diesen Hinweis verdanken wir Herrn Professor Dr.-Ing. ERDMANN-JESNITZER, Hannover.

stoffreste verblieben. Wurde die Geschwindigkeit auf das 180fache erhöht (30 mm/s), so wurde die Rauhtiefe von 2,5 μm auf 8 μm vergrößert, da offenbar der Schmierstoff nicht mehr genug Zeit hatte, sich aus der Wirkfuge zu entfernen. Hier bleibt somit das „Schmierbett" in gewissem Maße bestehen (vgl. auch Bilder 113 und 114).

Das ist erst recht der Fall, wenn ein fester Schmierstoff benutzt wird, wie z. B. Molybdändisulfid mit Trägerschmierstoff oder eine Metallseife wie etwa Lithiumstearat. Ein Beispiel zeigt das Bildpaar 44a und b [79]. Die beim Stauchen auf ein Drittel der Ausgangshöhe entstandene freie Rauhung im Schmierbett ist beträchtlich.[1]

2.7 Abschließende Betrachtung zu Abschnitt 2

Für die freihe Rauhung sind die Korngröße und der Umformgrad die Haupteinflußgrößen. Sie lassen sich durch eine nachfolgende gebundene Umformung nicht immer beseitigen. Ja, sie können sich sogar bei gebundener Umformung ausbilden, wenn sich im Wirkpaar Werkzeug-Werkstück ein „Schmierbett" befindet. Aus dem Einfluß der Korngröße ergibt sich, daß alles vermieden werden muß, was in einer Zwischenstufe der Fertigung zu einer Grobkornbildung führen könnte.

Aussagen über die freie Rauhung der Oberflächen können nur mit einer gewissen Unschärfe gemacht werden. Diese hat ihre Ursache in den eingangs erörterten statistischen Eigenschaften der Oberflächenmeßgrößen und der Korngrößen und läßt sich nicht durch genauere Messungen verringern. Daher erscheint es zulässig, Linienzüge zu mitteln, wie z. B. in den Bildern 26, 27, 36, 37 geschehen, und daraus für gewisse Bereiche einfache Gesetzmäßigkeiten abzuleiten.

Die plastische Verformung der Metalle besteht, wenn man von den Verhältnissen bei relativ niederen und hohen Temperaturen sowie bei hohen Umformgeschwindigkeiten absieht, im Abgleiten einzelner Kristallitbereiche in kristallographisch ausgezeichneten Ebenen längs ausgezeichneter Gitterrichtungen. Bei vielkristallinen Proben werden zunächst die für die Abgleitung günstig zur Kraftrichtung orientierten Kristallite verformt, bei weiter fortschreitender Umformung werden durch die zunehmende Verfestigung dann auch Gleitsysteme in den weniger günstig orientierten Kristalliten aktiviert. Infolge der Abgleitung ändern die Kristallite je nach betätigten Gleitsystemen ihre Orientierung bezüglich der wirksamen Spannung.

In der Draufsicht auf umgeformte Oberflächen finden sich Spuren von submikroskopischer Größe bis zu ganzen Korngebieten. Unsere Beobachtungen ließen die letzteren, besonders bei kleinen Umformproben, in Gestalt von Welligkeiten erkennen. Mit steigender Umfor-

---

[1] Dasselbe hat AKERET bei zu reichlicher Schmierung an gepreßten Aluminiumsträngen beobachtet [2].

mung überwiegt dann der Einfluß der Rauheit, die durch Abgleiten in Teilbereichen der Kristallite entsteht (Bild 45).

Bei vielkristallinen Metallen mit kleinem Korn tragen die einzelnen Abgleitungen in einem Korn nur wenig zur Rauhtiefe bei, zumal sie durch die Korngrenzen behindert werden. Wesentlich für die Rauheitsänderung ist hier die Tatsache, daß nicht alle Kristallite der Oberfläche gleichzeitig zu fließen beginnen. Daß die Körner verschiedene Orientierung besitzen, spielt bei Stahl eine nur relativ kleine Rolle. Dagegen haben die neben den Ferritkörnern liegenden wesentlich härteren Eisenkarbide im Perlit einen stärkeren Einfluß. Sie „schwimmen" sozusagen als harte Körner in der sie umgebenden Ferritmasse, können sich darin drehen und in ihrer Nähe große inhomogene Verzerrungen hervorrufen.

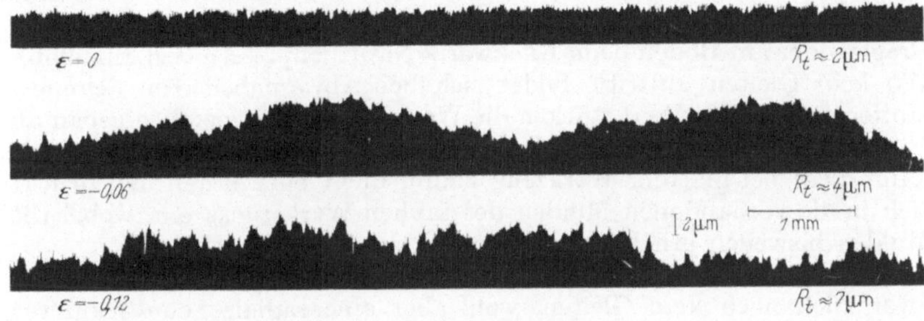

Bild 45. Rauheit und Welligkeit nach dem Stauchen einer zylindrischen Stahlprobe um 6% und 12%

Indes läßt sich die lange Periode der Welligkeit nicht *hieraus* erklären. Diese dürfte eher auf Einwirkungen aus der Verformung der unter der Oberflächenschicht liegenden Masse zu erklären sein.

Die bei einer Dehnung erfolgende Vergrößerung der Oberfläche besteht darin, daß die zunächst zum Fließen kommenden Körner ihre Fläche unter Querkontraktion vergrößern, während sie sich gleichzeitig drehen. Die für das Gleiten ungünstig liegenden Körner behalten dabei ihre ursprüngliche Form.

Eine Vergrößerung der Oberfläche durch neu in sie hineintretende Körner aus darunter liegenden Schichten konnten wir trotz sorgfältiger Beobachtung nicht finden. Man wird daher unter Ausschluß der Rekristallisation sagen dürfen:

Beim Umformen bleibt die Oberflächenschicht als solche erhalten

Wenn wir hier versucht haben, unsere Beobachtungen, die wir im Hinblick auf die Typologie umgeformter Oberflächen angestellt haben, zu deuten, so sind wir uns doch bewußt, daß zu einer wirklichen Erklärung des Zusammenhangs zwischen Korngröße, Dehnung und freier Rauhung noch gründliche Untersuchungen vonnöten sind.

3. Gebundene Umformung

Jede technische, auf bestimmte Abmessungen gerichtete Umformung ist an Werkzeuge gebunden, die Kräfte auf die Werkstücke ausüben. Dennoch machen häufig die umzuformenden Oberflächen, sei es insgesamt, sei es zu Teilen, eine freie Rauhung durch, die zur „Vorgeschichte der umgeformten Oberfläche" gehört. Zu ihr tritt nun die „Gleitrauhung" womit wir alle Rauheitsänderungen bezeichnen, die von der unter Druck geschehenden Berührung zwischen Werkstück und Werkzeug ausgehen. Das Ausmaß des Gleitens zwischen Werkstück und Werkzeug kann von Null bis zur vollen Länge der Werkzeuggleitflächen gehen.

Vorab sei der Grenzwert der Gleitung Null betrachtet; er kommt selten vor, z. B. in der Mitte achssymmetrischer Druckzonen beim Prägen oder am Boden beim Rückwärts-Napffließpressen (vgl. Bild 95b). Wo kein Gleiten auftritt, bildet sich bei Abwesenheit von Schmierstoffen auf glatten Werkstücken die Werkzeugrauheit ziemlich genau ab (vgl. Bild 70, 108); wenn jedoch eine Schmierschicht vorhanden ist, kann diese bei glattem Werkzeug häufig nicht entweichen und drückt sich in die vorhandenen Mulden des rauhen Werkstücks ein, wobei die Mulden bisweilen erheblich vertieft werden (vgl. Bild 113).

Rund um eine solche gleitfreie Stelle findet sich eine Zone, in der zwar auch noch kein Gleiten, wohl aber eine radiale Schubspannung auftritt. Schon diese bewirkt, wenn nicht geschmiert, eine völlig andere Rauhung. Diese Zone würde sich unter besseren Schmierverhältnissen verringern. Ein Heranpressen an die Werkzeugwand ohne Gleiten tritt auch an der Mantelfläche eines Zylinders auf, der in einem geschlossenen Gesenk gestaucht wird (vgl. Bild 96b).

Dem Fall mit der Gleitung Null steht die geringe Gleitung beim Stauchen nahe, die zwischen den Stirnflächen eines Zylinders und den ebenen Bahnen des Werkzeuges nahe der Mitte auftritt. Dieser Typ — Ebenprägen genannt — ist von KIENZLE und MEIER [29] untersucht worden. Sie haben gefunden, daß die Rauheit der Stirnfläche am Rande geringer ist als in der Mitte; das ist durch die radiale Gleitung zu erklären, die nach dem Rande hin zunimmt.

Unsere Aufgabe soll es nun sein, die Oberflächenwandlungen derjenigen Verfahren zu beschreiben, bei denen verschiedenartige Gleitungen auftreten. Hierzu können wir aus den zahlreichen Umformverfahren eine aufschlußreiche Auswahl treffen, wenn wir nach Größe und Art der Gleitung unterscheiden.

a) Beim *Walzen* ist die Gleitung gering und gegensinnig, da ihre Richtung vor und hinter der Fließscheide verschieden ist.

b) Die Gleitung ist über die Länge des Werkstückes einsinnig und von gleicher Art und Größe (wenn auch bei nicht runden Profilen über den Umfang ein wenig ungleich). Das gilt für das *Ziehen von Stäben und Drähten*, wobei der Gleitweg gleich der Länge des zylindrischen Teils des Ziehhols ist.

c) Die Gleitung ist örtlich, nämlich in Richtung des Gleitwegs (und bei nicht runden Profilen auch über den Umfang) verschieden. Das gilt z. B. für das *Rückwärts-Hohlfließpressen* (Bild 95c).

Die Erscheinungen, die bei diesen kalten Massivumformverfahren auftreten, finden sich auch bei hier nicht genannten Verfahren, so z. B. liegt das Reduzieren von Bolzen zwischen dem Stabziehen und Fließpressen. Das Rundkneten, ein Recken unter Gleitung am Werkzeug, läßt eine ähnliche Oberflächenwandlung wie das Flachprägen erwarten.

Da auch gewisse Warmumformverfahren in die Endfertigung vorstoßen, haben wir daraus das Warmstrangpressen von Aluminium für eine eingehende Untersuchung ausgewählt.

Gehen wir von der Massivumformung zur Blechumformung, so finden wir beim Biegen unter einem Biegestempel an der Stelle der Werkzeugberührung eine ähnliche Wirkung wie beim Prägen. Das Drücken mittels Rollen rechnen wir vom Standpunkt der Oberflächenwandlung zu den Walzverfahren.

Das Abstrecken, das bald dem Tiefziehen, bald dem Fließpressen folgt, ähnelt — immer vom Blickpunkt der Oberflächenwandlung gesehen — dem Stabziehen. Nur das Tiefziehen, das Hohlprägen und das Streckziehen bilden Gruppen mit eigenen typologischen Erscheinungen. Wir bedauern, daß es uns nicht möglich war, sie im Rahmen dieser Arbeit ebenso zu untersuchen wie die nun folgenden.[1]

Indes glauben wir, daß unsere Auswahl der Verfahren einerseits geeignet ist, um die Methoden der Untersuchung zu zeigen, andererseits um grundsätzliche Erkenntnisse zu gewinnen. Wir haben die Massivumformverfahren bevorzugt, weil ihre Zukunft darin liegt, daß sie mehr und mehr abgespante Werkstücke ersetzen und daher ihre Oberflächenbeschaffenheit eine ähnliche Rolle spielt wie bei jenen.

4. Walzen

Wälzt sich ein Werkzeug umformend auf einem Werkstück ab, so sind Art der Umformung, Reibung sowie Beanspruchung des Schmiermittels anders als bei dem verschiedentlich erwähnten Flachstauchen. Das Walzen mit glatten Walzen hat eine ihm eigene glättende Wirkung. die auf die schon erwähnte gegensinnige Gleitung zwischen Werkstück und Werkzeug vor und hinter der Fließscheide zurückzuführen ist.

---

[1] Im Atlas umgeformter Oberflächen [*1*] finden sich außer für die hier behandelten Verfahren auch Tafeln für Flachstauchen, Verjüngen. Rundkneten, Rohrziehen, Tiefziehen, Gesenkformen.

Im Hinblick auf die erzielbare Oberflächengüte betrachten wir unter den üblichen Walzverfahren das *Kaltwalzen von Blechen*. Wir zählen zu den Walzverfahren aber auch das Kaltformwalzen und betrachten hierbei das *Gewindewalzen*.

Daneben gibt es ein Walzverfahren, dessen alleinige Aufgabe es ist, eine Oberfläche zu glätten, das sogenannte *Glattwalzen*; hierbei tritt allerdings kaum eine Gleitung auf. Aber wir können daran die fast reine Wirkung des Walzens auf die Oberflächenwandlung kennenlernen und behandeln es daher an erster Stelle.

Da das Glattwalzen massiver Körper ihre Oberfläche nicht vergrößert, so steht ihm hinsichtlich der Oberflächenwandlung das Walzrichten von Stäben (Abschn. 5.1.5) und auch das Nachwalzen (Dressieren) von Blechen nahe. Wird hingegen beim Walzen auf dünnere Querschnitte die Oberfläche des Werkstückes in erheblichem Maße vergrößert, so tritt in Walzrichtung die schon erwähnte beträchtliche Gleitung zwischen Walze und Walzgut ein.

Beim Walzen verbindet sich die reine Walzglättung mit der Gleitglättung. Dadurch kommt es, daß durch Walzen bessere Oberflächen erzielt werden als durch Pressen und Ziehen.

4.1 Glattwalzen

Das Glattwalzen steht gewissermaßen am Rande der Umformverfahren, weil es lediglich Flächen zu glätten bestimmt ist, ohne deren makrogeometrische Abmessungen um mehr als Bruchteile von Millimetern zu verändern.[1] Man kann daher beim Glattwalzen eher von einem *Mikroumformen* sprechen. Welches sind nun die rauhen Flächen, die durch Walzen geglättet werden können? Im Sinne unserer Typologie könnten das z. B. gebeizte Bleche sein; jedoch walzt man diese nicht allein um der Glättung willen, sondern um ihren Spannungszustand im Hinblick auf das nachfolgende Tiefziehen günstiger zu gestalten. Dieses mit einer gewissen, jedoch geringen Dickenänderung verbundene Walzen ist aber im Sinne der Oberflächentypologie zugleich ein Glattwalzen. Näheres hierüber s. Abschn. 4.2.5 und Bild 61.

Das eigentliche Glattwalzen wird gegenwärtig auf *abgespante Flächen* angewandt. Schon um 1925 hat man Laufflächen von Eisenbahnwagenachsen glatt gewalzt (damals Prägepolieren genannt); heute wendet man es auf viele andere Werkstücke wie Bolzen, Ventilschäfte u. ä. meist aus Stahl an. Ebenso werden seit den dreißiger Jahren Bohrungen in Werkstücken aus verschiedenen Werkstoffen einschl. Gußeisen glattgewalzt und in den vierziger Jahren hat IWASCHEFF [22] vorge-

---

[1] Bei dünnen Wellenzapfen (unter 5 mm ∅) haben PAHLITZSCH und VON EITZEN gezeigt, daß Unrundheit und Kegeligkeit durch Glattwalzen fast völlig beseitigt wurden [50].

schlagen, ebene Flächen von gußeisernen Körpern statt durch Schleifen durch Walzen zu glätten. Damit entstehen verschiedene Typen umgeformter Oberflächen:

a) an den Außenflächen massiver Wellen und Platten

b) an den runden Innenflächen hohler Körper.

In beiden Fällen können Werkstücke aus bildsamen Werkstoffen oder auch aus Gußeisen Gegenstand des Glattwalzens sein.

Die Wandlungen dieser abgespanten Oberflächen sind an zwei Hochschul-Instituten auf ihre Oberflächen-Typologie erforscht worden. Auch hierfür wurde der Satz auf S. 10 bestätigt gefunden, wonach der Endzustand einer umgeformten Oberfläche von ihrer Geschichte abhängt. Im folgenden werden drei verschiedenartige Beispiele behandelt.

4.1.1 Glattwalzen von Wellen aus Stahl

1951 hat H. KÖNIG [*35*] am Institut für Werkzeugmaschinen und Umformtechnik, Technische Hochschule Hannover, das Glattwalzen mittelstarker Wellen untersucht. Sodann haben PAHLITZSCH und Mit-

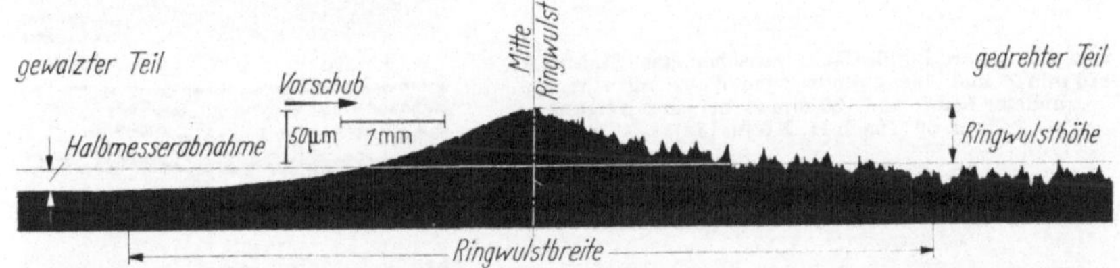

Bild 46. Ringwulst an einer in der Glattwalzung befindlichen Welle. Walze berührt links; Vorschubrichtung nach rechts. Höhe des Ringwulstes 65 µm (nach H. KÖNIG [*34*])

arbeiter am Institut für Werkzeugmaschinen und Fertigungstechnik der Technischen Hochschule Braunschweig, 1955 v. EITZEN [*50*] und 1963 KROHN [*51*] das Glattwalzen dünner Wellen zum Gegenstand wissenschaftlicher Arbeiten gemacht.

Das übliche Verfahren besteht darin, daß eine oder mehrere Walzen mit einem zylindrischen an den Seiten stark gerundeten Profil sich unter Druck an dem Werkstück wälzen und zugleich axial verschoben werden. Die dadurch auftretende Gleitung ruft seitlich der Walze einen kleinen Wulst hervor, der im Beispiel des durch die zehnfache Überhöhung verzerrten Bildes 46 65 µm hoch ist. Damit er sich nur in der Vorschubrichtung bewegt, wird die Walzenachse um rd. 0,5° gegen die Werkstückachse geneigt. Dadurch entsteht eine tropfenförmige Berührfläche zwischen Walze und Werkstück, die im Bild 47 in wahrer Größe gezeigt ist.

Jener Ringwulst (Bild 46) ist kennzeichnend für die Wandlung der Oberfläche. Unter üblichen Druckkräften wandert er neben der Walze

in axialer Richtung, während unter der Walze die Glättung erfolgt; hat
die Welle keinen Bund, so drückt sich die im Ringwulst vorhandene
Menge an der Stirnseite der Welle heraus und bildet dort einen kleinen
Seitenwulst. Der Ringwulst zeigt auf der der Walze abgewandten Seite
die Ausgangsrauheit, die durch die dort vor sich gehende freie Umformung im Sinne des Bildes 29 etwas gewandelt worden ist.

Auf der linken Seite hat der Wulst das Gegenprofil des Walzen-
profils, dessen große Rundung hier sichtbar ist. Wird eine Fläche zum
zweiten Mal überwalzt, so bildet sich wieder ein Wulst, aber von geringerer Höhe. Auch in Walzrichtung entsteht ein Wulst, der vor der

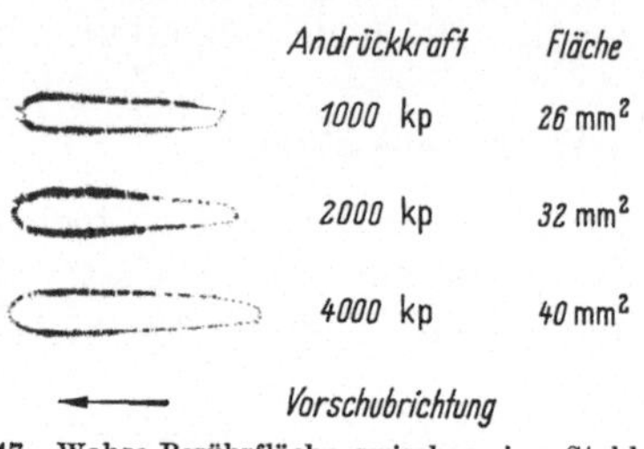

Bild 47. Wahre Berührfläche zwischen einer Stahlwelle
115 mm ⌀ und einer zylindrischen Walze mit stark gerundeter Kante von 120 mm ⌀ bei einer Neigung
von 30° (nach H. KÖNIG [34])

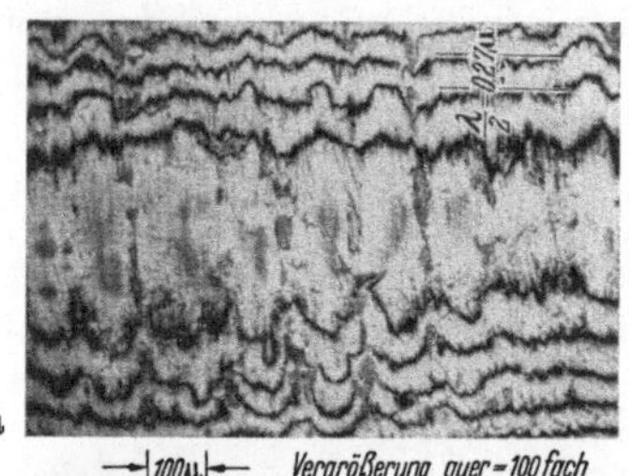
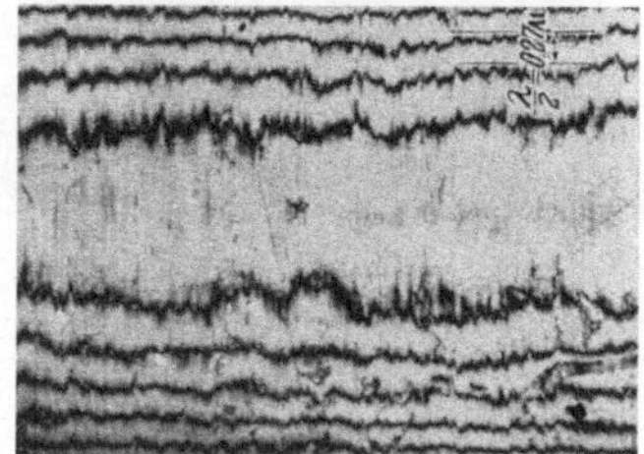

Bild 48. Interferenzaufnahme glattgewalzter Oberflächen,
Ausgangsoberfläche mit $s = 0,12$ mm/U Vorschub und
Schnittgeschwindigkeit $v = 2,25$ m/s (135 m/min) gedreht
a) einmal glatt gewalzt $R_t = 0,4$ μm; b) zweimal
glatt gewalzt $R_t = 0,15$ μm (nach H. KÖNIG [35])

Walze herläuft, aber etwas niederer als jener ist. Dieser Wulst führt
eine gewisse Gleitung zwischen Walze und Werkstoff herbei, von der
in Abschn. 4.2 noch die Rede sein wird.

Das Bild 46 zeigt ferner die „Tieferlegung“ der Oberfläche. Zunächst ist klar, daß sie um die Glättungstiefe tiefer gelegt wird; tatsächlich ist die Halbmesserabnahme noch größer. Bei einer Ausgangsrauhtiefe von 25 μm betrug nach KÖNIG [35] nach dem Walzen unter
optimaler Walzkraft (hier 222 kp je mm Breite der Berührfläche =
4000 kp) die Glättungstiefe 18 μm, die Oberfläche war aber um 28 μm
tiefer gelegt. Daraus leitet er eine räumliche Verdichtung des Werkstoffes ab, die O. FÖPPL [16] auch schon festgestellt hatte.

Die gewalzten Flächen sind noch glatter als die feingeschliffenen
und polierten Walzen; das erklärt sich daraus, daß der Vorschub s je
Werkstückumdrehung wesentlich kleiner ist als die wirksame Walzen-

breite B (s. Bild 47) und daß demzufolge jede Stelle $\dfrac{B}{s} \cdot z$ mal von jeder Walze überwalzt wird ($z =$ Anzahl der Glättwalzen). Daher sind die Glättungsergebnisse hervorragend. Es werden bei Stahlwellen Rauhtiefen R_t unter $0,5\,\mu$m, häufig unter $0,3\,\mu$m erreicht. Daher werden sogar geschliffene Oberflächen ($R_t = 1$ bis $2\,\mu$m) durch Glattwalzen noch verbessert. Hier ist es vorteilhaft, mit der Interferenzmethode zu

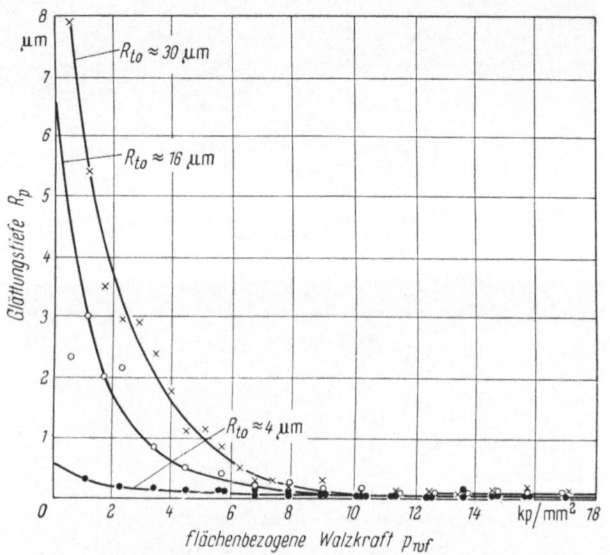

Bild 49. Glättungstiefe R_p glatt gewalzter Zylinderflächen in Abhängigkeit von der flächenbezogenen Walzkraft p_{wf} $\left(p_{wf} = \dfrac{P}{l \cdot d},\ \text{wobei}\ \dfrac{1}{d} = \dfrac{1}{d\text{Werkstück}} + \dfrac{1}{d\text{Walze}} \right)$ für verschiedene Drehrauhtiefen R_{to}. Versuchsbedingungen: Werkstückstoff 115 Cr V 3 K, Werkstückdurchmesser $= 10$ mm, Glättwalzendurchmesser $= 75$ mm, Überwalzzahl $ü = 30$, Walzgeschwindigkeit $v = 0,083$ m/s (5 m/min). Ohne Schmierung (nach PAHLITZSCH und KROHN [51])

messen. In Bild 48 sind zwei Interferenzaufnahmen glattgewalzter Zylinderflächen gezeigt. Eine Wiederholung des Glattwalzvorgangs brachte schon eine Verbesserung von $R_t = 0,4\,\mu$m auf unter $0,2\,\mu$m.

Die Ausgangsrauheit hat verhältnismäßig wenig Einfluß; lediglich erfordert eine größere Ausgangsrauheit zur Erzielung gleicher Glätte eine höhere Walzkraft, wie aus Bild 49 hervorgeht. Aber eine andere Bedingung muß erfüllt sein; die gedrehten Flächen dürfen keine Aufbauschneiden aufweisen, was durch genügend hohe Schnittgeschwindigkeiten erreicht wird. Diese bilden nämlich in der Längsrichtung der Drehrillen so steile Böschungen oder gar Unterschneidungen (Bild 50), daß beim Glattwalzen Fehler in Gestalt von Schuppen auftreten können.

Wiewohl es sich beim Glattwalzen nur um eine Mikro-Umformung handelt, so ist doch eine Tiefenwirkung auf das Gefüge zu verzeichnen. Sie geht bei mittleren Stahlwellen einige Zehntelmillimeter tief. Das haben PAHLITZSCH und VON EITZEN [50] an dünnen Wellen gezeigt; ihrer Arbeit ist das Schliffbild 51 entnommen. Bei sehr dünnen Wellen kann die Umformung u. U. bis zur Mitte gehen.

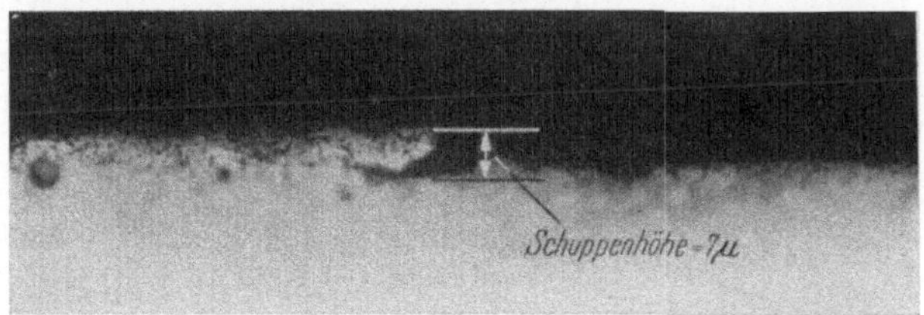

Bild 50. Schliffbild einer Schuppe einer Drehrille vor dem Glattwalzen
(nach H. KÖNIG [34])

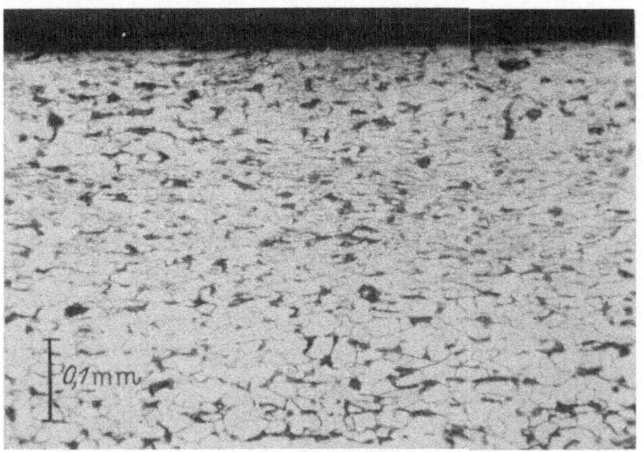

Bild 51. Randgefüge eines glattgewalzten Werkstückes $V = 100:1$
(Einflußtiefe rd. 0,3 mm) (nach PAHLITZSCH und VON EITZEN [50])

Bei der *Schmierung* ist Vorsicht geboten; an sich bedarf der Vorgang keines Schmiermittels, jedoch ist eine Reinigung von winzigen Metall-partikelchen, die von den Kämmen der gedrehten Flächen abgetragen werden, erwünscht. Man hat in einer selbsttätigen Glattwalzmaschine mit einem Walzenpaar, das mittels eines Kissens mit Petroleum benetzt wurde, bis zu 75 000 Ventilschäfte für Fahrzeugmotore glattgewalzt.

Daß in den glatt gewalzten Oberflächenschichten Eigenspannungen bestehen, liegt auf der Hand. Näheres hierüber berichtet BÜHLER [10].

Eine Ähnlichkeit mit dem Glattwalzen hat das sogenannte *Festwalzen*; das ist das Verfahren, das O. Föppl [*16*] seit 1929 am Wöhler-Institut der Technischen Hochschule Braunschweig untersucht und „Oberflächendrücken" genannt hat. Er zeigte, daß an Stellen bildsamer Verformung durch die Kaltverfestigung und die Druckeigenspannungen die Dauerfestigkeit nennenswert erhöht wird; eine Erkenntnis, die später von G. Sachs[1] und S. Timoschenko[2] bestätigt wurde. Das tritt in gewissem Umfang bei jedem Kaltwalzen ein; ein eindringliches Beispiel ist das Gewindewalzen (s. Abschn. 4.3). Wo es aber *nur* auf die Erhöhung der Dauerfestigkeit ankommt, spielen nach Föppl die erzeugten Druckeigenspannungen die entscheidende Rolle, nicht die Glättung der ganzen Oberfläche. Das Festwalzen kann mit schmalen Walzen (Scheiben) mit gerundetem Profil im Vorschubverfahren geschehen, wobei glatte Rillen nebeneinander liegen. Man könnte diese Fläche geradezu einen Prototyp der Welligkeit nennen. Deshalb ist es nützlich, diesen Oberflächentyp durch das Wort „Festwalzen" von dem glattgewalzten Typ zu unterscheiden. Wo es allein auf die Steigerung der Dauerfestigkeit ankommt, wird nur gefordert, daß jede Stelle der betreffenden Fläche mikrogeometrisch bildsam verformt worden ist.

4.1.2 Glattwalzen von ebenen Außenflächen an gußeisernen Körpern

Das Glattwalzen ebener Flächen, z. B. an Gußstücken des Werkzeugmaschinenbaus kann durch Einbau eines Glattwalzgeräts mit *einer* Walze in einer Langhobelmaschine verwirklicht werden. Um Flächen zu walzen, die breiter als die Glättwalzen sind, arbeitet man mit einem seitlichen Vorschub *s* je Hub, so daß die Überwalzzahl der einzelnen Stellen B/s be-

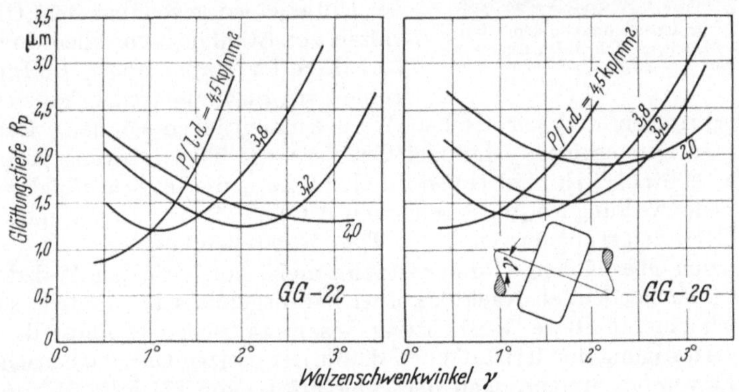

Bild 52. Günstige Glättungstiefe bei einem für jede Walzkraft bestimmten Walzschwenkwinkel
(nach Kienzle und Gerlach [*27*])

trägt. *s* ist wesentlich kleiner als die wirksame Walzenbreite *B*, die ihrerseits bei Gußeisen wegen des größeren Neigungswinkels geringer ist als bei Stahl. Dadurch erreicht man, daß quer zur Walzrichtung keine meß-

---

[1] Zeitschrift für Metallwirtschaft 1934, S. 769.
[2] The Engineer 1947, S. 398.

baren Spuren der verschiedenen Walzbahnen auftreten. Wenn solche Spuren trotzdem in Gestalt einer Welligkeit gefunden werden, so können sie durch Änderung der Walzkraft oder des Vorschubs oder der Walzenanstellung vermieden werden. Daß die Anwendung eines je nach Walzkraft gewählten Walzenschwenkwinkels γ ohnehin günstig ist, zeigt das Schaubild 52, in dem γ wie beim Walzen einer Welle dargestellt ist. Das erklärt sich aus einer dadurch hinzukommenden Gleitung.

Die erzielte Rauhtiefe ist längs und quer etwa dieselbe. Von der Tatsache, daß von den vorher vorhandenen Hobelrillen noch Spuren sichtbar sind, darf man sich nicht täuschen lassen (Bild 53); sie sind darauf zurückzuführen, daß die stärker niedergewalzten Kämme einen anderen Glanz haben als die ehemaligen Täler. Ähnlich dem Glattwalzen von Stahl finden wir auch bei Gußeisen die Wulstbildung und eine Abhängigkeit vom Walzdruck und von der Überwalzzahl. Auch hier zeigt sich, daß eine höhere Schnittgeschwindigkeit (z. B. $v = 1,5\ \mathrm{m/s}$ statt $0,5\ \mathrm{m/s}$) eine besser vorbereitete Fläche und damit ein besseres Glattwalzergebnis liefert. Der Unterschied gegenüber dem Glattwalzen von Stahl liegt vor allem in dem Verhalten der Graphitadern. Im Innern werden sie zusammengedrückt, so daß

Bild 53. Sichtspuren der von dem Glattwalzen vorhandenen Hobelrillen. Querrauhtiefe vorher $R_t = 20\ \mu\mathrm{m}$, nachher $1-2\ \mu\mathrm{m}$

die ferritischen und perlitischen Körner nachrücken können. Daraus dürfte es sich erklären, daß bei Gußeisen die Tiefenwirkung geringer ist als bei Stahl [35]. Bei Gußeisen bleibt zwar die im Schliffbild sichtbare Tiefenwirkung i. a. im Bereich von 0,1 bis 0,2 mm, jedoch läßt sich eine Härtesteigerung bis zu 1 mm Tiefe feststellen [18].

An den Oberflächen wird der Graphit meist durch die dem Walzdruck bildsam nachgebenden Nachbarkörner herausgequetscht. Es tritt somit zugleich eine fühlbare Verdichtung des metallischen Stoffanteils und eine Verfestigung der Kristalle und damit der ganzen Oberflächenschicht ein. Es wurden Steigerungen der Brinellhärte von 131 auf 154 kp/mm² und von $HV_{0,1} = 200$ auf 240 kp/mm² beobachtet [27]. Das kommt der Lebensdauer von Führungen zugute, die nach IWASCHEFF [22] um so höher ist, je mehr sich die Härten der aufeinander gleitenden Stoffe unterscheiden.

Da die Graphiteinschlüsse einen so starken Einfluß auf die Wandlung der Oberflächenschicht haben, leuchtet es ein, daß die Oberflächen um so besser werden, je feiner der Graphit verteilt ist und je mehr sich die Einschlüsse der Kugelform nähern, denn dann haben sie selbst ihre kleinste Oberfläche und beeinträchtigen die Metalloberfläche am wenigsten. Nach GERLACH wäre es aber irrig, anzunehmen, daß der Graphit auf die metallische Fläche aufgewalzt wird. Er führt dazu folgendes aus:

„Beim Trockenwalzen bildet sich auf der Oberfläche ein schwarzer Belag, der fest haftet. EPIFANOV und Mitarbeiter [12] fanden beim Walzen von reinem Eisen mit einer kleinen Walze eine dünne, harte, glasartige Schicht auf der Oberfläche, die bei weiterem Überwalzen zerbröckelte.

Auch bei den Gußeisenversuchen wurde diese Schicht bei hoher Kraft bzw. bei zunehmendem Walzenschwenkwinkel brüchig und blätterte schließlich bei noch stärkerem Gleiten ab. Die metallische Oberfläche unter der brüchigen Glättschicht entspricht dem in Bild 54 oben gezeigten Profilschnitt. Die abgeblätterten Teile sind nur etwa 5 μm dick und magnetisch, können also nicht nur aus Graphit bestehen. Die chemische Untersuchung ergab sogar einen Gehalt von 90% Eisen, 9% Sauerstoff und weniger als 1% Kohlenstoff, der

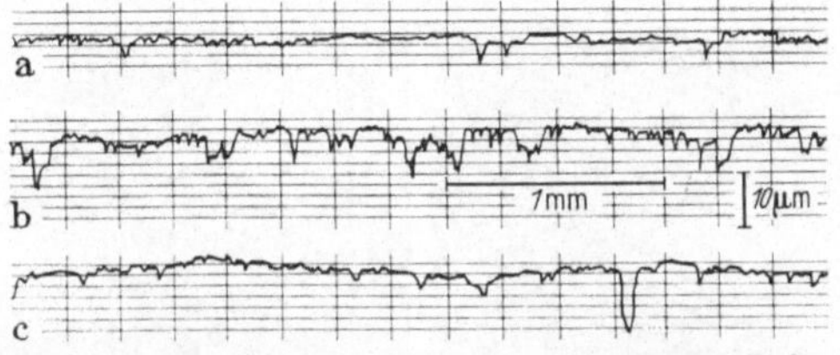

Bild 54. Rauhprofile ebener glattgewalzter Gußeisenflächen
a) trocken gewalzt $R_t = 2-6\,\mu$m, $R_p = 1,6\,\mu$m nach Entfernung der obersten spröden Schicht; b) mit Petroleum gewalzt; c) mit Molycote eingerieben und dann gewalzt; Vorschub 0,3 mm/Hub (nach GERLACH [18])

allerdings wegen seiner geringen Dichte etwa 3% des Volumens einnimmt. Von den drei Eisenoxyden hat nur das Eisenoxyduloxyd Fe_3O_4 eine schwarze Farbe. Wird der Sauerstoff in dieser Form gebunden angenommen, so enthält die abgeblätterte Glättschicht 66% Fe und 33% Fe_3O_4.“

Diese Schicht sitzt indes beim Glattwalzen unter üblichen Bedingungen sehr fest auf der Oberfläche und neigt durchaus nicht zum Abblättern. Nicht alle entleerten Graphitnester an der Oberfläche werden ausgeglättet; daher ist es für glattgewalzte gußeiserne Flächen typisch, daß sie an diskreten Stellen porenartige Vertiefungen aufweisen, die aber gegenüber den geglätteten Flächen nicht ins Gewicht fallen (Bild 54). Die Tafelberge selbst sind annähernd so glatt wie bei Stahl; ihre Güte zeigen die elektronenoptischen Aufnahmen (Bild 55). Obwohl bei glattgewalzten gußeisernen Flächen verhältnismäßig viele Poren verbleiben, ist der Profiltraganteil doch ebenso hoch wie bei gehonten oder geläppten Flächen, nämlich 0,7···0,8; bei geschabten Flächen wird dieser Wert erst nach längerem Einlaufen erreicht.

Bei Gußeisen ist jedes flüssige Schmiermittel schädlich; z.B. dringt Petroleum in die feinsten Poren (vgl. Bild 54b) und weitet sie u. U. auf, während Schmieren mit Maschinenöl zu tiefen und großen Ausbrüchen führt. Nur ein vielleicht den Verschleiß minderndes Einreiben mit einer Molybdänsulfid-Paste in die Werkstückoberfläche ergab eine nahezu so gute Fläche wie beim trockenen Walzen (Bild 54c).

5*

4.1.3 Glattwalzen von zylindrischen Innenflächen in gußeisernen Hohlkörpern

Nach GERLACH [18] sind die in 4.1.2 beschriebenen Eigenschaften glattgewalzter Oberflächen an gußeisernen Körpern auch in glattgewalzten Bohrungen zu finden. Die gemeinsame Kenngröße ist $\dfrac{P}{l \cdot d}$; hierin bedeutet P die Andrückkraft der Walze, l die Länge der tropfenförmigen Berührfläche (wie in Bild 47, jedoch mit Neigungswinkel 1,5°) und d einen Vergleichsdurchmesser, der sich aus der Formel $\dfrac{1}{d} = \dfrac{1}{d_{\text{Werkstück}}} + \dfrac{1}{d_{\text{Walze}}}$ ergibt (vgl. Bild 49).

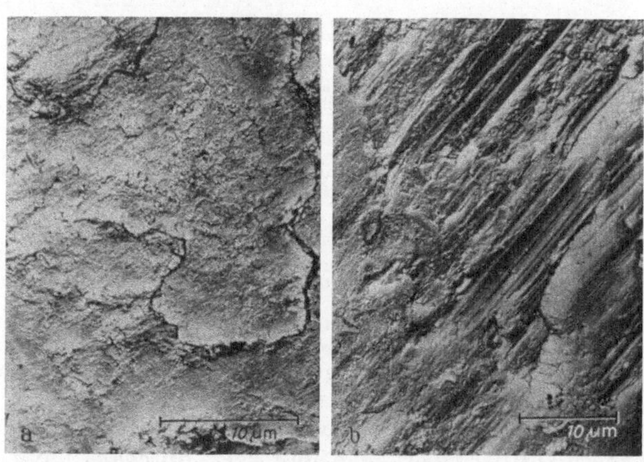

Bild 55. Elektronenoptische Aufnahmen glattgewalzter Oberflächen aus GG 22
(Palavit-Abdrücke mit Platin schräg beschattet und mit Kohle bedampft)
(nach GERLACH [18])

Auch hier entstehen an den Seiten der Walzen Wulste, die mit dem Vorschub in Achsrichtung weiterwandern, ebenso winzige Wulste vor den Walzen. An dem Ende der Bohrung, an dem das Werkzeug aus ihr austritt, entsteht dadurch ein kleiner Randwulst.

Die Überwalzzahl am Flächenelement wird hier groß (bis zu rd. 100), da das Werkzeug mehrere Glättwalzen enthält; das führt zu sehr guten Oberflächen, obwohl die mit dem Innenwalzwerkzeug übertragbaren Kräfte wesentlich kleiner sind als die, die beim Ebenwalzen angewandt werden.

Maßgebend für die Oberflächengüte ist die Glättungstiefe R_p. Sie liegt unter günstigen Umständen unter 1 μm und kann bei den betrachteten Werkstücken kaum mit einem anderen Verfahren erreicht werden. Indes kann die Formgenauigkeit beeinträchtigt werden, wenn die Wanddicke, sei es ringsum, sei es in Achsrichtung, sehr verschieden ist. Eine Welligkeit tritt nicht auf, es sei denn, daß die Durchmesserzustellung zu groß ist.

Beim Walzen von Gußeisen wird bisweilen ein *Abblättern* von Teilchen befürchtet. Dies kann in der Tat eintreten, wenn die Überwalzzahl oder die Walzkraft übertrieben wird. Nach GERLACH [18] tritt dieser Fehler aber erst dann ein, wenn die Walzkraft auf das Dreifache der an sich erforderlichen übersteigert wird.

Der Oberflächentyp an glattgewalzten Gußeisenflächen kann wie folgt gekennzeichnet werden:

Geringe Glättungstiefe $R_p \leqq 1 \ \mu\text{m}$
Verteilte Poren
Profil-Traganteil $\approx 0{,}75$
Harte oberste Schicht
Geringe Tiefenwirkung.

4.2 Walzen von Kaltband

Die Oberflächenbeschaffenheit von Blechen und Bändern ist deshalb bedeutsam, weil sie sich stark auf ihre Funktion auswirkt. Die Rauheit beeinflußt z. B. die Reibungsverhältnisse beim Tiefziehen, die Eignung für das Beschichten durch Aufbringen von Überzügen verschiedener Art, die Geschwindigkeit beim Rollennahtschweißen u. a. m. Unter den Funktionen der Rauheit eines Bleches ist jüngst von STEPHAN [64] ihr Einfluß auf den Wärmeübergang bei Behältern für siedende Flüssigkeiten dargestellt worden. Oft ist indessen dem Verbraucher nicht klar, welche Rauheit optimal, dem Hersteller nicht, welche möglich und welche wirtschaftlich ist. Auch in den einschlägigen Normen finden sich nur qualitative Angaben, z. B. glatt, matt und rauh (DIN 1623, Ausgabe 1. 61, Feinbleche) oder blankgeglüht, riß- und porenfrei, hellglänzend (DIN 1624, Ausgabe 8. 54, Kaltband).

Erst in jüngeren Jahren sind Messungen an kalt gewalzten Bändern von LUEG und KRAUSE [38, 39] bekannt geworden, die eine beträchtliche Streuung der Rauheit der fertig gewalzten Bleche aufzeigten. Unsere Messungen erfassen darüber hinaus die Veränderungen der Oberfläche in den einzelnen Walzstufen. Hierbei wurden Bleche aus einer üblichen Fertigung derart ausgewählt, daß ein repräsentativer Querschnitt durch die üblichen Fertigungsbedingungen entstand. Die Veränderlichen waren Blechdicke, Blechbreite, Ausgangsrauheit, Stichabnahme, Stichzahl, Walzenrauheit und Schmierung. Um den Umfang der Untersuchungen nicht zu groß werden zu lassen, wurden diese möglichen Einflüsse nicht einzeln verändert, obwohl auf diese Weise bei der gegenseitigen Beeinflussung mehrerer Veränderlicher nur wenige Faktoren erfaßt werden. Immerhin ist aus den Messungen an 59 Blechen und

17 Walzen der Rauheitsbereich von üblich kaltgewalztem Band zu erkennen. Trotzdem wäre es erwünscht, daß später noch weitere mögliche
Einflüsse wie Walzenform, Walzengeschwindigkeit, Haspelzug, Gerüst-
art, Werkstoff und Korngröße des Bandes u.a.m. untersucht werden.

Beim Nachwalzen (Dressieren) wurde zunächst das Walzen mit glatten
Walzen untersucht. Hierbei wird die Oberfläche geglättet. Oft wird
jedoch gefordert, daß das Blech eine bestimmte Rauheit aufweisen soll,
z.B. 10 bis 12 μm. Dies läßt sich leichter und zuverlässiger erreichen,
wenn man eine glatte Oberfläche mit einem rauhen Werkzeug umformt
als wenn man eine rauhere Werkstückoberfläche teilweise einebnet. Das
bedeutet bei Blech Nachwalzen mit rauhen Walzen. Näheres hierüber
findet sich bei MIETZNER [47].

Einen Überblick über die Fertigungsbedingungen der von uns ver-
messenen Bleche gibt Tafel 4.2. Unsere Abkürzungen für die Kennzeichnung der Proben beziehen sich auf diese Zusammenstellung.

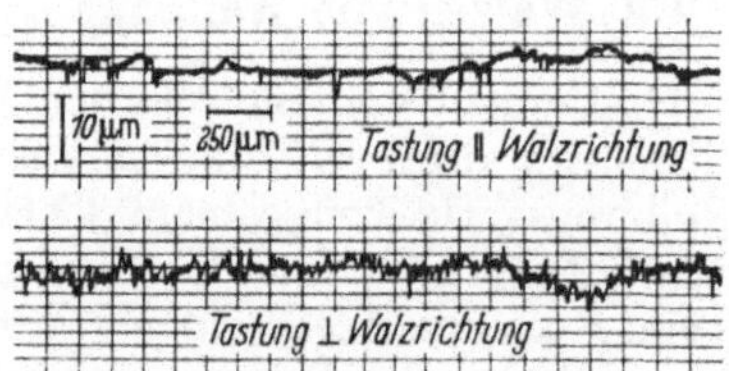

Bild 56. Richtungsabhängigkeit der kaltgewalzten Oberfläche

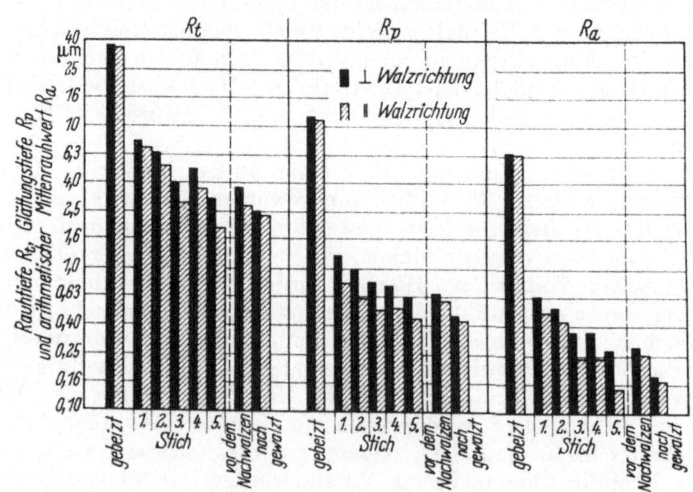

Bild 57. Unterschied zwischen Längs- und Querrauheit; Band *B*, neue Walze

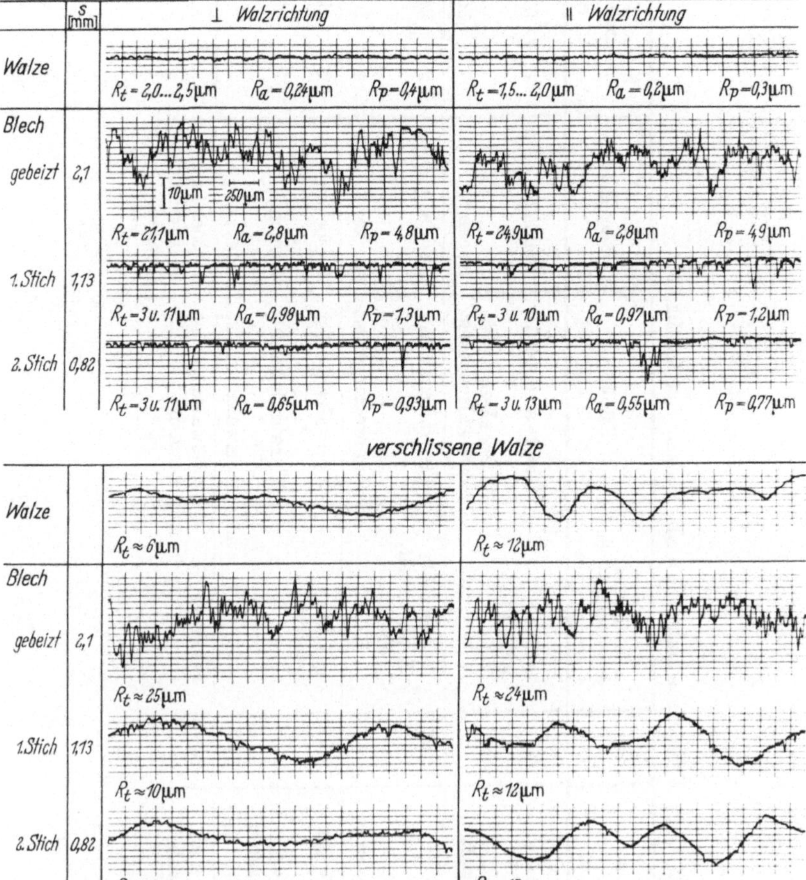

Bild 58. Walzen in 2 Stichen zwischen neuen und stark verschlissenen Walzen
(Blech A, gebeizte Ausgangsoberfläche)

4.2.1 Rauheitsart der kaltgewalzten Oberfläche

4.2.1.1 Entstehung. Die Ausgangsform für die kaltgewalzte Oberfläche ist das warmgewalzte Band, von dem der Zunder durch Beizen oder Abstrahlen entfernt worden ist. Durch diesen Vorgang wird die Rauheit der Ausgangsoberfläche des Bandes nach Art und Größe wesentlich bestimmt; sie ist ungerichtet.

Das Gleiten des Bandes an den Walzen erzeugt auf seiner Oberfläche eine gerichtete Rauheit. Es ist daher in Walzrichtung eine geringere

Tafel 4.2. Versuchsbedingungen beim Walzen von Kaltband

Blech	Werkstoff	Stich-zahl	Dicke (mm)	Breite (mm)	Rauheitsart der Ausgangsfläche	Gerüst	Schmierung	Beobachtete Walzmenge $(m) \cdot 10^3$	(t)
A	TSt 10	2	2,1 → 0,8	230	gebuckelt gebeizt	Mehrwalzengerüst	Emulsion	66	57
		4	→ 0,3			Vierwalzengerüst	„		—
		1	Nachwalzen			Zweiwalzengerüst	trocken	67	30
B	MRSt3	5	3,1 → 0,9	520	1) gestrahlt 2) gebuckelt, gebeizt	Vierwalzengerüst	Emulsion	2	21
		1	Nachwalzen			Zweiwalzengerüst	trocken	4	14
C	MUSt4	3	2,5 → 1,3	365	geknickt gebeizt	Zweiwalzengerüst	1 trocken 2—3 ölfeucht	12	19
		3	→ 0,8			Vierwalzengerüst	ölfeucht	17	14
		1	Nachwalzen (verschl.: 2,1)	510		Zweiwalzengerüst	trocken		
D	MUSt4	5 2	4,8 → 2,0 Nachwalzen	265	geknickt	Zweiwalzengerüst Tandem	1 trocken 2—5 ölfeucht trocken		

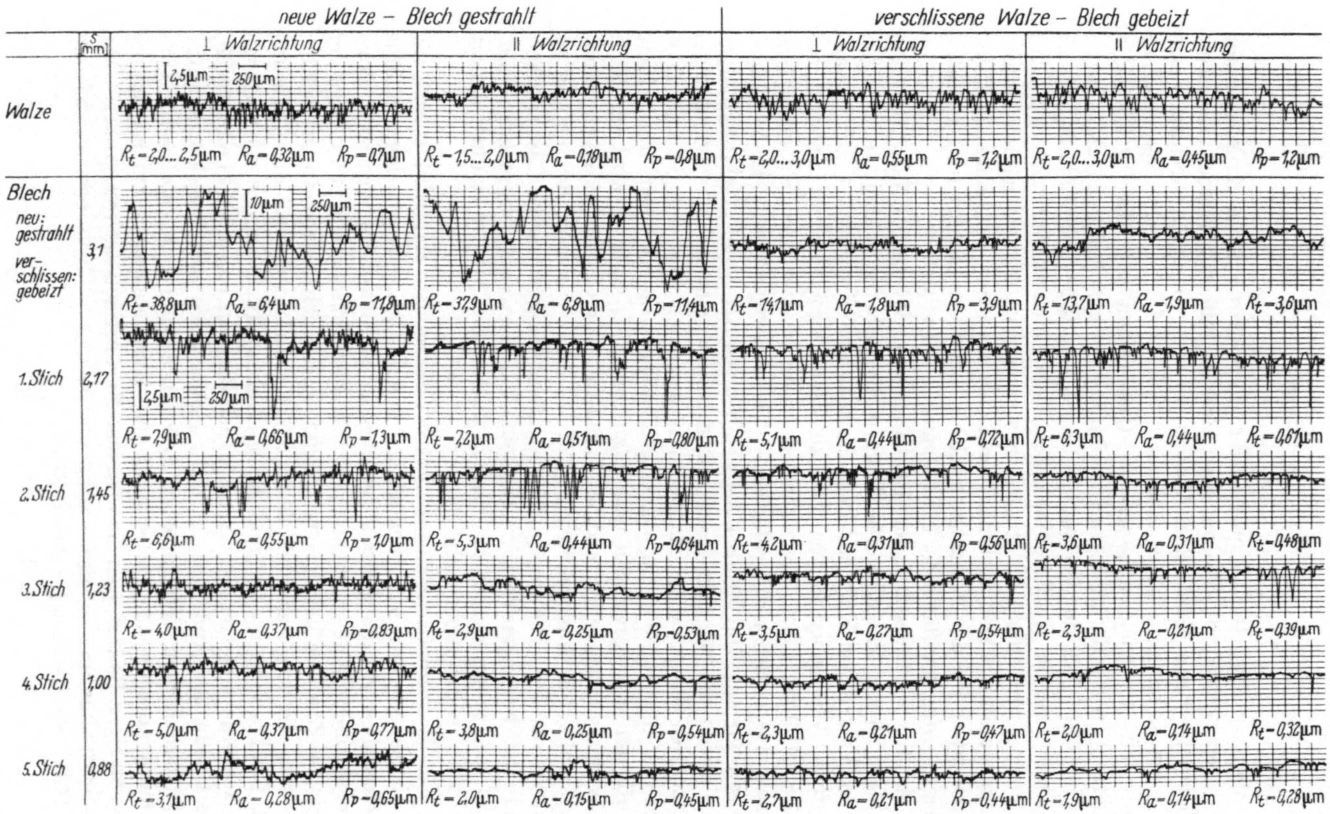

	s [mm]	neue Walze – Blech gestrahlt		verschlissene Walze – Blech gebeizt	
		⊥ Walzrichtung	‖ Walzrichtung	⊥ Walzrichtung	‖ Walzrichtung
Walze		[2,5 µm 250 µm] $R_t = 2,0...2,5\,\mu m$ $R_a = 0,32\,\mu m$ $R_p = 0,7\,\mu m$	$R_t = 1,5...2,0\,\mu m$ $R_a = 0,18\,\mu m$ $R_p = 0,8\,\mu m$	$R_t = 2,0...3,0\,\mu m$ $R_a = 0,55\,\mu m$ $R_p = 1,2\,\mu m$	$R_t = 2,0...3,0\,\mu m$ $R_a = 0,45\,\mu m$ $R_p = 1,2\,\mu m$
Blech neu: gestrahlt ver-schlissen: gebeizt	3,1	[10 µm 250 µm] $R_t = 38,8\,\mu m$ $R_a = 6,4\,\mu m$ $R_p = 11,8\,\mu m$	$R_t = 37,9\,\mu m$ $R_a = 6,8\,\mu m$ $R_p = 11,4\,\mu m$	$R_t = 14,1\,\mu m$ $R_a = 1,8\,\mu m$ $R_p = 3,9\,\mu m$	$R_t = 13,7\,\mu m$ $R_a = 1,9\,\mu m$ $R_t = 3,6\,\mu m$
1. Stich	2,17	[2,5 µm 250 µm] $R_t = 7,9\,\mu m$ $R_a = 0,66\,\mu m$ $R_p = 1,3\,\mu m$	$R_t = 7,2\,\mu m$ $R_a = 0,51\,\mu m$ $R_p = 0,80\,\mu m$	$R_t = 5,1\,\mu m$ $R_a = 0,44\,\mu m$ $R_p = 0,72\,\mu m$	$R_t = 6,3\,\mu m$ $R_a = 0,44\,\mu m$ $R_t = 0,61\,\mu m$
2. Stich	1,45	$R_t = 6,6\,\mu m$ $R_a = 0,55\,\mu m$ $R_p = 1,0\,\mu m$	$R_t = 5,3\,\mu m$ $R_a = 0,44\,\mu m$ $R_p = 0,64\,\mu m$	$R_t = 4,2\,\mu m$ $R_a = 0,37\,\mu m$ $R_p = 0,56\,\mu m$	$R_t = 3,6\,\mu m$ $R_a = 0,31\,\mu m$ $R_t = 0,48\,\mu m$
3. Stich	1,23	$R_t = 4,0\,\mu m$ $R_a = 0,37\,\mu m$ $R_p = 0,83\,\mu m$	$R_t = 2,9\,\mu m$ $R_a = 0,25\,\mu m$ $R_p = 0,53\,\mu m$	$R_t = 3,5\,\mu m$ $R_a = 0,27\,\mu m$ $R_p = 0,54\,\mu m$	$R_t = 2,3\,\mu m$ $R_a = 0,21\,\mu m$ $R_t = 0,39\,\mu m$
4. Stich	1,00	$R_t = 5,0\,\mu m$ $R_a = 0,37\,\mu m$ $R_p = 0,77\,\mu m$	$R_t = 3,8\,\mu m$ $R_a = 0,25\,\mu m$ $R_p = 0,54\,\mu m$	$R_t = 2,3\,\mu m$ $R_a = 0,21\,\mu m$ $R_p = 0,47\,\mu m$	$R_t = 2,0\,\mu m$ $R_a = 0,14\,\mu m$ $R_t = 0,32\,\mu m$
5. Stich	0,88	$R_t = 3,1\,\mu m$ $R_a = 0,28\,\mu m$ $R_p = 0,65\,\mu m$	$R_t = 2,0\,\mu m$ $R_a = 0,15\,\mu m$ $R_p = 0,45\,\mu m$	$R_t = 2,7\,\mu m$ $R_a = 0,21\,\mu m$ $R_p = 0,44\,\mu m$	$R_t = 1,9\,\mu m$ $R_a = 0,14\,\mu m$ $R_t = 0,28\,\mu m$

Bild 59. Walzen von Blech B mit gestrahlter bzw. gebeizter Ausgangsoberfläche in 5 Stichen; beachte die verschiedenen Höhenmaßstäbe

Rauheit zu erwarten als quer zu ihr. Dies wurde durch die Messungen bestätigt, soweit die Walzen glatt sind (s. Bild 56). Werden aber beispielsweise beim Nachwalzen Walzen benutzt, die durch Strahlen leicht aufgerauht sind, so weist auch die Blechoberfläche keine wesentlichen Unterschiede zwischen Längs- und Querrauheit auf. Hier ist auch die Gleitung wegen der geringen Umformung vernachlässigbar klein.

In Bild 57 ist der Verlauf der Längs- und Querrauheit abhängig von der Stichzahl dargestellt. Man erkennt, daß quer zur Walzrichtung stets eine größere Rauheit als längs gemessen wurde. Mit steigender Umformung verändert sich auch das Verhältnis der Quer- zur Längsrauhtiefe; während es bei der Ausgangsoberfläche bei etwa 1,0 liegt (ungerichtet), steigt es mit zunehmender Stichabnahme auf etwa 1,6.

4.2.1.2 Veränderung der Rauheit nach Art und Größe. In den Bildern 58 und 59 sind an Hand zweier Beispiele die Rauheitsänderungen beim Walzen von Kaltband in Walzrichtung und quer dazu zusammengestellt. Wir haben sie von Stich zu Stich verfolgt und zwar sowohl bei abgestrahltem Blech, das zwischen neuen Walzen, und bei gebeiztem Blech, das zwischen verschlissenen Walzen gewalzt wurde. Insbesondere weisen wir auf Bild 59 als Beispiel für diese Art von Verfahrensanalyse hin, durch die wir dem Leser zeigen wollen, welcher Art und welchen Ausmaßes die jeweilige Rauheitswandlung ist. Auf den Schrieben ist deutlich die Veränderung der Oberflächenart zu erkennen. Das offene Profil der warmgewalzten und entzunderten Oberfläche wird zu einem halboffenen umgeformt, und das Verhältnis von Glättungstiefe zu Rauhtiefe sinkt von durchschnittlich 0,26 auf 0,14. Auch die Rauheitsart ist unterschiedlich. Die Querrauheit ist „feinzackiger" als die Längsrauheit und weist bei neuen Walzen auch keine Welligkeit auf. Mit fortschreitender Umformung werden die Bänder glatter, die Art der Rauheit ändert sich nun jedoch nicht mehr.

Für die numerische Auswertung der Messungen empfiehlt es sich, die Rauheitsänderungen in Abhängigkeit von der bezogenen Dickenabnahme darzustellen, da die Vielzahl der übrigen Einflüsse wie Werkstoff, Ausgangsrauheit, Walzenrauheit, Walzenbauart, Schmierung etc. infolge der geringen Zahl der Versuche nicht eindeutig voneinander getrennt werden können. In dem Schaubild 60 ist daher zusammengefaßt die Änderung der Rauhtiefenmaße R_t und R_p in Abhängigkeit von der bezogenen Dickenänderung von vier verschiedenen Blechen (s. Tafel 4.2) dargestellt. Die Größe der Änderung ist nicht gleichmäßig. Hier wirken sich die unterschiedlichen Fertigungsbedingungen sowie die mit steigender Umformung zunehmende Verfestigung aus. Auch steigen die zur Einebnung notwendigen Kräfte, weil die wirkliche Berührfläche sich vergrößert. Die Rauheitsabnahme ist also absolut und relativ — beim ersten Stich am größten. Sie beträgt für den 1. Stich:

$$\varrho_t = 0{,}7 \qquad \varrho_p = 0{,}85 \qquad \varrho_a = 0{,}8 \,,$$

für die folgenden hingegen nur:

$$\varrho_t = 0,2 \qquad \varrho_p = 0,15 \qquad \varrho_a = 0,2 \; .$$

Die angegebenen Rauheitsmaßzahlen sind Mittelwerte aus einem breiten Streubereich von durchschnittlich $\pm$ 40%. Die prozentualen Abweichungen der Größt- und Kleinstwerte von den Mittelwerten hängen vom Umformgrad ab. Die Abweichung zu größeren Rauheitswerten ist größer als zu kleineren. Beim Nachwalzen streuen die Bleche nach Umformung stärker als davor.

Die Mittelwerte der Rauheit der mit glatten teils neuen, teils verschlissenen Walzen gewalzten Bänder, die nicht nachgewalzt waren, lagen zwischen:

$$R_t = 2 \; - 4 \quad \mu m$$
$$R_a = 0,2 - 0,4 \, \mu m$$
$$R_p = 0,4 - 0,8 \, \mu m \; .$$

4.2.2 Einfluß des Werkstücks[1]

Von verschiedenen Bandquerschnitten sind bei gleichem Abwalzgrad Verschiedenheiten der Oberflächenwandlung zu erwarten. Von größerem Einfluß dürfte die Ausgangsrauheit sein.

4.2.2.1 Bandquerschnitt. Innerhalb der Veränderlichen der Versuchsreihe waren Breite und Dicke der Bänder unterschiedlich gewählt (Breite zwischen 230 und 520 mm, Ausgangsdicke zwischen 2 und 5 mm). Hiervon ist die Bandbreite ohne Einfluß auf die Rauheit. Am Rande (Mindestabstand 10 mm vom Rand) treten bald größere, bald kleinere Rauheiten als in der Mitte auf. Eine Trennung der Streuung von den wirklichen Rauheitsunterschieden war angesichts der geringen Anzahl der Messungen nicht möglich. Es kann jedoch aus unseren Messungen geschlossen werden, daß Rauheitsunterschiede über die Blechbreite, wenn sie überhaupt bestehen, klein sind. Auch bei Messungen an rauhen Blechen wurden nur geringe Abweichungen festgestellt [39].

Auch ein Einfluß der Blechdicke ist nicht klar zu erkennen. Zu erwarten wäre eine bessere Glättung bei dünneren Blechen, da hierbei ein höherer Formänderungswiderstand überwunden werden muß. Während beim ersten Stich ($\varepsilon = 0,44$) des Bleches A ($s_0 = 2,1$ mm) die Rauhtiefe um 50% abnahm, fiel sie bei dem dickeren Blech D ($s_0 = 4,8$ mm) um 75%, obwohl die Dickenabnahme $\varepsilon = 0,19$ geringer war. Dies läßt sich aus der Anwesenheit einer Walzölemulsion beim Blech A erklären, wie noch im Abschn. 4.2.4 gezeigt werden wird.

---

[1] Um uns einer einheitlichen Ausdrucksweise zu bedienen, nennen wir auch das Walzgut, eine Blechtafel oder ein Blechband „Werkstück", obwohl man darunter im engeren Sinne erst ein aus Blech herausgeschnittenes, meist umgeformtes Stück versteht.

In anderen Fällen haben wir die erwartete stärkere Glättung bei
dünneren Blechen gefunden; eine eindeutige Unterscheidung ist hierdurch jedoch nicht gesichert.

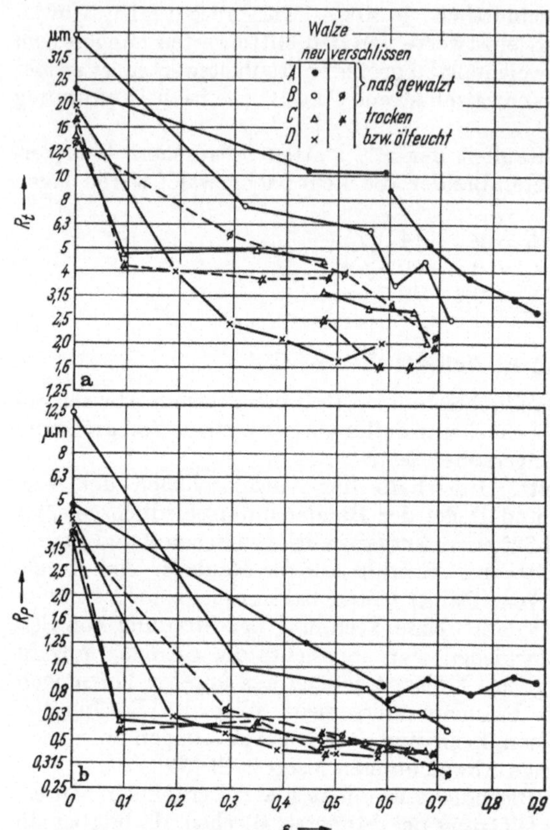

Bild 60
Änderung der Rauheit
in Abhängigkeit von der
bezogenen Dickenabnahme

4.2.2.2 Ausgangsrauheit. Die Ausgangsrauheit wird wesentlich durch
den Entzunderungsvorgang beeinflußt. Von den untersuchten Proben
lag die ungerichtete Rauheit der gebeizten Bleche zwischen

$$R_t = 10 - 35\,\mu\text{m} \quad R_p = 5 - 7{,}5\,\mu\text{m} \quad R_a = 1{,}4 - 3{,}5\,\mu\text{m}$$

und die der gestrahlten Bleche zwischen

$$R_t = 30 - 50\,\mu\text{m} \quad R_p = 7{,}5 - 14\,\mu\text{m} \quad R_a = 5 - 7{,}5\,\mu\text{m}\,.$$

Die gebeizte Oberfläche ist „feinzackiger" (Bild 59, zwischen verschlissenen Walzen) als die gestrahlte (Bild 59, zwischen neuen Walzen).

Eine gebeizte Oberfläche weist auch gelegentlich porenartige Vertiefungen auf, wie Gefügequerschliffe zeigten. Bei den folgenden Umformungen werden diese Poren aber eingeebnet, wenn sie nicht zu tief sind. Die gestrahlte Oberfläche weist in der Regel eine höhere Härte auf, weil durch den Aufprall des Strahlmittels der Werkstoff verfestigt wird ($HV_{10} = 150$ kp/mm² gegenüber $HV_{10} = 100$ kp/mm²).

Die so für das Walzen gewonnene Ausgangsrauheit beeinflußt die erreichbare Endrauheit. Der Unterschied ist zwar nicht groß, aber doch deutlich erkennbar. Vergleicht man den Rauheitsverlauf in den Schrieben Bild 59 für die beiden Fälle „Blech B zwischen neuen Walzen" ($R_t = 39\ \mu$m gestrahlt) und „Blech B zwischen verschlissenen Walzen" ($R_t = 14\ \mu$m gebeizt), so ist für alle Rauheitsmaße das ursprünglich rauhere Blech in allen Umformstufen rauher. Der Einfluß eines üblichen Walzenverschleißes kann somit von dem der Entzunderungsart übertroffen werden.

4.2.3 Einfluß der Walzenrauheit

Bei neuen, geschliffenen Walzen lag die Rauhtiefe zwischen 2 und 3 μm, und zwar sehr gleichmäßig. Polierte Oberflächen werden meist nur für das Nachwalzen gefordert. Die Rauhprofile der Walzen sind in den Bildern 58 und 59 oberhalb der Blechprofilschriebe angegeben. Daraus ersehen wir, daß die Walzenrauheit mit steigender Walzmenge nur wenig ($\Delta R_t \approx 1\ \mu$m) zunimmt, solange die Walzmenge nicht wie in Bild 58 zu groß ist. Auch die Rauheitsart ändert sich kaum, denn die Walzenoberfläche ist im neuen wie auch im verschlissenen Zustand nahezu ungerichtet. Jedoch kann sie sich stark verändern, wenn die Walzmenge zu groß wird (wo die Grenze liegt, konnte nicht untersucht werden). Dabei beobachteten wir, daß die Unterwalze stärker verschliß als die Oberwalze. Dies läßt sich wahrscheinlich auf die Spritzrichtung der Walzölemulsion (von ʻoben) zurückführen. Die dadurch entstandene grobwellige, narbige Oberfläche der Walzen wirkt sich auf die Blechrauheit stark aus. Nach dem 2. Stich ist die Ausgangsrauheit völlig verschwunden, und das Blech stellt ein ziemlich genaues Abbild der Walzen dar (Bild 58). Walzenrauheit und Blechrauheit stimmen nicht immer so genau überein. Wegen der Gleitung ist vielmehr zu erwarten, daß beim Walzen mit glatten Werkzeugen die Blechrauheit kleiner ist als die Walzenrauheit, sofern durch eine genügend große Umformung die Reste der Ausgangsrauheit beseitigt sind (Bild 59). Die Bleche sind aber rauher als die Walzen, solange ihre Ausgangsrauheit noch nicht eingeebnet ist. Bei einem Blech, das mit einem kleineren Walzendurchmsser (70 mm $\varnothing$ gegenüber durchschnittlich 300 mm $\varnothing$ bei den anderen Blechen) mit einer Walzölemulsion gewalzt war, haben wir eine Welligkeit beobachtet; auch bei dem naßgewalzten Blech B (s. Bild 59) tritt eine ähnliche Welligkeit auf.

Grundsätzlich — unabhängig von dem Verhältnis Walzenrauhtiefe zu Blechrauhtiefe — ist aber die Rauheits*art* von Walze und Blech verschieden; das Blech hat eine gerichtete Rauheit, die Walze eine ungerichtete.

4.2.4 Einfluß der Schmierung (s. Tafel 4.2)

Schmiermittel dienen dazu, die Reibung und den Verschleiß der Walzen zu vermindern. Eine Trennschicht zwischen Werkzeug und Werkstück wirkt sich jedoch nicht immer günstig auf die Oberfläche des umzuformenden Werkstücks aus. Glatte Oberflächen entstehen eher ohne Schmiermittel [29]. Diese Erkenntnis macht man sich beim Nachwalzen zunutze und formt trocken um.

Aus den Messungen ist klar zu erkennen, daß die Anwesenheit einer Walzölemulsion sich verschlechternd auf die Blechrauheit auswirkt. So wurde bei sonst gleichen Bedingungen im 1. Stich das trocken gewalzte Blech C glatter als ein naß umgeformtes Blech B (verschlissen, s. Bild 59), obwohl die Dickenabnahme mit $\varepsilon = 0,09$ sehr viel geringer war als die des naß umgeformten Bleches $(B)\,(\varepsilon = 0,29)$.

4.2.5 Nachwalzen mit glatten Walzen

Das Nachwalzen oder Dressieren ist von großer Bedeutung bei der Herstellung tiefziehfähiger Bänder und Bleche. Es wirkt sich auf Lage und Ausbildung der Streckgrenze aus und beeinflußt so das Auftreten von Fließfiguren beim Tiefziehen. Der günstigste Nachwalzgrad hängt einerseits vom Werkstoff und von den Fertigungsbedingungen ab, andererseits von dem Verwendungszweck der Bänder und Bleche. Für Tiefziehblech liegt er etwa zwischen 0,6 und 1,4%, für dünne Verpackungsbänder zwischen 1 und 3%.

Tafel 4.2.5. Bezogene Rauheitsänderung beim Nachwalzen
(Nach MIETZNER [47])

Blech	Bezogene Dickenabnahme %	Walzenzustand	ϱ_t	ϱ_a	ϱ_p	Bemerkungen
A	$\approx 3,5$	neu	0,83	0,85	0,85	
		verschlissen	0,53	0,72	0,74	polierte Walze
C	≈ 1	neu	0,53	0,73	0,75	
		verschlissen	0,51	0,72	0,75	
D	$\approx 1,5$	neu	0,58	0,72	0,76	(2 Stiche)
B	≈ 1	neu	0,24	0,37	0,30	geschliffene Walze
		verschlissen	0,49	0,57	0,50	

Trotz der geringen Umformung wird die Oberfläche der Bänder durch das Nachwalzen stark verändert. Wir betrachten zunächst nur die Rauheitsänderungen, die sich zwischen glatten Walzen ergeben. Gefördert wird die Einebnung durch die geringe Härte der Bänder, da diese vor dem Nachwalzen weichgeglüht werden. Die in Tafel 4.2.5 angegebenen geringen Stauchungen sind wegen der Unsicherheit der Dickenmessung zu ungenau, als daß sich die Rauheitsänderungen in Abhängigkeit vom Umformgrad angeben ließen.

Vergleicht man die relativen Rauheitsänderungen, so ergibt sich eine deutliche Unterscheidung nach der Walzenrauheit (s. Tafel 4.2.5): die stärkere Einebnung geschieht durch die polierten Walzen. Die Rauhtiefe R_t nimmt hier um 50—60% ab, die Profil-Glättungstiefe vermindert sich um etwa 70—80%. Diese Änderung ist ziemlich gleichmäßig. Lediglich bei der Probe A, deren Dicke sich um etwa 3,5% verringerte, nahm die Rauhtiefe mehr ab. Diese verschiedenen Umformgrade werden durch vergleichende Härtemessungen bestätigt: nur dieses Blech A wurde um 20% härter, während die Härte der anderen Bleche durch das Nachwalzen nur um etwa 3—10% anstieg. Die im Bild 61 wiedergegebenen Schriebe zeigen die Wandlung der Rauheit durch polierte Walzen. Wir sehen die hervorragende Glättung zwischen neuen Walzen und immer noch gute zwischen verschlissenen Walzen.[1] Hier wird wieder deutlich, daß wir gut daran tun, zwei Rauhtiefen anzugeben, die vorherrschende sehr geringe und die sporadisch verstreute. Die Ähnlichkeit mit dem Glattwalzen ist deutlich. Über alles gesehen liegen die Mittel der

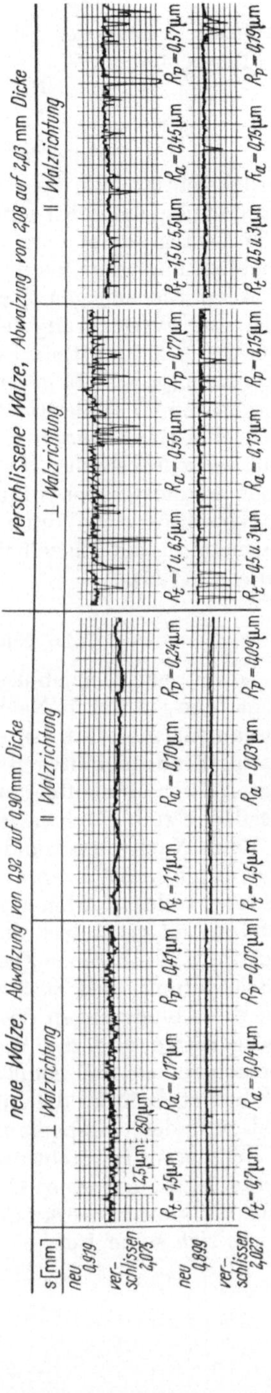

---

[1] Von den polierten Walzen sowie von den damit gewalzten Blechen wurden Filmabdrücke hergestellt und davon Interferenzaufnahmen genommen. Es zeigte sich, daß kein großer Rauheitsunterschied zwischen neuen und alten Walzen besteht und daß die Blechrauheit größer als die Walzenrauheit ist.

Bild 61. Nachwalzen des mit ölfeuchten Walzen vorgewalzten Bleches C mit polierten Walzen

Rauhtiefenwerte der mit polierten Walzen nachgewalzten Bänder in den Bereichen

$$R_t = 0,5 \text{ bis } \text{,,}0,5 \text{ und } 3\text{``} \ \mu\text{m}$$
$$R_a = 0,05 \text{ bis } \qquad 0,15 \ \mu\text{m}$$
$$R_p = 0,1 \text{ bis } \qquad 0,2 \ \ \mu\text{m} \ .$$

Berücksichtigt man die natürliche Streuung der Rauheit, so vergrößert sich der obige Bereich um etwa 40% nach oben und unten. Der räumliche Leeregrad ist beim Walzen zwischen polierten Walzen nochmals erheblich und zwar bis um 40% verringert worden.

Allen Blechen gemeinsam ist, daß mit der Einebnung der Rauheit auch eine Verringerung der Welligkeit verbunden ist. Hierdurch ändert sich die Glättungstiefe, wie aus Bild 61 hervorgeht, stärker als die Rauhtiefe ($\varrho_p = 0,75$ gegenüber $\varrho_t = 0,53$). Diese Erscheinung wurde in Abschn. 1.5.1.1 erläutert. Auch bei den glatt nachgewalzten Blechen war noch eine Rauheitsrichtung (in Walzrichtung) zu *sehen*. Die meßbaren Unterschiede zwischen Längs- und Querrauheit kommen allerdings fast schon in die Größenordnung der Meßunsicherheit. Diese Erscheinung ist typisch für den Vorgang des „Glattwalzens" von Blechen. Angaben, die mehr in die Einzelheiten des Blechwalzens gehen, finden sich bei MIETZNER [47].

4.2.6 Nachwalzen mit rauhen Walzen

Soweit bei Tiefziehblechen eine gewisse Rauheit verlangt wird, erzeugt man sie durch Nachwalzen mit aufgerauhten Walzen [47]. Die Ausgangsform dafür ist ein in mehreren Stichen kalt gewalztes und anschließend geglühtes Band. Um das Glühen zu erleichtern, wird im letzten Stich eine aufgerauhte Walze verwendet. Daher ist die Anfangsoberfläche zum Nachwalzen rauh und ungerichtet.

Beim Nachwalzen ändert sich die Art der Rauheit wenig. Sie wird zwar durch die Walzenrauheit beeinflußt, bleibt jedoch offen und ungerichtet. Indes werden durch das Nachwalzen die Senkrechtmaße der Bandrauheit verändert, da die Rauheit der Walzen, sowohl im neuen als auch im verschlissenen Zustand, größer ist als die des Bleches. Die Rauheitsänderung wird zusätzlich durch den Umformgrad, den Werkstoff und die Abmessungen des Bandes, die Anfangsrauheit, die Bauart des Walzgerüstes und die Walzbedingungen bestimmt. Da uns nur vier Versuchsreihen mit gemischter Variation zur Verfügung standen, läßt sich nur etwas über die Auswirkungen der Walzenrauheit unter Berücksichtigung der Anfangsrauheit des Bandes sagen.

Bei deren Betrachtung muß man zwischen einer Aufrauhung des Werkstückes und einer Glättung durch das Nachwalzen unterscheiden. Wird ein glattes Werkstück durch ein rauhes Werkzeug umgeformt, so nähert sich seine Rauheit mit zunehmender Umformung nach Art und

Größe der des Werkzeuges. Ist dagegen das Werkstück vor dem Umformen rauh, so werden bei gleicher Rauheitsart beider Teile zunächst die Rauhberge flachgedrückt. Diese Glättung wird noch durch ein Gleiten zwischen Werkzeug und Werkstück gefördert. Erst bei zunehmender Umformung findet wieder eine Aufrauhung statt, bis das Werkstück schließlich die Rauheit des Werkzeuges annimmt.

Wir betrachten als Beispiel ein Stahlband, das in einem Zweiwalzengerüst zwischen Walzen von etwa 20 μm Rauhtiefe um 0,9% nachgewalzt wurde. Bei dieser geringfügigen Umformung entsteht eine glattere Oberfläche.

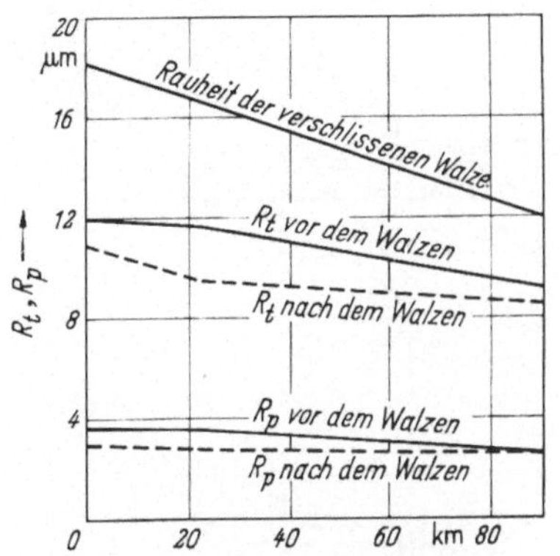

Bild 62. Rauhtiefenänderung beim Nachwalzen (nach MIETZNER [47])

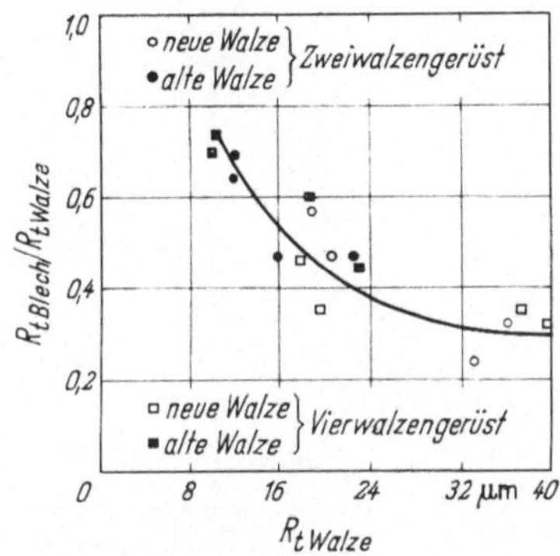

Bild 63. Verhältnis der Blech- zur Walzenrauheit in Abhängigkeit von der Walzenrauheit (nach MIETZNER [47])

Die Walze hat nach einer gewalzten Länge von rd. 90 km erheblich an Rauhtiefe eingebüßt. Daher hat am Band die Glättungstiefe verhältnismäßig mehr abgenommen als die Rauhtiefe. (Die oberste Linie in Bild 62 zeigt die gesamte Abnahme der Walzenrauheit durch den Verschleiß; Zwischenwerte sind nicht gemessen worden.)

Betrachtet man das Abbildungsverhältnis $\dfrac{R_{t\,\text{Band}}}{R_{t\,\text{Walze}}}$, so fällt auf, daß es mit zunehmender Walzenrauheit (Bild 63) sinkt. Diese Darstellung umfaßt sowohl neue als auch verschlissene Walzenoberflächen. Dies ist eine Vereinfachung, da die Rauheitsarten der Walzen in den beiden Zuständen einander nicht unbedingt zu entsprechen brauchen. Tastungen zeigten jedoch, daß die Oberflächen der neuen und der verschlissenen Walzen ähnlich sind, sieht man von der Rauheitsverminderung ab.

Durch das anschließende Richten und Zerteilen wird die Bandrauheit nochmals beeinflußt. Die Meßwerte streuen stark, und die Änderung der einzelnen Senkrechtmaße ist hierbei verschieden, und zwar nimmt die Rauhtiefe um etwa 12% und die Glättungstiefe um etwa 8% ab.

4.3 Walzen von Gewinden

Beim Gewindewalzen[1] wird das Gewindeprofil eines wälzenden Werkzeuges in ein zylindrisches Werkstück eingedrückt. Die Umformung geschieht durch Verdrängen von Werkstückstoff in die Profillücken des Werkzeugs [4, 59].

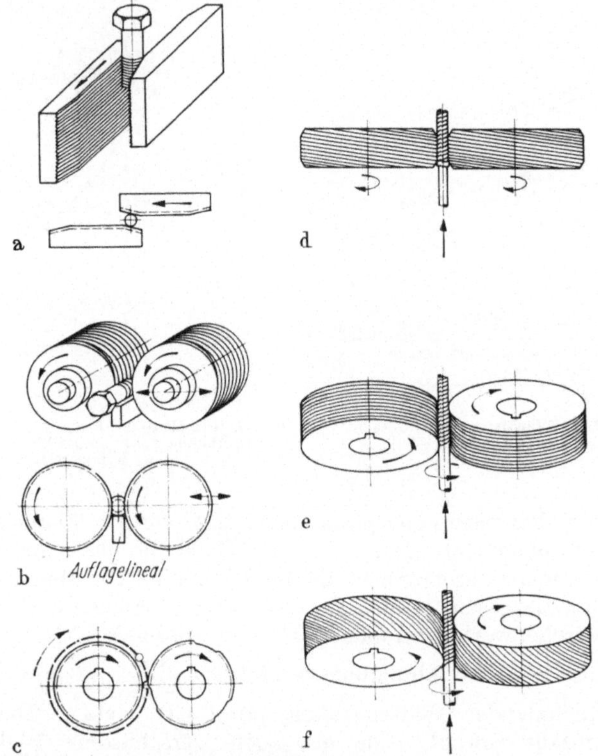

Bild 64. Gewindewalzverfahren
a) Walzen zwischen Flachbacken
b—f) Walzen zwischen Rundwerkzeugen
b) übliches Verfahren; c) Segmentwalzensatz mit mehreren Segmenten und umlaufender Werkstückauflage; d) achsparallele Walzen mit einem Steigungswinkel, der von dem des Werkstücks abweicht; e) geschwenkte Walzen mit Rillen in achssenkrechten Ebenen; f) geschwenkte Walzen mit einem Steigungswinkel, der von dem des Werkstücks abweicht

---

[1] Zu diesem Abschnitt hat Herr Fr. Hecker im Rahmen seiner Diplomarbeit beigetragen.

Hinsichtlich der Werkzeuge unterscheidet man das Gewindewalzen zwischen *Flachbacken* und *Walzen* (s. Bild 64) [*84*]. Das *Flachbackenpaar* trägt auf den einander zugekehrten Seiten das Gewindeprofil mit dem mittleren Steigungswinkel des Gewindes.

Beim Walzen zwischen *Rundwerkzeugen* unterscheidet man das *Einstechverfahren* (Bild 64b, c) und das *Durchlaufverfahren* (Bild 64, d—f). Bei beiden wird das Gewinde zwischen zwei im gleichen Drehsinn angetriebenen Rundwerkzeugen gewalzt. Das Einstechverfahren ist dadurch gekennzeichnet, daß die Werkzeuge radial in das Werkstück eindringen und dieselben mittleren Steigungswinkel haben wie das zu walzende Gewinde, und daß sich ihr Gewinde über die ganze Länge des zu walzenden Gewindes erstreckt. Für die Massenfertigung kleiner Schrauben benutzt man auch Segmentwalzen (Bild 64c).

Übersteigt die Gewindelänge am Werkstück die Werkzeugbreite, so wird das Durchlaufverfahren angewandt; hierbei führt das Werkstück während des Walzens eine Relativbewegung in Achsrichtung aus. Die Werkzeuge sind von Anfang an auf Fertigmaß eingestellt.

Gegenüber der spanenden Herstellung von Gewinden liegen die Vorteile des Gewindewalzens nicht nur in der Mengenleistung und der Werkstoffersparnis, sondern auch in der Oberflächengüte und der Verfestigung der Oberflächenschicht. Das Verfahren ist nicht auf die Herstellung von Schrauben beschränkt, ja, es werden Genauigkeiten erreicht, die auch die Fertigung von Gewindebohrern und -lehren, von Trapez- und Rundgewinden sowie von Schneckenwellen gestatten.

Über die Oberflächenbeschaffenheit von Schraubengewinden finden sich in DIN 267 einige höchst ungenaue Angaben. Sie beschränken sich für die dort genannten Ausführungen mittel, mittelgrob und grob auf die Oberflächenzeichen (∇, $\nabla\nabla$). Hingegen lassen sich einige allgemeine Forderungen erheben. Bei den *Befestigungsgewinden* dienen die Flanken als *Druckflächen*. Da sie Kräfte übertragen sollen, fordert man glatte Flanken mit hohem Traganteil. Andererseits sollen sie eine gewisse Rauheit besitzen, damit sie dem unerwünschten Lösen einen hohen Reibwiderstand in tangentialer Richtung entgegensetzen [*23*]. Das sind widersprechende Forderungen. Bei vorgespannten Konstruktionsteilen, wie z. B. Dehnschrauben, halten wir die erstere Forderung für die entscheidende. Hier sind günstige Reibungsverhältnisse zwischen den Flanken und damit geringe Rauhtiefen erwünscht, weil bei ungleichen Reibwerten die Vorspannkraft unsicher wird [*23*]. Werden Schrauben dynamisch beansprucht, so hat die Ausbildung der Oberfläche im Gewindegrund einen entscheidenden Einfluß auf ihre Dauerfestigkeit und Lebensdauer.

Die Flanken der *Bewegungsgewinde* arbeiten als Gleitflächen. Hier bestimmt die Oberflächengüte den Wirkungsgrad und den Verschleiß des kinematischen Paares. Bei Bewegungsschrauben ist eine gewisse Rauheit willkommen, weil sie den Leerraum für Schmiermittel liefert.

4.3.1 Entstehung der Gewindeoberfläche

Beim Gewindewalzen drückt sich eine Anzahl nebeneinander liegender abgerundeter Keile walzend in das Werkstück ein. Hierbei gleitet Werkstoff unter hohem Druck entlang der Werkzeugflanken nach außen. Zwischen den Flanken wird der Werkstoff auch angehoben. aber weniger als an den Flanken, so daß sich hier eine flache Vertiefung ausbildet. Erreichen die an den Flanken aufsteigenden Lippen den Grund des Werkzeugs, so werden sie umgelenkt und schließen sich unter Hinterlassung

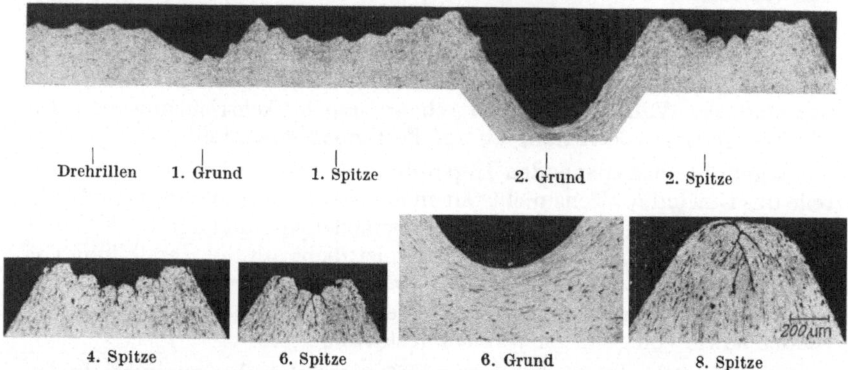

Bild 65. Verformung von Drehrillen beim Walzen von Gewinde M 30 im Durchlaufverfahren

einer Falte zum Gewindekamm (Kopf des Gewindeprofils). Verlaufen die Falten innerhalb der Kopfrundung, so beeinträchtigen sie die Festigkeit der Schraube nicht.

Was wirklich vor sich geht, erfährt man durch schrittweises Beobachten. Bild 65 zeigt Schliffe in einer Achsebene durch ein Gewinde M 30, das im Durchlaufverfahren gewalzt wurde. Der Bolzen hatte eine gedrehte Oberfläche ($R_t = 70\ \mu$m), damit die Rauheitsänderungen gut verfolgt werden konnten. Man erkennt:

1. Im Grunde werden die Körner bis zum 4—5fachen ihrer ursprünglichen Länge gestreckt und umgebogen, im Kopf gestaucht und umgebogen. In diesen beiden Zonen tritt die größte Kaltverfestigung auf.

2. Die Gewindeflanke und der Gewindegrund entstehen durch Gleiten unter Werkzeugberührung. In diesen Bereichen werden die Ausgangsrauheiten des Bolzens gut geglättet.

3. Das Kopfprofil wird frei umgeformt; erst gegen Ende der Umformung legt sich hier der Werkstoff an den Werkzeuggrund an. Rauheiten werden aufgefaltet und vergrößert und nicht mehr ausgeglättet.

4. Das Schließen des Kopfes erfolgt ohne Kaltverschweißung, da die Oberfläche oxydiert und verschmutzt ist. Auch bei Ausgangsformen mit umgeformter, fließgepreßter Oberfläche geringerer Rauheit wurde der Kopf nicht ohne Falten geschlossen.

Zusätzlich zu diesen Werkstoffbewegungen in axialer bzw. radialer Richtung treten noch Gleitungen zwischen Werkstück und Werkzeug in Umfangsrichtung auf. Diese beruhen auf der unterschiedlichen Umfangsgeschwindigkeit zwischen Werkzeug und Werkstück. Während etwa in Flankenmitte die Geschwindigkeiten gleich sind, treten die größten Unterschiede im Grund und am Kopf auf. Wir haben an den Flanken somit ein resultierendes Gleiten, dessen Richtung tangential zu einer Raumkurve verläuft, die am Flankendurchmesser einen Wendepunkt hat.

Das Gleiten unter Werkzeugberührung ist von großer Bedeutung für die sich am Werkstück bildende Oberfläche; während radiale und axiale Gleitung hauptsächlich die Rauheit des Bolzens einebnet, wird durch das Gleiten in Umfangsrichtung in der letzten Stufe des Gewindewalzens auf den Flanken eine in Umfangsrichtung gerichtete Rauheit erzeugt. Diese Rauhtiefe wird maßgeblich durch die tangentiale Werkzeugrauheit bestimmt (s. Bild 70).

4.3.2 Vorbereitung der Werkstücke zum Gewindewalzen

Die Ausgangsform zum Gewindewalzen ist eine abgespante oder eine umgeformte Oberfläche. Umgeformte Ausgangsoberflächen entstehen hauptsächlich in der Massenfertigung von Schrauben kleineren und mittleren Durchmessers durch Reduzieren oder Fließpressen, bisweilen durch Stangenziehen, wie dies auch an längeren Spindeln der Fall ist.

Durch die Art der Ausgangsoberfläche und durch die Umformungen in den Zwischenstufen wird die Rauheit des Gewindes beeinflußt. Finden sich auf der Draht- oder Staboberfläche zu steile Rauheiten oder gar Unterschneidungen, so ergeben sich auf dem gewalzten Gewinde Fehlstellen.

Vor dem Gewindewalzen wird der Draht- oder Stangenabschnitt zur Erleichterung des Umformens (Reduzierens oder Fließpressens) phosphatiert und geseift (vgl. Abschn. 6.1). Bei der Fertigung von Schrauben M 10 und M 16 aus 41 Cr 4 wurden daran folgende Rauhtiefen gemessen:

Draht gebeizt, phosphatiert	$R_t = 15-35\ \mu\mathrm{m}$
Schaft fließgepreßt axial	$R_t = 5-15\ \mu\mathrm{m}$
(auf der Phosphatschicht gemessen)	
Umfang	$R_t = 10-25\ \mu\mathrm{m}$

(Mittel aus 80 Messungen).

Ist die Fließpreßmatrize für den Schaft stark verschlissen, so besteht die Gefahr von axialen Riefen. Am Schluß wird die Oberfläche durch

das Trommeln der Werkstücke stark beeinflußt. Bei diesem Arbeitsgang
sollen Öl, Schmutz und Späne entfernt werden. Die verpreßte Phosphatschicht wird hierbei teilweise zerstört. Die Trommelspuren können sehr
tief sein (bis 100 μm). In Bild 66 ist der Verlauf der Schaftrauheit in
den einzelnen Fertigungsstufen vom Drahtabschnitt bis zur oberflächen-
veredelten Schraube dargestellt. Zu erkennen ist die geringe Rauheit
des gewalzten Gewindes, die Veränderung der axial gerichteten Bolzenrauheit in die in Flankenrichtung orientierte Rauheit des Gewindes, die
ungeordnete Aufrauhung durch Phosphatieren oder die Einebnung durch

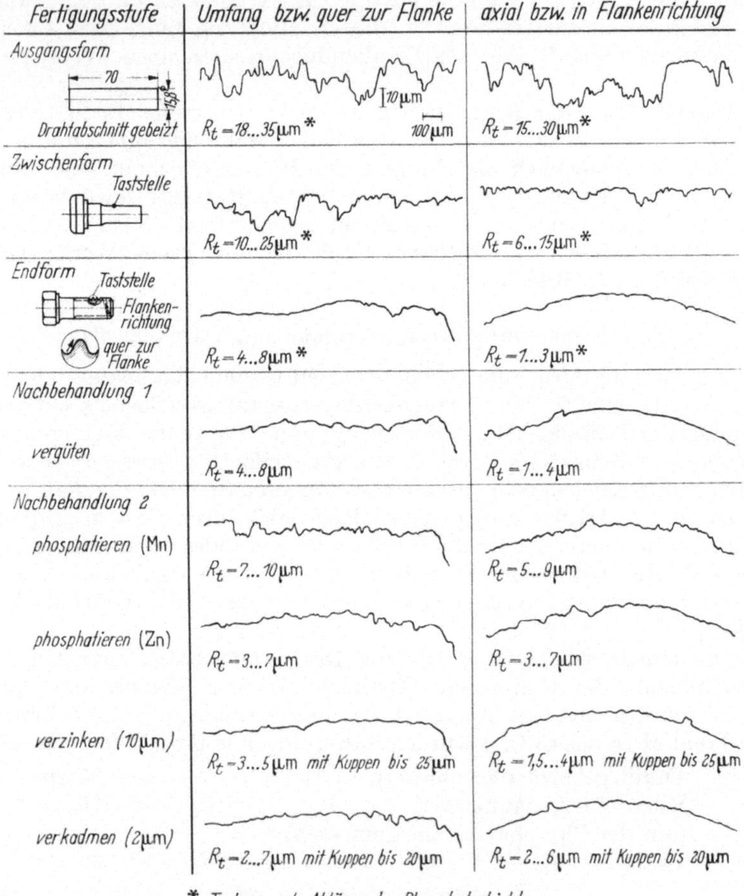

Bild 66. Änderung der Rauheit bei der Herstellung einer Schraube (Einstechverfahren mit Rundwerkzeugen. Schraube nach DIN 931 AM 16 × 45, 12 k, Werkstoff 41 Cr 4)

galvanisches Überziehen, wobei sich vereinzelt kuppenhafte Niederschläge ergeben. Hierdurch wird natürlich das Reibverhalten der Gewinde maßgeblich beeinflußt, wie die Untersuchungen von KELLERMANN und KLEIN [23] zeigen.

4.3.3 Einfluß des Werkzeugs und des Verfahrens

Bedingt durch den Walzvorgang entsteht das Gewinde allmählich. Ein betrachtetes Oberflächenelement ist nicht dauernd mit einem Werkzeug in Berührung. Das Gewinde wird, je nach Verfahren, während

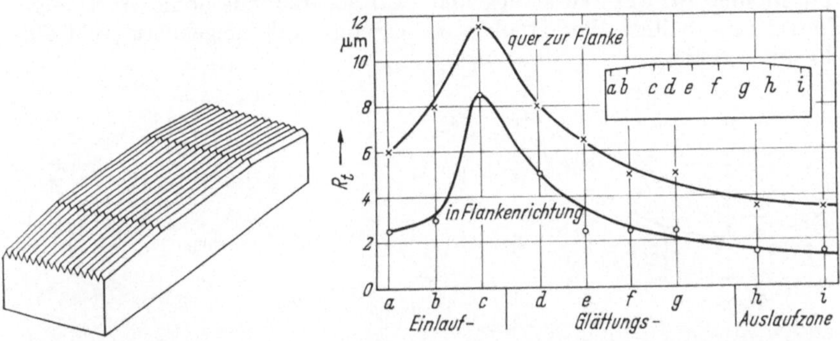

Bild 67. Gewindewalzbacke mit schrägliegendem Einlauf (Schema)

Bild 68. Rauhtiefen an verschiedenen Stellen einer Flachbacke M 14 × 1,5 nach 3500 Walzungen. Ausgangsrauhtiefe des neuen Werkzeuges quer zur Flanke: $R_t = 4-6\,\mu$m; in Flankenrichtung. $R_t = 1-2\mu$m

einer oder mehrerer eigener Umdrehungen auf Fertigmaß gewalzt. Anschließend wird es in mehreren Umdrehungen geglättet.

Bei der *Flachbacke* wird das durch die Form des Werkzeuges erreicht. Das Gewindeprofil verläuft gemäß Bild 67 am Einlauf *schräg*. Dadurch werden das Ansteigen der Kraft und der Umformvorgang günstig beeinflußt. Die Länge des Einlaufs $a-c$ in Bild 68 entspricht mindestens einem Umfang des Werkstücks, so daß das Gewinde erst nach mehr als einer Umdrehung auf Fertigmaß gewalzt ist. Die Länge des Glättungsteiles $d-g$ liegt zwischen dem zwei- bis vierfachen Umfang des Werkstücks. Ein abgeschrägter Auslauf $h-i$ verhütet Beschädigungen des Gewindes beim Auswerfen des fertigen Werkstücks.

Im *Einstechverfahren* zwischen Rundwerkzeugen entsteht das Gewinde, indem die ortsbewegliche Walze gegen die feststehende radial bis auf Fertigmaß zugestellt wird. Bevor sich die Walzen wieder öffnen, wird das Werkstück in einigen Umdrehungen geglättet.

Beim *Durchlaufverfahren* wird das Werkstück, bedingt durch die Anstell- und Steigungsverhältnisse, von den ersten Werkzeuggängen erzeugt und den nachfolgenden geglättet. Die Walzwerkzeuge werden an den Spitzen durch örtlich hohe Flächenpressungen beansprucht, besonders im Einlauf. Hier kann es vorkommen, daß der Werkzeugstoff durch die wechselnde Beanspruchung ermüdet und einzelne Teile ausbrechen.

Die Walzwerkzeuge werden durch Abspanen hergestellt, und zwar die Flachbacken meist durch Fräsen, feinzahnige auch durch Einstechschleifen, die Rundwerkzeuge durchweg durch Schleifen. APEL [4] hat gefunden, daß die Fräser und Schleifscheiben selten gerade Flanken erhalten. Ihr Formfehler kann bei Flachbacken bis zu 12 μm betragen, bei Walzen bis zu 5 μm. Beim Gewindewalzen überträgt sich dieser Formfehler auf das Werkstück und zwar so, daß eine hohle Werkzeugflanke eine ballige Werkstückflanke erzeugt und umgekehrt (Bild 69, Profile a und b).

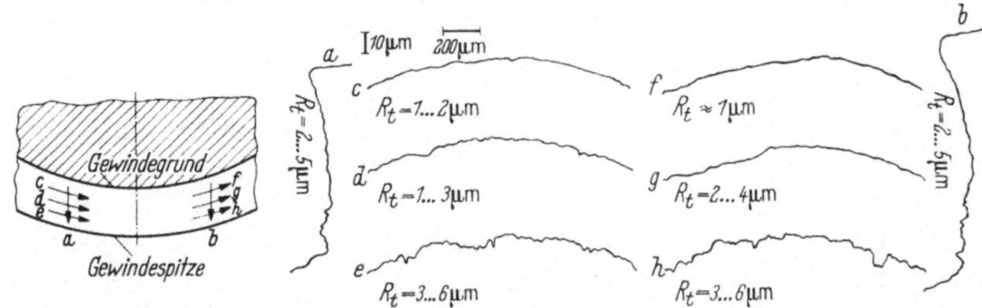

Bild 69. Rauheitsverteilung auf der Flanke eines mit Rundwerkzeugen im Einstechverfahren gewalzten Gewindes M 16. Werkstoff 41 Cr 4. Tastung nach Ablösung der Phosphatschicht
a, b radial; $c-h$ tangential

4.3.3.1 Walzen mit Flachbacken. Die Rauheit der gefrästen Flachbacken wird durch Rillen längs der Flanken bestimmt. Die untersuchte Flanke hatte eine Querrauhtiefe von $4-6$ μm und eine Längsrauhtiefe von $1-2$ μm und war um 7 μm ballig. Mit zunehmender Walzzahl (3500) rauht sich das Werkzeug auf, wobei die Querrauheit ($R_t = 10-13$ μm) stets größer bleibt als die Längsrauheit ($R_t = 7-10$ μm). Dies erklärt sich durch das Gleiten des Werkstoffs etwa in der gleichen Richtung, in der die Fräsriefen verlaufen.

Genaueren Aufschluß über Werkzeugverschleiß erhält man durch Abtasten der ganzen Werkzeuglänge (Bild 68). Das Werkzeug wird am stärksten in der Einlaufzone aufgerauht, weil hier auf einer kurzen Walzstrecke die Zylinderfläche zum Gewinde umgeformt wird. Am Ende des Einlaufs treten die größten Gleitungen auf. Während des Einlaufs gleitet der Werkstoff sowohl in axialer und radialer als auch in Umfangsrichtung. In der Glättungszone wirken nur noch elastische Kräfte, weil das Profil hier schon ausgebildet ist. Daher nimmt der Werkzeugverschleiß weniger zu. In der Auslaufzone findet sich noch annähernd die Ausgangsrauheit.

Vergleicht man die Rauheit des Werkzeugs mit der des Werkstücks (quer zur Flanke $R_t = 5 - 9\ \mu$m, in Flankenrichtung $R_t = 2 - 3\ \mu$m), so ergibt sich, daß die Gewinderauheit in der ersten Hälfte der Glättungszone gebildet wird. Die Oberfläche der unteren Flankenhälfte ist gerichtet; im oberen Flankendrittel finden sich Mulden.

4.3.3.2 Walzen mit Rundwerkzeugen.

Walzen werden nach dem Härten meist aus dem Vollen geschliffen. Ihre Rauheit ist daher geringer als die der gefrästen Flachbacken. Auch nach einer großen Zahl gewalzter Gewinde veränderte sich nach unseren Beobachtungen die Rauheit wenig.

So stieg an einer Walze für das Einstechverfahren nach 200 000 Walzungen von M 16 die Rauhtiefe quer zur Flanke von 1,5 μm nur auf 2—3 μm und längs zu ihr von 0,5 auf 1 μm.

Unterschiedlich verschlissene Flächen wie bei der Walzbacke gibt es

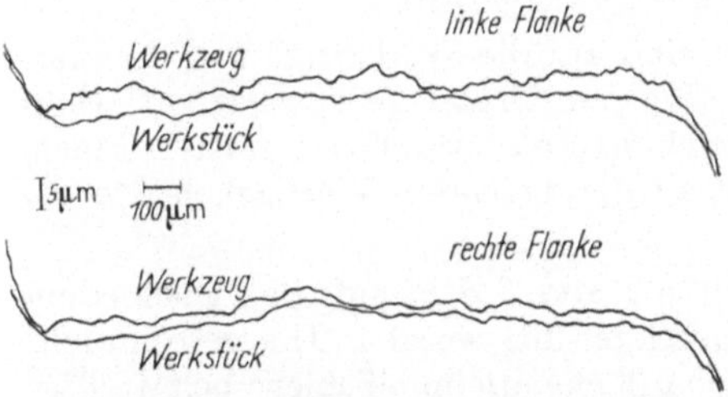

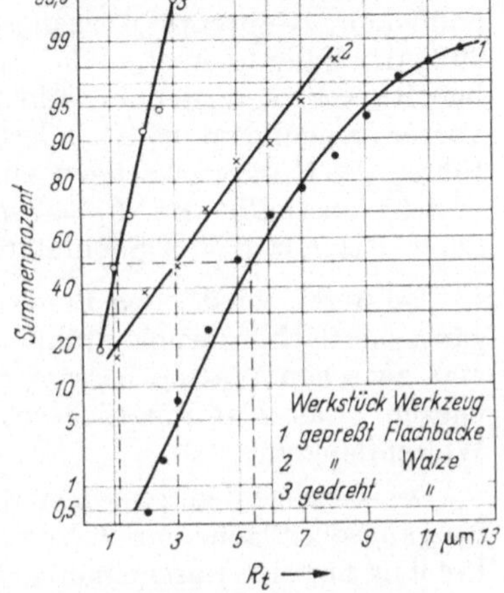

Bild 70. Abbildung der Makrogestalt des Werkzeuges auf das Werkstück beim Walzen eines metrischen Gewindes M 30 im Einstechverfahren (Werkzeug verschlissen)

Bild 71. Häufigkeitsverteilung der Flankenrauheit gewalzter Gewinde

beim runden Walzwerkzeug nicht, vielmehr wird es im Mittel an jedem Punkt gleich häufig umformen sowie glätten. Man erkennt Mulden und Gleitspuren. Die Mulden dürften durch Eindrücke von kleinen Fremdkörpern, die Gleitspuren durch die Gleitvorgänge in Umfangsrichtung hervorgerufen sein.

Vergleicht man Werkzeug- und zugehörige Werkstückrauheit, so fällt auf, daß das umgeformte Gewinde rauher als die Walze ist. Das hängt mit der Vorbehandlung der Werkstücke zusammen. Wurde nämlich wie bei dem Beispiel in Bild 69 die von der voraufgegangenen Umformung her auf den Bolzen befindliche Phosphatschicht vor dem Walzen nicht entfernt, so trifft das oben Gesagte zu. Man erkennt dann deutlich Rauheitsunterschiede auf der Flanke: in der Nähe des Gewindegrundes (c, f) ist sie glatt, in der Nähe des Kopfes (e, h) rauh. Bei der Umformung haben sich Teile der Phosphatschicht zusammen mit Schmutz nach oben geschoben und sind unter dem hohen Druck in den Werkstoff gepreßt.

Ist hingegen die Ausgangsoberfläche abgespant und frei von Schmutz, so ist das unter starkem Werkstoffgleiten entstandene Werkstück meist glatter als das Werkzeug. Die Makrogestalt des Werkzeugs und damit auch die Formfehler werden jedoch stets in voller Größe übertragen (s. Bild 70). Diese Fehler beeinträchtigen die Berührung zwischen Schraube und Mutter viel mehr als die Rauheit.

4.3.3.3 Vergleich der Verfahren. Um die durchschnittliche Oberflächengüte gewalzter Gewinde festzustellen, wurden aus einer normalen Fertigung etwa 350 Proben entnommen[1] und ihre Rauheit gemessen. Dabei ergab sich die in Bild 71 dargestellte Verteilung der Summenhäufigkeit. Gepreßte Ausgangsoberflächen führen bei Flachbacken in 90% der Fälle (d. h. ohne die ersten und letzten 5%) zu $R_t = 3 - 9\,\mu$m, bei Rundwerkzeugen in Einstechverfahren zu $R_t = 1 - 7\,\mu$m bei vorher umgeformten Zylinderflächen; gedrehte Ausgangsoberflächen führen bei Rundwerkzeugen zu $R_t = 0,5 - 2,5\,\mu$m. Für Linienzug *1* besteht oberhalb von $R_t = 7\,\mu$m keine Normalverteilung, vermutlich durch Einwalzen von Schmutzteilchen verursacht.

Die unterschiedlichen Bereiche sind auf die Werkzeuge und die Ausgangsoberfläche zurückzuführen. Werden Preßlinge gewalzt, so erhält man zwischen Walzen bessere Ergebnisse als zwischen gefrästen Flachbacken. Das liegt mit Sicherheit an der besseren Oberflächengüte der Walzenflanken.

Der Unterschied zwischen Kurve *2* und *3* darf auf die verschiedene Ausgangsoberfläche der Bolzen zurückgeführt werden. Der getrommelte Preßling hat eine unregelmäßige Oberfläche, die mit Fehlern behaftet ist. Auf der Oberfläche haften noch Reste der Phosphatschicht, da die Schicht nur bei sehr langem Trommeln restlos entfernt wird.

Demgegenüber lagen die Rauhtiefen auch an den gedrehten Versuchsproben im Einstech- und Durchlaufverfahren im Mittel unter $2\,\mu$m und entsprechen der Kurve *3*.

4.3.4 Einfluß des Werkstücks

4.3.4.1 Werkstoff. Obwohl von der Verschiedenheit von Stahlwerkstoffen kein Einfluß auf die Oberflächengüte zu erwarten ist, wurden doch zur Sicherung unserer Kenntnisse eine Anzahl Proben aus verschiedenen Werkstoffen, aber mit gleicher Ausgangsoberfläche (gedreht) unter gleichartigen Versuchsbedingungen im Einstechverfahren gewalzt und nachgeprüft. Aus dem Ergebnis geht eindeutig hervor, daß der Werkstoff so gut wie keinen Einfluß auf die Oberflächengüte der Gewinde hat.

---

[1] Die untersuchten Gewindebolzen bestanden aus St 38.13 − X5CrNi18 9 − C 35 − 21 CrMoV5 11 − 42 CrMo 4.

Wir fanden nur bei St 38.13 eine etwas rauhere Oberfläche; doch lag das an dem gröberen Korn.

Bei allen Werkstoffen ist die Oberfläche schwach gerichtet. Die größere Rauheit tritt quer zur Flanke (d.i. in radialer Richtung) auf, daher finden sich in unseren Zusammenstellungen meist nur Tastungen in dieser Richtung. Die Schriebe für die Tastrichtung längs zur Flanke sind gekrümmt (z.B. Bild 69), weil die Bezugsfläche des benutzten Tastgeräts eben war.

4.3.4.2 Schwankungen der Bolzendurchmesser. Beim Gewindewalzen spielen die Verhältnisse der Steigungen an Werkzeug und Werkstück

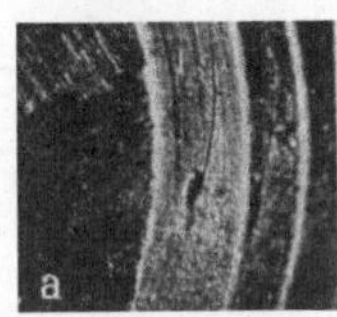

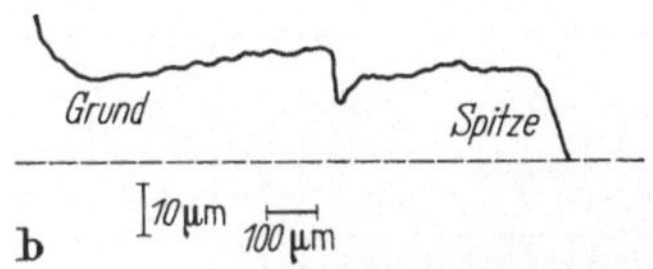

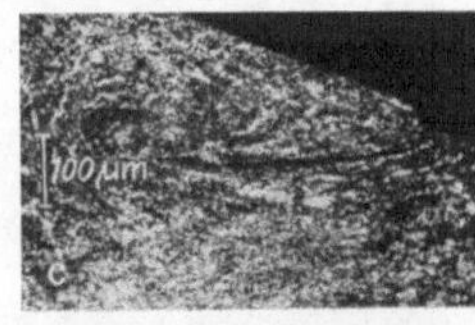

Bild 72. Überwalzung (Falte) auf der Flanke eines zwischen Flachbacken gewalzten Gewindes M 12 × 1,5, Werkstoff: Cq 45)
a) Draufsicht;
b) Profil quer zur Flanke;
c) Falte (Längsschliff)

eine große Rolle im Hinblick auf die Ausbildung der Oberfläche. Bei richtiger Bemessung des Werkstück-Ausgangsdurchmessers und des Werkzeuges haben Werkzeug und Werkstück am Flankendurchmesser denselben Steigungswinkel. Werkzeugspitze und Werkstückgrund berühren sich; ihre Steigungswinkel weichen aber voneinander ab, weil ihre Durchmesser ein anderes Verhältnis haben. Das führt zu einem zusätzlichen Gleiten im Gewindegrund quer zur Schraubenlinie. Wenn das Walzwerkzeug einen falschen Steigungswinkel hat oder wenn es falsch eingestellt ist, werden auf dem Werkstück Rillen mit falschem Steigungswinkel erzeugt. Dann wandert der Bolzen axial; es entstehen sog. Einwalzungen (Absätze an noch nicht voll ausgewalzten Flanken), die hernach vom Werkzeug erfaßt und umgelegt werden, so daß auf der Flanke ein schuppenartiger Fehler entsteht, der Überwalzung genannt wird.

Bild 72 zeigt auf der Flanke eines Gewindes eine solche Überwalzung (Falte). Man erkennt sie an kommaartigen Linien, die schräg über die Flanke verlaufen. Bemerkenswert ist die starke Glättung auf der Flanke unterhalb der Überwalzung; sie deutet auf die starke Pressung während des Umlegens hin. Im Längsschliff sieht man die typische Falte. Bleiben die Durchmesserabweichungen jedoch innerhalb eines Bereiches, der in einer normalen Fertigung üblich ist, so treten auf den Gewinden keine

Rauheitsunterschiede auf. Bild 73 zeigt dies für das Einstechverfahren
an einem nicht phosphatierten Bolzen. (Für das Durchlaufverfahren ergab sich ein entsprechendes Ergebnis.) Die Gewinderauheit zeigte sich
gegenüber den zulässigen Durchmesserschwankungen des Bolzens innerhalb $\pm$ 0,1 mm unempfindlich (s. a. [44]).

4.3.4.3 Bolzenrauheit. Bei unserer Untersuchung des Durchmesser-
einflusses ist auch die Wirkung verschiedener Rauheit der Bolzen beobachtet worden (R_t = 12 bzw. 75 μm). Auf dem Bild 73 erkennt man,

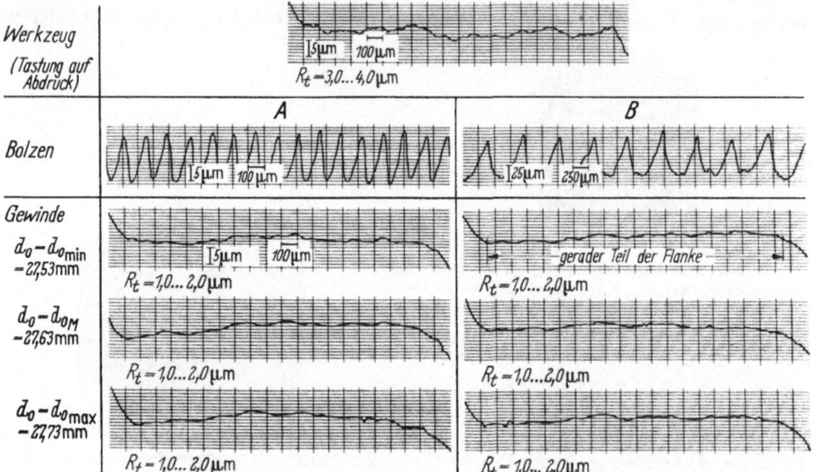

Bild 73. Einfluß der Rauheit und des Durchmessers des vorgearbeiteten Bolzens (M 30. Einstechver-
fahren, übliche Fertigungsbedingungen, Werkzeug verschlissen, C 35), Tastung quer zur Flanke
Reihe A: Rauhtiefe der Bolzenoberfläche R_t = 12 μm
Reihe B: Rauhtiefe der Bolzenoberfläche R_t = 75 μm

daß diese Rauheitsunterschiede sich indes nicht auf die Oberfläche der
Gewindeflanke auswirkten.

Es kann dennoch sein, daß Rauheiten, die kleiner als die obengenannten sind, auf dem Gewinde bemerkbar werden. Dies wurde bei umgeformten Ausgangsoberflächen beobachtet, wenn nämlich der Böschungswinkel von Rauhtälern zu steil ist, um noch eingeebnet zu werden. Hinzu
kommen noch die Einwirkungen von Schmierung und Verschmutzung,
die sich bei den derartigen Rauheitsprofilen besonders stark bemerkbar
machen.

4.3.5 Einfluß der Walzbedingungen

4.3.5.1 Kraft. Zum vollen Auswalzen ist eine vom Werkstoff und
den Abmessungen des Gewindes abhängige Mindestwalzkraft erforder-

lich. Bis zum Auswalzen ist auch eine bestimmte Mindestzeit notwendig. Erhöht man die Kraft über die Mindestkraft hinaus, so wird dadurch die Walzzeit verringert. Das „Produkt" aus Walzkraft und Walzzeit bleibt innerhalb einer vernünftigen Grenze gleich.

Um den Einfluß der Walzkraft auf die Oberflächengüte bestimmen zu können, wurden Proben verschiedenen Werkstoffs mit gleichem mittleren Durchmesser und gleicher Rauheit mit der dem Werkstoff entsprechenden Mindestkraft und mit einer verhältnismäßig hohen Kraft gewalzt. In dem untersuchten Bereich traten keine wesentlichen Unterschiede auf.

4.3.5.2 Walzgeschwindigkeit. Die Walzgeschwindigkeit kann in einem Walzautomaten in einem Verhältnis von 1:2 bis 1:3 stufenlos verstellt werden. Bei unseren Versuchen wurde dieser Bereich ausgenutzt. Die Rauhtiefen der mit Flach- und Rundwerkzeugen gewalzten Schrauben (M 12) lagen im Bereich von $R_t = 4-8\,\mu$m (quer zur Flanke) und $R_t = 1-3\,\mu$m (längs der Flanke), ohne daß ein merklicher Einfluß der Geschwindigkeit festzustellen gewesen wäre.

4.3.5.3 Schmierung. Obwohl die Werkzeuge eine gleichmäßige Oberfläche aufweisen, ergeben Tastungen auf den Gewinden häufig Fehlstellen im sonst regelmäßigen Profil, und zwar in den auf umgeformte Bolzen gewalzten Gewinden. Die Ursache hierfür liegt in der Phosphatschicht, die die gepreßten Bolzen bedeckt. Diese Schicht soll zwar durch Trommeln beseitigt werden, Reste finden sich jedoch stets noch auf der Oberfläche. Auch das Einquetschen von Schmutz spielt eine Rolle. Er findet sich in der Tiefe der Gewinderillen des Werkzeugs und bildet sich daher im äußeren Drittel der Gewindeflanken des Werkstückes ab (vgl. Bild 69). So wurde unter sonst gleichen Bedingungen auf getrommelte und nicht getrommelte Bolzen aus 41 Cr 4 Gewinde M 16 im Einstechverfahren gewalzt. Obwohl die Rauhtiefe der getrommelten Bolzen größer war, erhielt man dort eine regelmäßigere Gewinderauheit geringerer Tiefe.

Gedrehte Bolzen (saubere Flächen, gute Schmierung) ergeben somit bessere Oberflächen als umgeformte Ausgangsoberflächen.

Reinigt man Werkstück und Werkzeug sorgfältig, so ergibt sich eine bessere Oberfläche. Noch günstiger ist die Verwendung von flüssigen Schmiermitteln, weil hierdurch die losen Schmutzteilchen und Phosphatreste herausgespült werden.

4.3.6 Oberflächenfehler

Auf die Entstehung von Überwalzungen durch falschen Bolzendurchmesser oder Steigungsfehler des Werkzeugs wurde schon in Abschn. 4.3.4.2 hingewiesen. Eine andere Art von Überwalzungen kann durch ein am äußeren Kammteil beschädigtes Werkzeug hervorgerufen

werden (s. Bild 74). Dann bildet sich die Fehlstelle A der Flachbacke
in der Nähe des Gewindegrunds ab.

Walzten wir im Durchlaufverfahren mit zwei Rundwerkzeugen, die
Rillen in achssenkrechten Ebenen besitzen (s. Bild 64e), so traten
Fehlstellen auf, wie sie in Bild 75 zu sehen sind. Sie befanden sich
sowohl in der oberen Hälfte der Flanken als auch in der unteren. Die
Ursache hierfür lag offensichtlich in der Ausbildung der kegeligen Fase

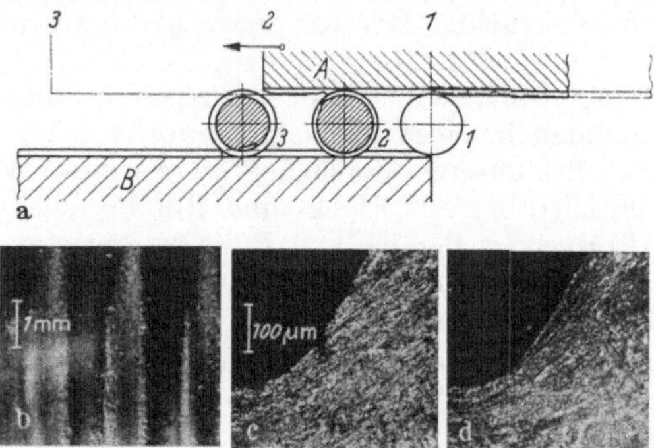

Bild 74. Überwalzung im Gewindegrund durch eine beschädigte Werkzeugspitze
a) Entstehung; b) Draufsicht; c) Längsschliff; d) Längsschliff durch Gewindegrund
Stellung *1*: Werkstück wird eingelegt
Stellung *2*: Beschädigtes Werkzeug hinterläßt Erhöhung im Gewindegrund
Stellung *3*: Erhöhung im Gewindegrund zu einer Falte umgelegt
A bewegliche Flachbacke; *B* feststehende Flachbacke

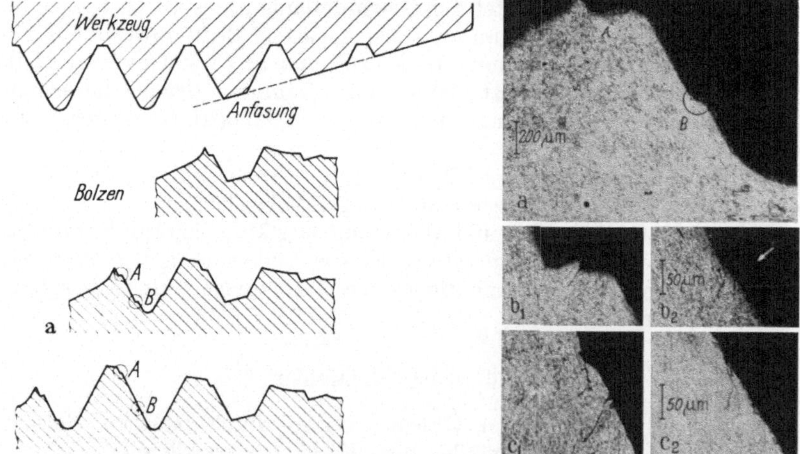

Bild 75. Entstehung von Überwalzungen an den Stellen *A* und *B* (Durchlaufverfahren, $1^{1}/_{8}''$, Walze
mit Rillen in achssenkrechten Ebenen) in drei Augenblickszuständen
a) bei der Bildung des Kopfes; b) nach dem zweiten Überwalzen; c) nach dem letzten Überwalzen

am Werkzeug. Die Schliffe $a - c_2$ verdeutlichen die Entstehung der Ober-
flächenbeschädigungen. Das Werkzeug erzeugt scharfe Kerben A, B im
Werkstück. Dringt das zweite Werkzeug nach einer halben Umdrehung
weiter ein, so wird der Werkstoff angehoben. Dabei werden die scharfen
Kerben zunächst nicht geglättet. Erst wenn nach weiteren Umdrehungen
die Werkzeuglücken ganz vom Werkstoff ausgefüllt werden, ist der allseitige
Druck so groß, daß der Werkstoff sich an das Werkzeug anlegt und die
Kerben sich unter Hinterlassung von feinen Spalten schließen. Man
würde fehlerfreie Oberflächen erhalten, wenn man die Fase abrundete
oder die ersten Gänge, wie bei den Flachbacken, in voller Tiefe kegelig
zurücksetzt.

5. Ziehen von Stäben und Drähten

Die Unterteilung in Stab- und Drahtziehen entspricht dem üblichen
Sprachgebrauch. Man spricht von Draht, wenn er aufgewickelt in Ringen
geliefert wird, sonst von Stäben oder Stangen. Die Größenreihen ihrer
Querschnitte überlappen sich; im Umformvorgang unterscheiden sie
sich im Grunde genommen nicht.

5.1 Stabziehen

„Die Blankstahloberfläche — das Sorgenkind der Hersteller" — so
kennzeichnet ANDRIEU [3] die Verhältnisse treffend. In der Tat besteht
bei Verbrauchern und Herstellern wenig Klarheit darüber, wie eine
gezogene Stabstahloberfläche beschaffen sein soll und sein kann. In
den Normen finden wir Angaben wie: „Die Oberfläche muß glatt und
blank, frei von Rost und Rostflecken sein" (DIN 1652), „Bei Flachstahl
ist aus Herstellungsgründen eine metallisch völlig blanke Oberfläche
nicht zu erzielen" (DIN 174), „Die Oberfläche soll möglichst frei von
Riefen sein" (DIN 17 223), „Bei gezogenen oder geschälten Stangen muß
sie glatt und blank, frei von Riefen und Rostnarben sein, wie sie ein-
maligem Ziehen üblicherweise entspricht" (DIN 1651). Diese Angaben
sind rein beschreibender Art und im Streitfall ziemlich wertlos, solange
keine zahlenmäßigen Vorstellungen von der Rauheit der Stäbe bestehen.
Die sehr verschwommenen Vorstellungen treten besonders in den zuletzt
genannten Forderungen in DIN 1651 zu Tage, wonach die Oberfläche
einer geschälten (abgespanten) Stange der einer gezogenen (umgeformten)
entsprechen soll, was nach unseren Feststellungen grundsätzlich nicht
möglich ist (vgl. Bilder 86 und 87).
   Es ist erstaunlich, daß trotz dieser offensichtlichen Unsicherheit
kaum Messungen an den Oberflächen gezogener Stäbe bekannt geworden
sind. Ansätze hierzu finden sich erst in den Arbeiten von LUEG und

KRAUSE [38, 39]. Auf der anderen Seite verstärken sich die Bemühungen, abgespante Werkstücke durch umgeformte zu ersetzen, um die Fertigung zu verbilligen. Die Forderungen an die Oberflächengüte gezogener Stangen werden daher steigen, da die Rauheit die Funktion der Werkstücke wesentlich beeinflußt.

Da es unsere Absicht ist, die durch Ziehen entstandene Oberfläche typologisch zu beschreiben, beschränkten wir unsere Messungen auf die einfachen Fälle des Ziehens und Weiterziehens von je zwei Rund- und Rechteckprofilen unter üblichen Fertigungsbedingungen. Außerdem wurden die Auswirkungen des Richtens durch Walzen an einigen Rundprofilen bestimmt. Zu einigen Beispielen finden sich noch weitere Einzelheiten bei MIETZNER [46]. Die Vielzahl möglicher Einflüsse, wie Querschnittsabnahme, Ziehwinkel, Ziehgeschwindigkeit, Schmiermittel, Werkstoff, Wärmebehandlung, Entzunderungsart usw. könnte Gegenstand einer besonderen Untersuchung sein, wenn die Oberflächengüte zusammen mit der Maßgenauigkeit und der Wirtschaftlichkeit gewürdigt werden soll. Als ein Beispiel, wie eingehend eine derartige Untersuchung sein müßte, kann die Untersuchung von MÜHLENWEG [48] gelten, die sich allein auf die Oberflächenwandlung beim Walzen und Ziehen von Rohren erstreckte.

Tafel 5.1　Analysehwerte der Versuchsproben für das Stabziehen

Verfahren	Anmerkungen		Legierungsbestandteile				
			C	Si	Mn	P	S
Ziehen		25 ∅	0,07	Spuren	0,44	0,031	0,014
		30 ∅	0,08	,,	0,48	0,030	0,034
		35 × 10	0,09	,,	0,44	0,049	0,039
		35 × 20	0,12	,,	0,38	0,059	0,032
Richten	1.	a	0,15	,,	1,32	0,067	0,296
		b	0,44	0,30	0,69	0,020	0,020
		c	0,32	0,30	0,63	0,033	0,034
		d	0,44	0,29	0,74	0,031	0,045
	2.	a	0,07	Spuren	0,36	0,047	0.031
		b	0,17	0,25	0,46	0,020	0,027
		c	0,46	0,30	0,71	0,020	0,038

Die Werkstoffanalysen der untersuchten Stäbe finden sich in Tafel 5.1. Die Oberflächen der Werkstücke und Werkzeuge wurden mit dem Perth-O-Meter vermessen, die der Werkzeuge über einen Abdruck aus Technovit. Die Zahl der Tastungen je Probe betrug mindestens 20. Im Unterschied zu LUEG und KRAUSE [39] fanden wir keine wesentlichen Unterschiede zwischen Längs- und Querrauheit (s. Abschn. 5.1.2); daher haben wir meist die Tastung in Ziehrichtung gewählt, die Stäbe aber jeweils in solche Lagen gedreht, daß die Oberfläche über den ganzen Umfang bestimmt wurde. Der Rauheitsunterschied über die Probenbreite bei den Flachstäben (s. Abschn. 5.1.2) wurde dadurch erfaßt, daß auch hier parallel zur Ziehrichtung über die ganze Breite getastet wurde. Aus der Zahl der Messungen wurde das arithmetische Mittel berechnet, das vom häufigsten Wert nur wenig abweicht. Für die Darstellung der Profile wurden kennzeichnende Tastschriebe ausgewählt.

5.1.1 Rauheitsart der kaltgezogenen Oberfläche

Die Ausgangsform für das Ziehen ist das warmgewalzte Profil. Dieses wird, damit die Kaltumformung gering bleibt, dem zu ziehenden in

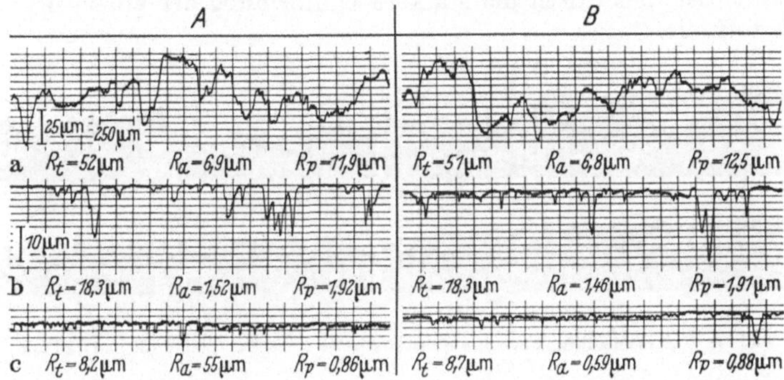

Bild 76. Rauhprofile an gezogenen Stäben parallel (A) und senkrecht (B) zur Ziehrichtung
a) gewalzt und gebeizt; b) gezogen; c) gerichtet (Maßzahlen sind arithmetische Mittel aus 20 Messungen)

Maß und Form weitgehend angepaßt. Dies ist bei Rund-, Quadrat-, Sechskant- und Flachstäben leichter möglich als bei Sonderformen; hier sind daher meist mehrere Züge notwendig, um die gewünschte Gestalt zu erzeugen.

Beim Ziehen wird die sehr rauhe, oft wellige Oberfläche zum Teil eingeebnet, und es tritt ein Rauhprofil auf, wie wir es auch an fließgepreßten Werkstücken kennenlernen werden (s. Abschn. 6).

Die gezogene Oberfläche ist entgegen der üblichen Meinung nach unserer Definition (kein Unterschied der Rauhtiefen in Ziehrichtung und quer dazu) „ungerichtet", sofern die Querschnittsabnahme von üblichem Ausmaß und das Werkzeug nicht stark verschlissen ist. Man lasse sich nicht durch das Aussehen der Stäbe täuschen, bei denen Riefen in Ziehrichtung erkennbar sind. Ihre Tiefe ist gegenüber der oben geschilderten Grundrauheit klein und beeinflußt die Rauheitsmaße kaum. Zum Beweis sind in Bild 76 Tastungen an gezogenen Stäben in Umfangs- und axialer Richtung zusammengestellt. Erwartungsgemäß erscheint die warmgewalzte und gebeizte Oberfläche[1] (a) ungerichtet. Aber auch das gezogene und gerichtete Ziehgut weist keine richtungsabhängige Rauheit auf, wenn man von feinen überlagerten Riefen der gezogenen Staboberfläche absieht. Wird jedoch die Umformung größer oder bilden sich infolge unzureichender Schmierung Anfressungen am Werkzeug, so können beträchtliche Riefen in Ziehrichtung auftreten. In einem solchen Fall ist aber das Ziehgut meist Ausschuß.

Wenn auch weder bei runden noch bei flachen Stäben ein wesentlicher Unterschied zwischen Längs- und Querrauheit auftritt, so erscheinen doch auf den Flachproben nebeneinander Bereiche verschiedenartiger Rauheit. Am Rand eines gezogenen Rechteckstabes ist die Oberfläche in beiden Tastrichtungen glatter als in der Mitte, wie Bild 77 zeigt. Erklärlich ist dies durch die stärkere Umformung der außen liegenden Werkstoffteile.

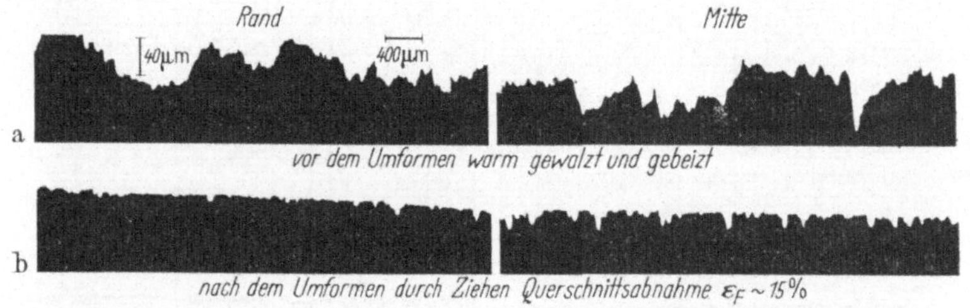

Bild 77. Unterschiedliche Rauheit auf der Breitseite eines Flachstabes (35 mm × 20 mm)

5.1.2 Rauheitsänderungen beim Ziehen von gewalzten Stäben

Eine warmgewalzte Stahloberfläche ist sehr rauh; auch weist sie oft Fehlstellen auf, wie z. B. Schalen, Riefen, Überwalzungen, Risse, Poren, Narben, Schuppen. Diese Fehler, die im Walzwerk nicht ohne weiteres zu beseitigen sind, beeinflussen die gezogene Oberfläche in starkem Maße. Weiterhin ist die Entzunderung von Einfluß, die durch Beizen in verdünnter Säure oder bisweilen mechanisch geschieht. Der Zunder ist mit dem Grundwerkstoff unterschiedlich fest verbunden. Ungenügend entzunderte Stäbe weisen nach dem Ziehen eine ungleichmäßige und schlechte Oberfläche auf.

---

[1] Das Beizen macht nicht nur die Oberfläche rauher, sondern verändert auch die Oberflächenschicht. Nach jüngeren Beobachtungen diffundiert Wasserstoff in die Eisenkristallite hinein, und zwar am einzelnen Rauhberg von allen Seiten. Dadurch entsteht eine gewisse Versprödung, und es werden bei der Umformung härtere Körner in die weichere Grundmasse gedrückt, ohne daß sie in gleichem Maße an der Kornverformung teilnehmen wie jene. Somit wird der Charakter einer umgeformten Oberfläche, die vorher gebeizt war, etwas anders als wenn sie vorher abgestrahlt war.

Messungen an gewalzten und gebeizten Stäben zeigen daher eine
große Streuung der Rauheit. Die Oberflächen sind nach Größe ($R_t =$
25—75 μm) und Art ungerichtet und ungleichförmig: bald zerklüftet
infolge zu starker Beizwirkung, bald rauh, aber sanft wellig. Auf Grund
dieser Beobachtungen fassen wir die Rauheitsmessungen in einer Verteilungskurve zusammen. Werden die Ergebnisse von 250 Messungen
über einer arithmetischen Abszissenteilung aufgetragen, so ergeben sie
asymmetrische Häufigkeitskurven, wie dies auch LUEG und KRAUSE

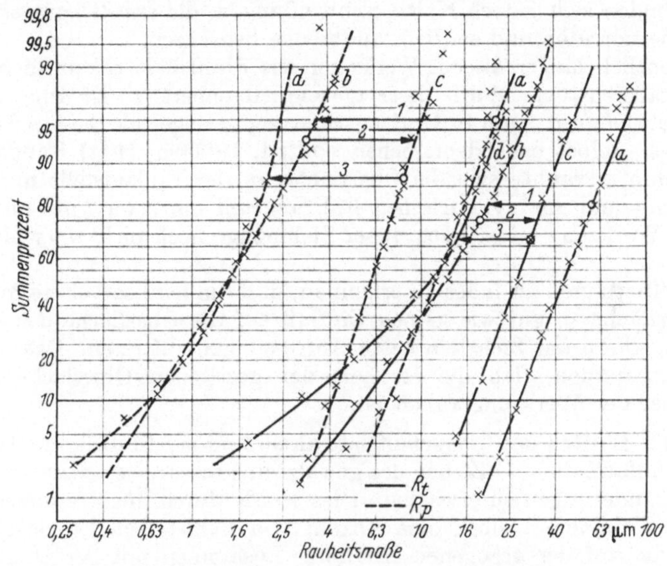

Bild 78. Summenhäufigkeit der Rauhtiefenmaße an
a warmgewalzten und gebeizten Stäben; *b* einmal blank gezogenen Stäben ($\varepsilon_F = 12$ bis 20%);
c geglühten und gebeizten Stäben; *d* weiter gezogenen Stäben. Rechte Gruppe R_t-Werte; linke Gruppe
R_p-Werte

[39] beobachtet haben. Die Verteilung wird aber symmetrisch, wenn
die Abszisse logarithmisch geteilt wird. Mit dieser Abszissenteilung
wählen wir wie sie eine Darstellung auf dem Summenhäufigkeitspapier
und erhalten angenähert Gerade (Bild 78). Darnach liegt der Haupt-
teil der Rauheit — nämlich 90% zwischen der 5%- und der 95%-
Grenze —

bei der Rauhtiefe R_t zwischen 25 und 75 μm

bei der Glättungstiefe R_p zwischen 6 und 22 μm.

Damit ist der Rauheitsbereich gekennzeichnet, mit dem man bei den
gewalzten und gebeizten Stäben rechnen muß.

5.1.2.1 Einfluß der Werkzeugrauheit.
Für die Versuche wurden
Ziehsteine mit üblichen Düsenöffnungswinkeln und Führungslängen ver-

7*

wendet. Ihr Verschleiß ist, wie auch MÜHLENWEG beim Ziehen von Rohren [48] gezeigt hat, in der Einlaufzone am größten. An einem Werkzeug aus Stahl, das von Hand feingeschliffen war, und dessen Bearbeitungsrillen in Umfangsrichtung ($R_t = 4-8\,\mu$m) verlaufen, fanden wir bereits nach einem geringen Durchsatz (rd. 300 m entspr. 1,6 t) an der Einlaufstelle eine Auskolkung von etwa 25 μm Tiefe. Im zylindrischen Führungsteil verändert sich die Rauheit nicht so stark; die Riefen, die in Ziehrichtung auftreten, sind etwa 6 μm tief. An einigen Stellen bilden sich jedoch Kaltverschweißungen, die am Ziehgut starke Riefen hervorrufen und so die Standmenge begrenzen.

Wesentlich länger als ein Werkzeug aus Stahl hält bekanntlich ein Hartmetallziehstein. Wird dieser maschinell poliert, so ist seine Ausgangsrauhtiefe mit 2 μm in Umfangsrichtung geringer als die des Stahlziehsteins. Selbst nach dem Ziehen von rd. 10000 m (40 t) Rundstahl von 25 mm $\varnothing$ rauhte sich die Oberfläche an der Einlaufstelle nur um etwa 4 μm und im zylindrischen Führungsteil um etwa 2 μm auf, so daß das Werkzeug selbst nach dieser Ziehmenge noch nicht verschlissen war.

Aus Tastungen ist indes zu erkennen, daß die feinbearbeitete Werkzeugoberfläche so gut wie keinen Einfluß auf die Oberfläche des Ziehguts hat, sofern am Ziehstein keine Anfressungen auftreten. Das hängt damit zusammen, daß die Rauheit der gezogenen Oberfläche groß gegenüber der Werkzeugrauheit ist.

5.1.2.2 Einfluß der Querschnittsabnahme und der Profilform. In der ersten Umformstufe — Ziehen des gewalzten Profils — sind die größten Rauheitsänderungen zu erwarten. Dies wurde durch die Messungen bestätigt. Trotzdem bleiben eine Anzahl von Fehlstellen der gewalzten Oberfläche auf der gezogenen erhalten. Zusammen mit der Ungleichförmigkeit der Ausgangsoberfläche bewirken sie, daß auch das gezogene Werkstück an verschiedenen Stellen verschiedene Rauheitsarten aufweist; in Bild 79 sind einige dieser Typen zusammengestellt.

Selbst wenn man bei der Beurteilung solcher Flächen Fehlstellen ausschließt, erkennt man doch, welchen großen Rauheitsbereich ein einmal gezogener Stab umfaßt. Dies zeigt sich auch in den Tastschrieben Bild 80. Sieht man von der Größe der Rauheit ab, so ist ihre Art überall gleich: verhältnismäßig große Teile glatt (Tafelberge) mit zahlreichen Vertiefungen. Dies gilt sinngemäß für Flach- und Rundstäbe.

Die bezogene Querschnittsabnahme[1] bei unseren Proben entsprach einem üblichen Abzug und lag zwischen 12 und 20%. Welchen Einfluß hat nun die bezogene Querschnittsabnahme ε_F? Aus Bild 81a und b

---

[1] Obwohl wir grundsätzlich die Hauptformänderung angeben, die hier die bezogene Längenformänderung ε_l wäre, folgen wir der Gewohnheit der Ziehfachleute und geben die bezogene Querschnittsabnahme ε_F an.

geht hervor, daß beim 1. Zug eines warmgewalzten Flachstabes die Einebnung mit der Querschnittsabnahme ansteigt. Dasselbe ist beim Weiterziehen nach einer Zwischenglühe der Fall, wovon Bild 84 Zeugnis ablegt. Diese Unterschiede lassen sich jedoch wegen der beträchtlichen Streuung der Rauheit nur bei großen Unterschieden der Querschnittsabnahme feststellen.

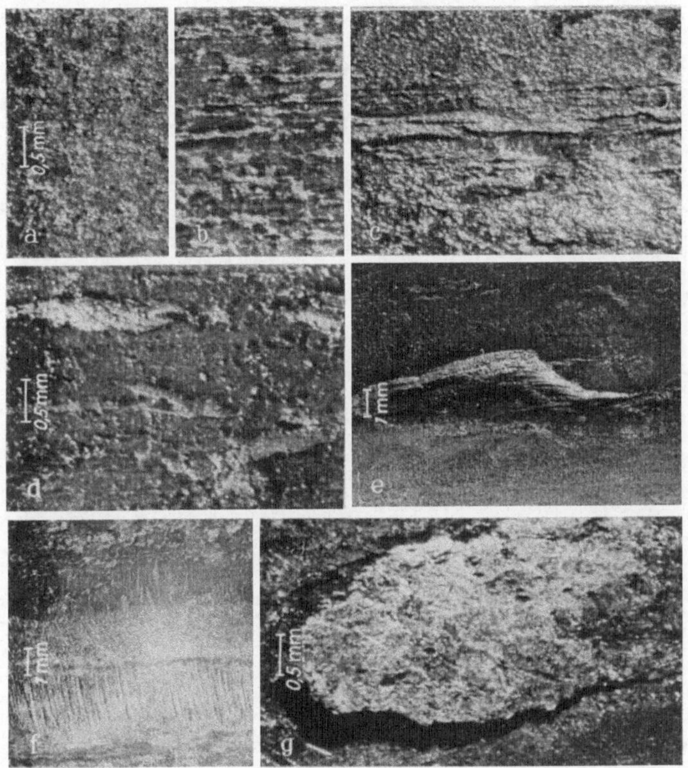

Bild 79. Draufsichten, die verschiedene Rauheitsarten an einer gezogenen Oberfläche zeigen
a) gut geglättet; b) rissig; c) Beizspuren; d) flächige Vertiefungen;
e) grobe Fehlstelle; f) Putzspuren; g) Falte

Zwischen Rund- und Flachstäben besteht in der Rauheitswandlung kein nennenswerter Unterschied, wenn man bei beiden die Rauheit über den Umfang mittelt. Am deutlichsten wird dies, wenn man die bezogene Rauheitsänderung in Betracht zieht. Gemäß Bild 82 ergibt sich dann, daß innerhalb des untersuchten üblichen Bereiches wenig Abhängigkeit von der Größe der Umformung besteht. Hingegen scheint die Rauheitsabnahme bei den Rundprofilen größer als bei den Flachprofilen zu sein. Dies ist jedoch durch die geringe Zahl von 4 Versuchsformen nicht eindeutig nachgewiesen. Eindeutig ist hingegen die unterschiedliche bezogene Abnahme der verschiedenen Rauheitsmaße. Sie ist für die Rauhtiefe am geringsten und für die Glättungstiefe am größten ($\varrho_t = 0{,}7$, $\varrho_a = 0{,}8$, $\varrho_p = 0{,}85$). Auch hier zeigt sich die besondere Art der Einebnung von rauhen Oberflächen mit einem glatten Werkzeug. Die Rauhtiefe — als reines Tiefenmaß — nimmt nicht so stark ab wie die Glättungstiefe, weil die großen Vertiefungen der Ausgangsoberfläche als Restrauheiten erhalten bleiben.

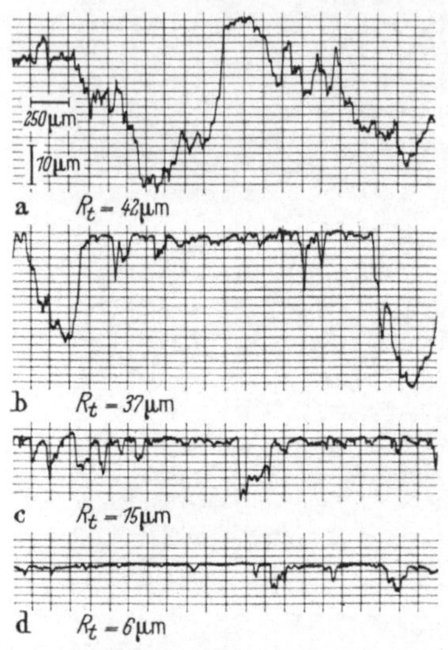

Bild 80. Rauheitswandlungen beim Ziehen eines einzelnen Rundstabes.
a) gewalzt und gebeizt, Stelle mittlerer Rauheit;
b—d) einmal gezogen; b) rauhe Stelle;
c) mittelrauhe Stelle; d) glatte Stelle.

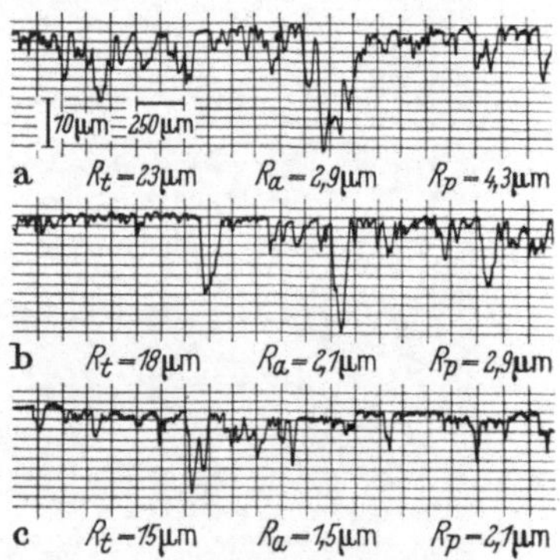

Bild 81. Oberflächenfeingestalt gezogener Flachstäbe
a) in einem Zug gezogen $\varepsilon_F = 6{,}0\%$: b) in einem Zug gezogen $\varepsilon_F = 14{,}7\%$; c) in zwei Zügen gezogen $\varepsilon_F = 6{,}0 + 8{,}1\%$
Tastung in Ziehrichtung; Maßzahlen sind arithmetische Mittel

Auf Grund der vorstehenden Ergebnisse — kein wesentlicher Einfluß von Profilform und Querschnittsabnahme — erscheint es gerechtfertigt, die Meßergebnisse an gezogenen Rund- und Vierkantstäben in Summenhäufigkeitskurven zusammenzufassen, wie wir dies in Bild 78 zunächst für warmgewalzte Stäbe zeigten. In dieses Bild wurden dazu die Rauheitswerte an einmal gezogenen Stäben eingetragen. Das Verschieben der Kurve der warmgewalzten Stäbe nach links zeigt das Ausmaß der Glättung durch den ersten Zug.

Ferner sind in Bild 78 die Summenhäufigkeitskurven für die Rauhtiefenwerte einiger nach dem ersten Zug geglühter und gebeizter Stäbe und — im Vorgriff auf Abschn. 5.1.3 — an noch weiter gezogenen Rund- und Flachstäben eingetragen. Wie man sieht, ist die Rauheit durch das Glühen und Beizen wieder größer geworden, wie durch die Pfeile *1* von *a* nach *b*, und *2* von *b* nach *c* angedeutet ist. Dann aber ist sie durch den Weiterzug mehr verringert worden als vorher (s. Pfeile *3* von *c* nach *d*); allerdings ist diese Minderung der Rauhtiefe und der Glättungstiefe nur noch gering.

Die bezogenen Rauheitsänderungen der untersuchten Stäbe sind graphisch in Bild 82 dargestellt.

Bemerkenswert ist auch hier, daß der Streubereich der weiter gezogenen Stäbe prozentual gesehen gegenüber der gewalzten und gebeizten Oberfläche sogar noch etwas größer geworden ist. Am augenfälligsten erkennt man die Umwandlung der Rauheitsformen an der Änderung des Leeregrades $\lambda_p = \dfrac{R_p}{R_t}$, der bei der gewalzten Ausgangsform 0,27 war, bei der gezogenen nur 0,13 (offen — halboffen). Die vorliegenden Messungen decken sich mit Ergebnissen von LUEG und KRAUSE [*38*], die für gezogene Stäbe Mittelwerte der Rauhtiefe im Bereich von 10—20 μm feststellten. Durch Mehrfachziehen konnten bei ihren Versuchen Rauhtiefen R_t bis herunter zu 5 μm erzielt werden.

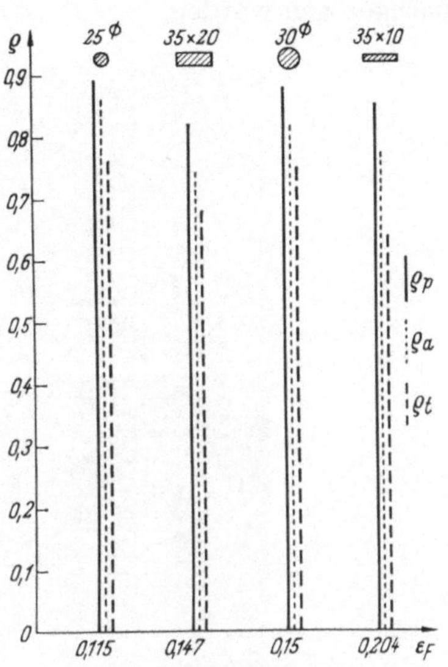

Bild 82. Bezogene Rauheitsänderung $\varrho = \Delta R / R_0$ beim 1. Zug nach dem Walzen und Beizen

Tafel 5.1.2 Rauheitsbereiche an gezogenen Stäben zwischen den prozentualen Summen 5% und 95% gemäß Bild 78

beim Zustand	bei der Rauhtiefe R_t	bei der Glättungstiefe R_p
warmgewalzt und gebeizt	zwischen 25 und 75 μm	zwischen 6 und 22 μm
einmal blank gezogen	zwischen 5 und 30 μm	zwischen 0,6 und 3,5 μm
geglüht und gebeizt	zwischen 14 und 48 μm	zwischen 3,5 und 10 μm
weiter gezogen	zwischen 2 und 22 μm	zwischen 0,45 und 2,5 μm

5.1.3 Rauheitsänderungen beim Weiterziehen

5.1.3.1 Weiterziehen ohne Zwischenglühe. Um die Möglichkeiten einer weiteren Oberflächenglättung zu prüfen, wurden die gezogenen

Stäbe ohne Zwischenglühe einem weiteren Zug mit verschiedener Querschnittsabnahme unterworfen. Erwartungsgemäß zeigte sich, daß die Oberfläche glatter wird, sofern die Abnahme nicht zu groß ist. Ist dies der Fall, so treten nämlich Anfressungen am Werkzeug auf, und die Stäbe werden riefig und unbrauchbar. Dies war der Fall, als die 25 mm dicken Rundstäbe um 2 mm (ungefähr 15% Querschnittsabnahme) nachgezogen wurden.

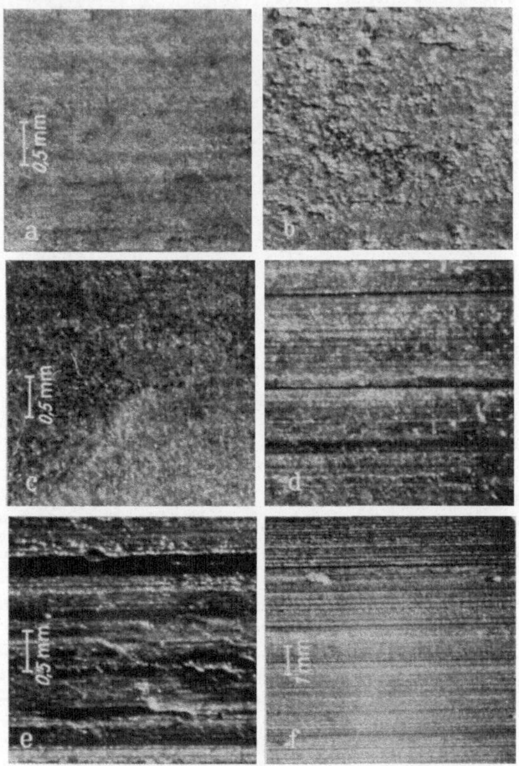

Bild 83. Draufsichten, die verschiedene Rauheitsarten
an Stäben zeigen, die ohne Zwischenglühe nachgezogen sind.
a, b) Flachstab; c, d) Rundstab ($s_F = 8\%$);
e, f) Rundstab ($\varepsilon_F = 14\%$)

Einige Ansichten von weitergezogenen Oberflächen sind in Bild 83 zusammengestellt: a und b stellen eine glatte und eine rauhe Stelle ein und desselben Flachstabes dar. Riefen traten nicht auf, weil der Abzug gering war und weil die Zwischenform auch mit geringer Abnahme ($\varepsilon_F \approx 6\%$) aus dem gewalzten Stab gezogen worden war. Ansichten von Rundstäben zeigen c und d sowie e und f. Während c noch glatt ist, treten bei d bereits Längsriefen auf, die jedoch klein gegenüber der Grundrauheit sind; gelegentlich sieht man noch Reste der Putzspuren (vgl. Bild 79f), die auch durch den Weiterzug nicht verschwunden sind. Wird der Querschnitt stärker vermindert, so erscheinen Riefen und mitgenommene Teilchen, die sich am Werkzeug angesetzt hatten, und die Oberfläche wird zerstört (e und f). Auch flächenhafte Abblätterungen sind möglich.

Beim Ziehen spielt nicht nur die Größe der Umformung eine Rolle, sondern auch, ob eine bestimmte Querschnittsabnahme in einem oder in zwei Zügen vorgenommen wird. In Bild 81 wird dies an einem Beispiel des Nachziehens eines Flachstabes gezeigt. Zwei warmgewalzte und gebeizte Stäbe wurden je einmal gezogen; dabei wurde der Querschnitt des einen um 6%, der des anderen um 15% vermindert. Erwartungsgemäß zeigt die Oberfläche nach der größeren Umformung die größere Glätte. Eine etwas stärkere Einebnung kann man jedoch erzielen, wenn man die gleiche Umformung stufenweise in 2 Zügen (6% + 8%) vollzieht. Eine genaue Erklärung hierfür kann noch nicht gegeben werden. Es ist jedoch wahrscheinlich, daß zu den Ursachen die unterschiedliche Form der Ausgangsrauheit, halboffen beim Weiterzug und offen beim ersten Zug, gehört, ferner die Verfestigung des Werkstoffs, die unterschiedliche Schmierwirkung und der höhere Druck im Wirkpaar bei kleinerer Formänderung.

Auch BÜHLER und SCHULZ [11] machten die gleiche qualitative Beobachtung, daß die Oberfläche durch einen Nachzug verbessert wird.

5.1.3.2 Rauheitsänderungen durch Zwischenglühe. Bisweilen werden Stangen über die Grenze hinaus weitergezogen, die der Kaltverfestigung des Werkstoffes gesetzt ist. Dann nimmt man ein Rekristallisationsglühen vor. Hierbei ist jedoch die Bildung von Grobkorn zu vermeiden. Wichtiger als dies ist jedoch für die anschließende Umformung die Aufrauhung der Werkstücke durch die Verzunderung. Durch das dadurch erforderliche Beizen werden die Werkstücke rauh, und der Charakter der vorher gezogenen Oberfläche verschwindet völlig. Zum Vergleich ist die Summenhäufigkeitskurve in Bild 78 und Tafel 5.1.2 heranzuziehen. Die Zunahme ist bei der Glättungstiefe verhältnismäßig am größten. Dies ist aus der Art der Rauheitsänderung — Umwandlung eines halboffenen Profils in ein offenes — erklärlich.

5.1.3.3 Weiterziehen mit Zwischenglühe. Die durch das Glühen und Beizen aufgerauhten Stäbe werden in einem Weiterzug wieder geglättet. Aus den Tastschrieben in Bild 84 erkennt man wiederum eine bei einem Zug (Zeile b und c) mit steigender Querschnittsabnahme zunehmende Glättung.

Führt man die gleiche Umformung durch zwei Züge herbei, d. h. geht man anstatt von a auf c von a über b auf d (stufenweise Umformung), so wird die Rauheit stärker vermindert. Diese an einem Rundstab gemachte Beobachtung bestätigt das an einem Flachstab gewonnene Ergebnis von · Bild 81. Jedoch finden wir eine größere Welligkeit im Sinne von DIN 4762.

Zum Vergleich der vorliegenden Meßwerte mit den Ergebnissen des Ziehens von gewalzten Oberflächen sind die oben erklärten Kurven d in Bild 78 heranzuziehen.

Zu diesen Vergleichen sei darauf hingewiesen, daß es sich nicht um die Rauheitsverteilung an *einem* bestimmten Werkstück handelt, sondern um ein zusammengesetztes Kollektiv aus 4 Teilkollektiven (entsprechend den vier untersuchten Profilen).

Hinweis: Ein weiterer Ziehvorgang, bei dem wir die Oberflächenwandlung festgestellt haben, ist das Abstrecken eines vorwärts fließgepreßten Hohlkörpers.

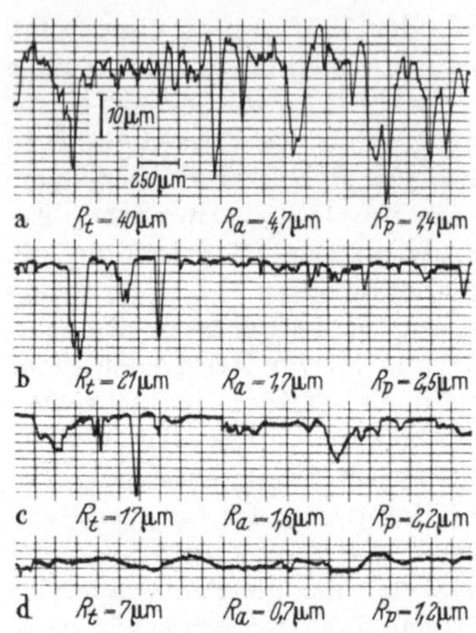

Bild 84. Oberflächen nach dem Weiterziehen
von Rundstäben 25 mm ⌀ nach
Zwischenglühe
a) geglüht und gebeizt nach 1. Zug; b) nach einem
Weiterzug ε_F = 7.9%; c) nach einem Weiterzug
ε_F = 15,5%; d) nach zwei Weiterzügen
ε_F = 7,9 + 8,1%

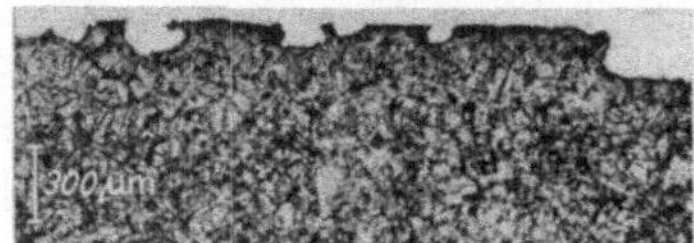

Bild 85. Unterschneidungen an einem
gezogenen Stab — Schliff quer zur Ziehrichtung (nach LUEG und KRAUSE [38])

Das in Abschn. 6.6 befindliche Bild 90 ist mit Bild 84 vergleichbar. Bei dem abgestreckten Werkstück ist die Streuung der Rauheit auf die Vorgeschichte des Werkstücks zurückzuführen, während sich bei den gezogenen Stäben das breite Rauheitskollektiv vor der Umformung auswirkt.

5.1.4 Oberflächenfehler

Bei der Betrachtung verschiedener Stellen ein und derselben Oberfläche anhand der Bilder 79 und 83 sind wir bereits auf ausgesprochene Oberflächenfehler gestoßen, nämlich Falten, die vom Walzen herrühren, tiefe Riefen, angesetzte Teilchen. Außerdem können beim starken Abziehen gewalzter Stäbe nach LUEG und KRAUSE längs verlaufende Unterscheidungen entstehen, die „jedoch ausgeprägter als bei gewalzten Oberflächen sind" (Bild 85). Diese ergeben beim Weiterziehen Falten, die eher anderer Natur als die soeben erwähnten sind.

5.1.5 Rauheitsänderungen durch Richten

An das Kaltziehen von Rundstäben schließt sich meist ein Richten in Walzmaschinen an, bei dem im Unterschied zum Richten in einer Richtpresse oder durch freien Zug das Werkstück zwischen sich drehenden Walzen leicht plastisch hin und her gebogen und gleichzeitig in schraubiger Bewegung durch sie hindurchgeführt wird. Hierbei ist die Durchmesseränderung gering; sie kann nach PAWELSKI positiv (indem der Stab gestaucht wird) oder negativ sein, je nach Werkstoff, mechanischer und thermischer Vorbehandlung und Maschinenart [52, 53].

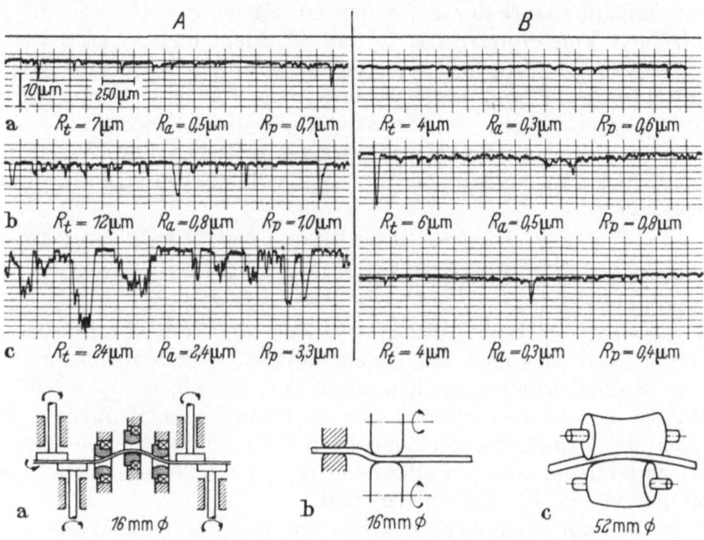

Bild 86. Wandlung der Oberflächen beim Richten von gezogenen Stäben. *A* vor dem Richten, *B* nach dem Richten. a) 15 mm ⌀ ; b) 16 mm ⌀ ; c) 52 mm ⌀ Tastung in Ziehrichtung; Maßzahlen sind arithmetische Mittel

Das Richten beeinflußt auch die Oberflächenbeschaffenheit. Hierbei handelt es sich aber nicht, wie oft fälschlicherweise gesagt wird, um ein „Polieren". Es steht vielmehr dem „Glattwalzen" nahe; jedoch ist das Gleiten zwischen Richtwalzen und Stange wesentlich stärker. Die Glättung ist hauptsächlich von der Bauart der Richtmaschine (s. Skizzen in Bild 86) und ihrer Einstellung sowie von der Oberflächenbeschaffenheit, der Vorbehandlung und dem Werkstoff der Stangen abhängig. Uns kam es nur darauf an, die Glättung beim Richten zu zeigen. Hierfür wurden Stichproben aus verschiedenen Werkstoffen (s. Tafel 5.1) mit verschiedenartiger Rauheit in unterschiedlichen Maschinen unter üblichen Bedingungen gerichtet. Da beim Richten wegen der beteiligten Gleitung eine genaue Zuordnung von Werkzeug- und Werkstückfläche nicht möglich ist und die Werkzeuge zudem noch oft von dem Bedienungsmann von Hand nachgearbeitet werden, wurde auf die Messung der Walzenrauheit verzichtet. Aus dem Augenschein läßt sich jedoch erkennen, daß, sofern keine Anfressungen auftreten, ihre Rauheit (sie waren poliert) die Werkstücke nicht beeinflußt.

5.1.5.1 Walzrichten von gezogenen Stäben. Alle untersuchten Proben zeigten die erwarteten Oberflächenverbesserungen (Bild 86). Charakteristisch für die Glättung beim Richten ist die stärkere Abnahme der Rauhtiefe gegenüber dem integralen Maß der Glättungstiefe. Dies ist aus der Rauheitsart der gezogenen Oberfläche zu erklären, die glatt mit einzelnen Vertiefungen ist, so daß R_p klein und R_t groß ist. Bei einem Glattwalzen solcher Oberflächen werden hauptsächlich ihre „Tiefen" beeinflußt und weniger stark ihre Flächen. Vergleicht man daraufhin die bezogene Rauheitsänderung beim Richten gezogener Stangen von üblicher Rauheit mit der beim Ziehen und Weiterziehen (s. Abschn. 5.1.2.2), so tritt die unterschiedliche Umformung deutlich in Erscheinung:

$$\varrho_t \approx 0{,}5 \qquad \varrho_p \approx 0{,}3 \qquad \varrho_a \approx 0{,}4 \ .$$

Während hier die Rauhtiefe R_t am stärksten abnimmt, ist es dort die Glättungstiefe R_p.

Ist der Stab vor dem Richten *sehr rauh* und seine Profilform offen (s. Bild 86c), so stimmen die obengenannten Werte nicht mehr; die bezogene Rauheitsänderung liegt dann mit $\varrho_t = 0{,}84$, $\varrho_p = 0{,}87$ und $\varrho_a = 0{,}9$ in der Größenordnung der Änderungen beim Ziehen. Auch sinkt hier der räumliche Leeregrad von 0,14 auf 0,11, wohingegen er bei den anderen gerichteten Oberflächen von durchschnittlich 0,09 auf 0,14 steigt, das Profil also offener wird.

Es ist dies ein lehrreicher Hinweis auf die Übertragbarkeit unserer Walzbetrachtungen im Abschn. 4.

5.1.5.2 Walzrichten von abgespanten Stäben. Werden gesteigerte Ansprüche an die Oberflächengüte gestellt, so wird das Ziehgut abgespant, und zwar geschält (gedreht) oder geschliffen. Hierdurch entsteht eine gleichmäßige Rauheit, die frei von Walz- und Ziehfehlern ist. Werden solche Profile zwischen Walzen gerichtet, so werden auch sie glatter (s. Bild 87).

Der Vorgang erweist sich zugleich als ein Glattwalzvorgang (vgl. Abschn. 4.1). Die Änderung der Rauhtiefenmaße unterscheidet sich jedoch von der von umgeformten Oberflächen. Der Grund liegt in der verschiedenen Rauheitsart, da die abgespanten Oberflächen offen ($\lambda_p \approx 0{,}24$) und die umgeformten halboffen ($\lambda_p \approx 0{,}10$) sind. Bemerkenswert ist die gute Glättung der Oberfläche b, die wegen tiefer Fehler grob geschliffen worden war.

Beim Richten stellt sich nun ein annähernd gleicher Profil-Leeregrad von etwa $\lambda_p \approx 0{,}13$ ein, d. h. bei den abgespanten Oberflächen sinkt der Leeregrad, bei den umgeformten hingegen steigt er.

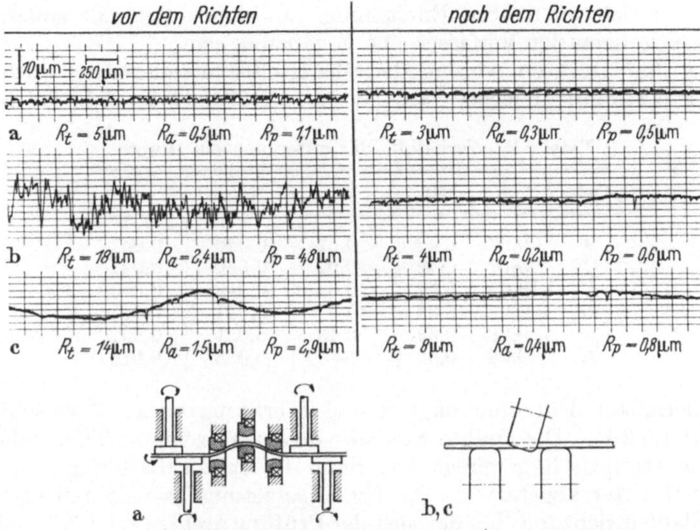

Bild 87. Oberflächenwandlung an abgespanten Stäben durch Richten
a) 8 mm ⌀ geschliffen; b) 16 mm ⌀ geschliffen; c) 30 mm ⌀ geschält
Tastung in Ziehrichtung; Maßzahlen sind arithmetische Mittel

5.2 Drahtziehen

Das Drahtziehen unterscheidet sich vom Stabziehen nicht nur durch die Abmessungen, sondern auch durch die Fertigungsbedingungen. Draht wird meist in mehreren hintereinander geschalteten Zügen umgeformt. Dabei ist die jeweilige Querschnittsabnahme je Zug größer als beim Stabziehen und die Ziehgeschwindigkeit liegt höher. Dies wirkt sich besonders in einer andersartigen Schmierung aus. Während man beim Stabziehen Grenzreibung annimmt, hat man beim Drahtzug einen hydrodynamischen Einfluß festgestellt.

Die verschiedenen Schmiermittel beeinflussen die Oberflächengestalt des Ziehguts wesentlich. Daher werden auch die Oberflächen handelsüblicher Stahldrähte (DIN 1653) nach den verwendeten Schmiermitteln und der Herstellungsart unterschieden, z. B.: trockenblank (durch konsistente Schmiermittel gezogen), naßblank (aus wässeriger Lösung gezogen), verkupfert usw. Hierdurch wird jedoch nur das Aussehen der Drähte, nicht aber die Rauhtiefe und die Art der Oberflächengestalt beschrieben. Auch die Art der Entzunderung, ob durch Strahlen,

Biegen oder Beizen, spielt eine Rolle. Wiederum waren es erst Messungen von LUEG und KRAUSE [*38*], die die Häufigkeitsverteilung der Rauheit an Stahldrähten beschrieben, die im Trocken-, Naß- und Schmierzug umgeformt worden waren. Sie betrachteten den Endzustand der Oberfläche, jedoch nicht ihre Entstehung. In dieser Hinsicht sollen die Untersuchungen der Verfasser eine Ergänzung sein.

An fünf Drähten wurden die Oberflächenveränderungen von Zug zu Zug bestimmt. Hierbei waren Werkstoff (Tafel 5.2), Zahl der Züge,

Tafel 5.2. Werkstoffe der untersuchten Drähte

Probe	C	Mn	Si	P	S
A	0,07	0,42	<0,02	0,050	0,047
C	0,07	0,42	<0,02	0,050	0,047
E	0,05	0,52	<0,02	0,049	0,046
D	0,05	0,33	<0,02	0,041	0,047
M	0,78	0,59	0,18	0,021	0,032
K	0,08	0,50	—	0,028	0,012

Schmiermittel, Entzunderungsart und Werkzeugverschleiß verschieden (s. Tafel 5.2.1). Die Drähte wurden vor der Messung in Trichlorätylen und elektrolytisch gereinigt und dann in axialer Richtung mit dem Perth-O-Meter abgetastet. Die Umfangstastung geschah mittels einer Rundlaufeinrichtung, bei der sich der Prüfling drehte (vgl. [*32*]) und das Tastsystem des Perth-O-Meters (TK 25) stillstand. In der Zusammenstellung der Profilschriebe wird jedoch jeweils nur ein kennzeichnender Ausschnitt aus der Aufzeichnung entsprechend der Länge der Axialschriebe gegeben.

Der geringe Umfang dieser Untersuchungen gestattet noch keine Verallgemeinerungen über die unter verschiedenen Fertigungsbedingungen erreichbare Oberfläche von Drähten. Wir beschränken uns auf einige typische Erscheinungen bei Drahtziehen im Sinne einer Ergänzung unserer Untersuchungen über Stabziehen. Daher legten wir das Schwergewicht auf die Veränderung der Rauheit in den einzelnen Umformstufen.

5.2.1 Rauheitsart der gezogenen Drahtoberfläche

Für die Drahtoberfläche trifft sinngemäß dasselbe zu, was in Abschn. 5.1 über die gezogenen Stäbe gesagt wurde. Jedoch entsteht bei den Drähten infolge der größeren Umformung eine Richtungsabhängigkeit der Rauheit. Die ungerichtete Oberfläche der warmgewalzten und entzunderten Ausgangsform wird in Umfangsrichtung gestaucht und in axialer Richtung gestreckt, und zwar mehr als beim Stabziehen. Aus diesem Grunde sind die gezogenen Drähte in Umfangsrichtung „feinzackiger" und rauher. Ziehriefen treten jedoch nicht auf, sofern das Werkzeug nicht beschädigt ist. Es handelt sich vielmehr um aufgefaltete und gestreckte porenartige Vertiefungen, wobei die dem Auge sichtbaren Ziehspuren gewöhnlich klein gegenüber dieser Grundrauheit sind (vgl. Bild 29).

Fehler, die ihre Entstehung in der warmgewalzten Ausgangsform haben, können sich in nicht geglätteten Poren, umgelegten Schalen, Abblätterungen von Überwalzungen, Zundereindrücken u. a. m. auswirken.

5.2.2 Veränderungen der Rauheit nach Art und Größe

Ähnlich wie beim Stabziehen wird die Rauheit der gewalzten und entzunderten Drähte [9] der Art und der Größe nach verändert.

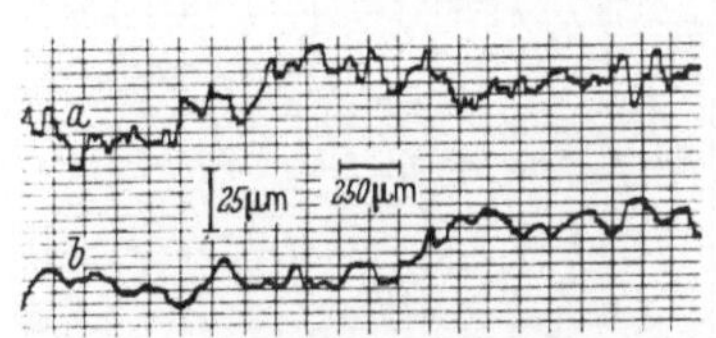

Bild 88. Oberfläche eines Walzdrahtes für Kugellagerstahl in Umfangsrichtung gemessen *a* gebeizt; *b* mit Drahtkorn abgestrahlt; Rauhtiefe bei *a* und *b* $R_t \approx 25$ μm nach Abzug der Welligkeit (nach BLEILÖB und BORN [6])

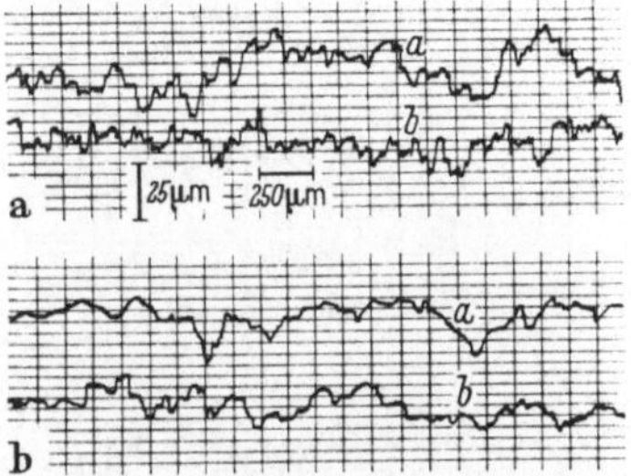

Bild 89. Rauhprofile gemessen entlang dem Umfang von Walzdraht aus Kugellagerstahl nach Abstrahlzeiten von 2 min und 6 min Oben: 2 min abgestrahlt, *a* außen $R_t \approx 25$ μm, *b* innen $R_t \approx 20$ μm; unten: 6 min abgestrahlt, *a* außen $R_t \approx 25$ μm, *b* innen $R_t \approx 20$ μm (R_t nach Abzug der Welligkeit) (nach BLEILÖB und BORN [6])

Die Beschaffenheit der entzunderten Drähte haben BLEILÖB und BORN [6] beobachtet. Ihrer Arbeit sind die Bilder 88 und 89 entnommen, aus dem ersteren geht hervor, daß eine mit Drahtkorn bestrahlte Fläche sich von einer gebeizten zwar in ihrem Charakter wesentlich unterscheidet, kaum aber in den Rauhtiefen. Jedes Drahtkorn (frisch 0,6 mm ⌀, 160—180 kp/mm² Festigkeit) flacht örtlich etwaige feine Rauhberge ab, während gerade solche beim Beizen entstehen.

Natürlich ist die *Dauer* des Abstrahlens von Einfluß, wie am Bild 89 der genannten Verfasser zu sehen ist. In diesem Bild ist noch eine andere Erscheinung berücksichtigt. Der gewalzte Draht wird nämlich im Ring abgestrahlt, daher ist der Abstrahlungseinfluß, über den Drahtumfang gesehen, ungleich. Im Bild sind deswegen je die Rauhprofile an zwei einander gegenüberliegenden Stellen (Außenseite und Innenseite des Drahtes) dargestellt; der Unterschied ist beträchtlich (s. a. [63]).

Die Wandlung der beiden Oberflächen, der abgestrahlten und der gebeizten, durch das Ziehen ist dieselbe; die rauhe, offene und ungeordnete Oberfläche wird zu einem geglätteten, halboffenen und gerichteten Rauheitsprofil umgeformt. Hierdurch ändert sich der räumliche Leeregrad λ_r von durchschnittlich 0,65 bei $R_t = 30\,\mu$m auf 0,37 bei $R_t = 9\,\mu$m. Die Bilder 90—92 veranschaulichen das Typische dieses Vorgangs. Die durch das Ziehen entstandenen Oberflächen sind nun aber durchaus nicht gleichartig. Es bestehen Unterschiede zwischen einem naß und einem trocken gezogenen Draht (vgl. Bild 90 u. 92).

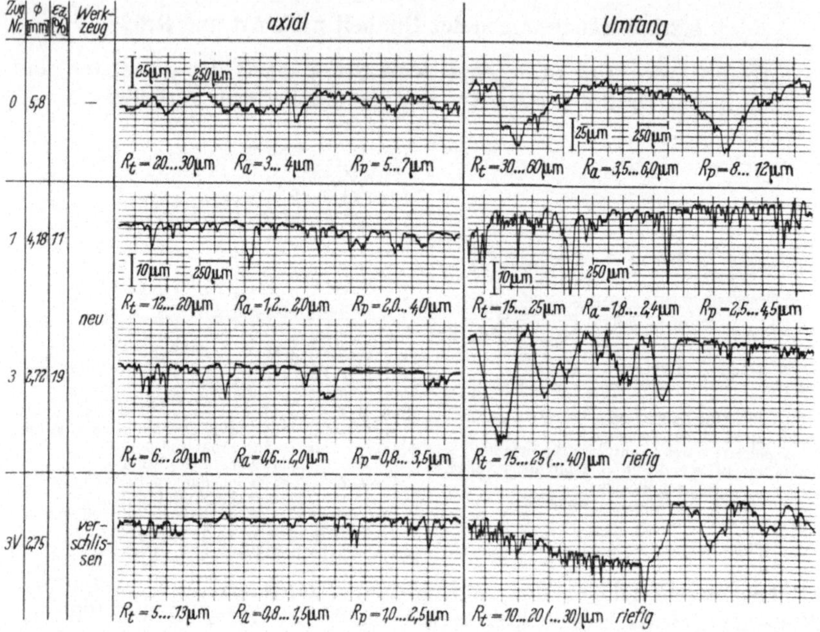

Bild 90. Oberfläche eines gebeizten Drahtes (*D*) nach dem Ziehen; Schmiermittel: Al-Stearat

Auch ist der Unterschied der Ausgangsrauheitsart — abgestrahlt oder gebeizt — von gewissem Einfluß. Auch Drähte annähernd gleicher Rauhtiefe können in der Form des Rauhprofils verschieden sein (vgl. Bild 91 u. 92). Ein Vergleich der Umfangsrauheit von Bild 91 mit den anderen Bildern weist auf den günstigen Einfluß eines gut geglätteten Ziehhols hin.

Die Angaben in Tafel 5.2.1 lassen alle Einflüsse erkennen, die der Fachmann zu deuten weiß. Wir meinen, daß gerade die weitgehenden Verschiedenheiten für das Drahtziehen typisch sind. Allen gemeinsam ist jedoch die große Streuung der Rauhmaße, besonders über den Um-

fang der Drähte, die mit steigender Umformung wachsende Einebnung
und Richtungsabhängigkeit der Rauheit, sowie die starke Beeinflussung
der Oberfläche durch Riefenbildung. Trotzdem lassen sich bei der geringen Zahl der Versuche keine allgemeingültigen Ergebnisse angeben.
Wir teilen die Ansicht von BLEILÖB und BORN [6], daß noch viele
eingehende Untersuchungen vonnöten sind, bevor man allgemeingültige
Angaben machen kann.

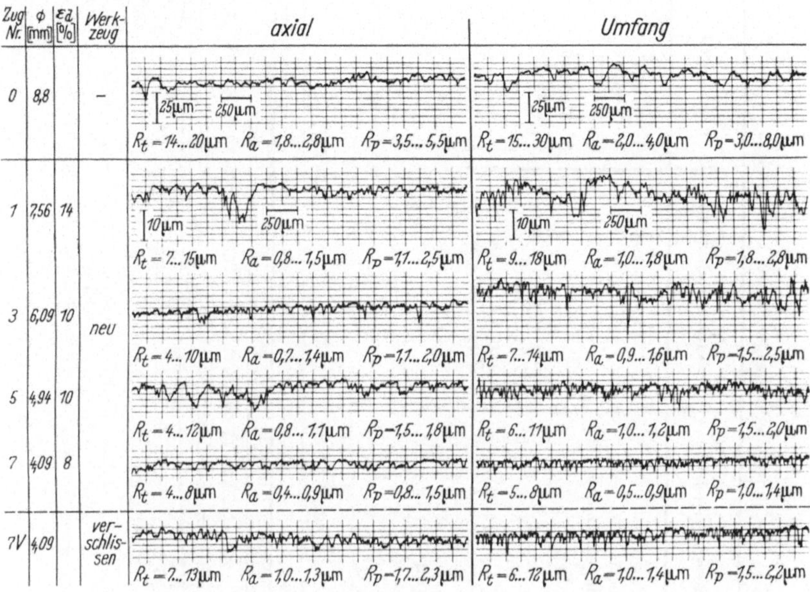

Bild 91. Oberfläche eines gebeizten Drahtes (*M*) nach dem Ziehen; Schmiermittel: Candelith
1—7 = Züge mit neuem Werkzeug, *7 V* = 7. Zug mit verschlissenem Werkzeug

Immerhin läßt sich über alles gesehen der Abfall der Rauheit mit
steigender Formänderung aufzeigen. Dies geht aus den Bildern 93a
und b hervor, in denen die Änderungen der Meßgrößen (Längs- und
Querrauheit gemittelt, da Unterschiede gering) in Abhängigkeit von der
Durchmesserabnahme aufgetragen sind. Die Linienzüge liegen zwischen
einer Geraden (Probe A) und einer Kurve (Probe M). In dem verschiedenartigen Verlauf der Kurven äußern sich die unterschiedlichen
Fertigungsbedingungen.

Wie schwierig eine Deutung der Ergebnisse ist, ergibt sich z. B. aus
dem Verlauf der Rauheitsänderungen bei den Drähten A und C. Bei
sonst gleichen Fertigungsbedingungen (Entzunderung durch Strahlen,
Schmierung, Art und Größe der Ausgangsrauheit) wird die gleiche

Tafel 5.2.1 Fertigungsbedingungen beim Drahtziehen

Probe	Züge-zahl	Durchmesserabnahme von mm	auf mm	ε_F %	Ausgangsoberfläche	Oberflächenbehandlung	Schmiermittel	Ziehmenge (gemessen vor oder nach Umf.) (m) · 10¹	(t)
A	3	5,6	2,8	75	gestrahlt		Al-Stearat	41	2
C	3	5,5	3,4	62	gestrahlt		Al-Stearat	168	12
E	2	5,5	3,9	50	biegeentzundert		Al-Stearat	104	9,7
D	3	5,8	2,7	78	gebeizt		Al-Stearat	98	4,4
M	7	8,8	4,1	78	,,	phosphatiert gekälkt	Candelith ¹	275	28,5
K	3	5,6	4,0	50	,,	1. Zug Ziehfett 2. Zug Cu-Sulfat 3. Zug Bierhefe		12	1,2

¹ = 50 % Kalk, 50% Fettmischsäuren

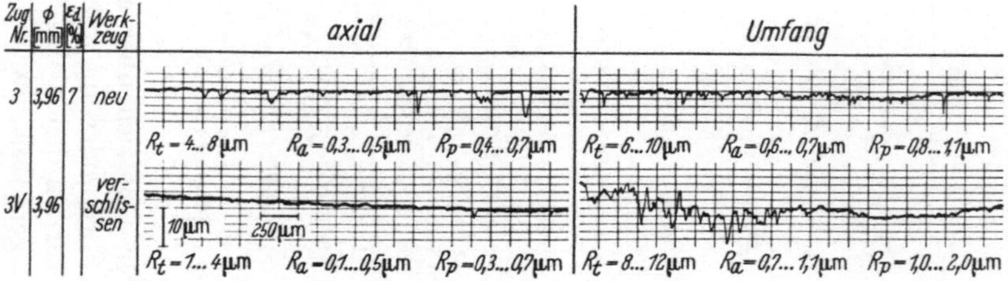

Bild 92. Oberfläche eines gebeizten Drahtes (K) nach dem Ziehen; Schmiermittel: Ziehfett — trocken — hefeblank
3 = 3. Zug mit neuem Werkzeug, 3 V = 3. Zug mit verschlissenem Werkzeug

Rauheitsabnahme bei verschiedenen Durchmesserabnahmen (A: 25%, C: 4%) erreicht, ohne daß hierfür eine hinreichende Erklärung gegeben werden kann. Mit Vorbehalt glauben indes die Verfasser folgendes aus den Messungen schließen zu dürfen:

1. Eine geringe Ausgangsrauheit wirkt sich günstig auf die Endrauheit aus (Beispiel hierfür ist Probe M). Bei gleicher Ausgangsrauheit und gleichen Fertigungsbedingungen scheinen gestrahlte Drähte eine geringere Endrauheit aufzuweisen als gebeizte (Drähte A, C gegenüber D). Eine mögliche Ursache hierfür könnte in der Auffaltung von steilen Rauheitsformen (Beizstellen) liegen.

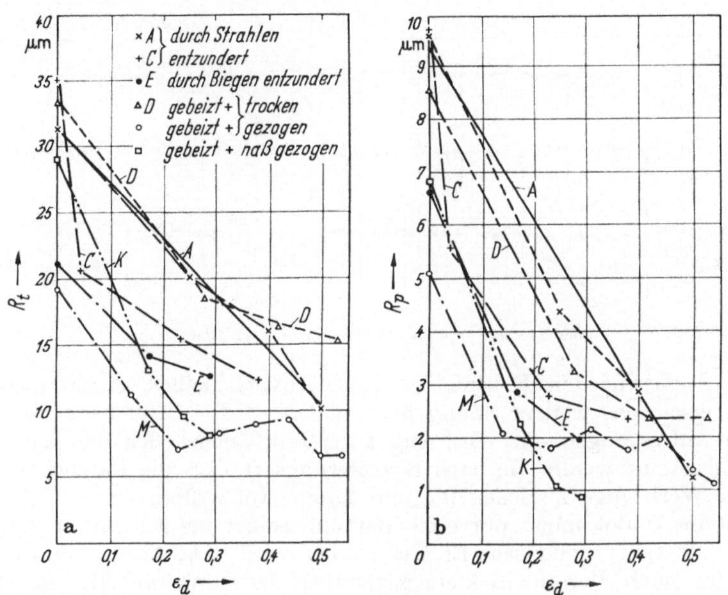

Bild 93. Änderung der Rauhtiefe und der Glättungstiefe bei verschiedener Vorbehandlung und Schmierung

2. Die Schmierung wirkt sich sehr stark aus. Bei den untersuchten Drähten trat absolut und relativ die größte Glättung bei der naßgezogenen Probe K ein. Die trockengezogenen Drähte verhalten sich einander ähnlich, wobei allerdings Probe M eine Ausnahme macht. Hierfür dürfte der Grund in der andersartigen Vorbehandlung (phosphatiert und gekalkt) liegen.

Diese Ergebnisse decken sich mit den Messungen von LUEG und KRAUSE [38], bei denen auch die naßgezogenen Drähte die geringsten Rauheiten aufweisen ($R_t \approx 5\,\mu$m Naßzug, $R_t \approx 16\,\mu$m Trockenzug).

8*

3. Vergleicht man die bezogene Rauheitsänderung $\varrho = \dfrac{\varDelta R}{R_0}$ für Draht- und Stabziehen, so erkennt man den großen Einfluß der Fertigungsbedingungen. Trotz größerer Formänderung verändert sich nämlich beim 1. Drahtzug (Ausgangsoberfläche gebeizt) die Rauheit weniger stark als beim Stabziehen:

$$Draht: \quad \varepsilon_F \approx 0{,}35 \qquad\qquad Stab: \quad \varepsilon_F \approx 0{,}15$$

$$\varrho_t \approx 0{,}4 \quad \varrho_p \approx 0{,}6 \qquad\qquad \varrho_t \approx 0{,}7 \quad \varrho_p \approx 0{,}85.$$

Hier wirken sich besonders die unterschiedlichen Werkzeugformen, Schmiermittel und Ziehgeschwindigkeiten aus.

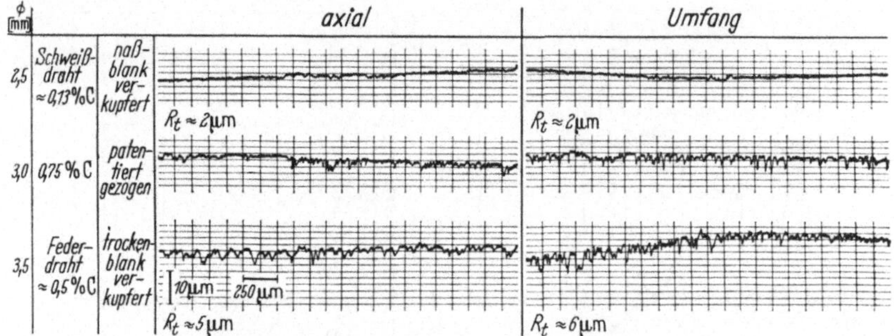

Bild 94. Sehr gute Oberflächen an gezogenen Drähten

4. Auch auf den Einfluß des Ziehsteinverschleißes sei ein kurzer Blick geworfen, weil er häufig überschätzt wird. Wenn beim Ziehen keine Anfressungen am Werkzeug auftreten, ändert sich die Rauheit der Ziehsteine wenig. Je nach Bearbeitungsart liegt die Rauhtiefe der neuen Werkzeuge zwischen 0,5 und 2 μm. Im zylindrischen Teil des Ziehsteins findet meist nur eine Glättung seiner ursprünglichen Oberfläche statt, während sein Einlauf rauher wird. Die Werkzeugrauheit ist auch nach Verschleiß klein gegenüber der Drahtrauheit. An den Drähten ist daher kein wesentlicher Unterschied zu erkennen, seien sie mit neuem oder mit altem Werkzeug gezogen, sofern nicht durch Aufschweißungen am Ziehstein Riefen am Draht eintreten (z. B. Draht K Bild 92) oder der Stein unrund und der Draht hierdurch ungleichmäßig umgeformt wird. Auch wenn ein Ziehstein durch Verschleiß zu groß geworden ist, wird der Draht nicht so stark umgeformt und dadurch seine Oberfläche weniger geglättet.

So scheint es, daß im allgemeinen nicht die Verschlechterung der Drahtoberfläche das Verschleißkriterium bildet, sondern der Maß- und Formfehler des Drahtes.

Die soeben beschriebenen Beobachtungen lassen die verschiedenen Einflüsse erkennen. Jedoch ist damit noch nicht die günstigste Kombination von Werkstoff samt Ausgangsrauheit, Werkzeug, Schmierung, Querschnittsabnahme, Ziehgeschwindigkeit usw. festgestellt. Einige Beispiele aus verschiedenen Fertigungen (Bild 94) zeigen, daß man heute schon bis auf Rauhtiefen von 2—3 μm herunterkommt. Diese lassen sich bereits mit geschliffenen Flächen vergleichen. Es dürfte sich daher wohl lohnen, diese Frage weiter zu untersuchen.

6. Kaltfließpressen

Unter Kaltfließpressen versteht man die Umformung von Rohlingen, z. B. Scheiben und Stangenabschnitten oder Vorpreßlingen, zu Körpern verschiedener — vorwiegend achssymmetrischer — Form, derart, daß der Werkstoff bei Raumtemperatur durch Druck eines Stempels durch eine Öffnung eines im übrigen geschlossenen Hohlraums verdrängt wird. Das bedeutet, daß der Querschnitt verringert wird.

Das Kaltfließpressen wird vornehmlich in drei Arten ausgeübt (Bild 95):

a) Verdrängen durch eine Öffnung, die die Achse enthält; aus dem Rohling entsteht ein Schaft. Da bei diesem Verfahren der Stoff i. a. in der Richtung der Stempelbewegung verdrängt wird, heißt es *Vorwärts-Voll-Fließpressen*[1] (Bild 51a).

b) Verdrängen eines vollen Rohlings durch eine ringförmige Öffnung; es entsteht ein Napf. Da bei diesem Verfahren der Stoff i. a.

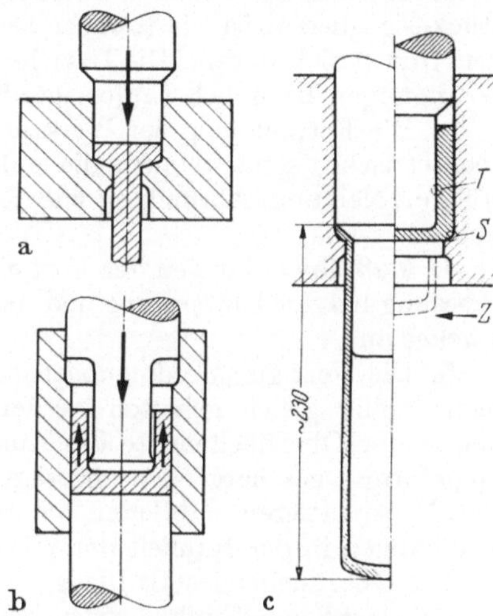

Bild 95. Verfahren des Kaltfließpressens
a) Vorwärts-Voll-Fließpressen;
b) Rückwärts-Napf-Fließpressen;
c) Vorwärts-Hohl-Fließpressen

entgegen der Richtung der Stempelbewegung fließt, heißt es häufig *Rückwärts-Napf-Fließpressen*[1].

c) Verdrängen eines hohlen Rohlings durch eine ringförmige Öffnung; es entsteht ein Napf (Rohr) mit verringerter Wanddicke und vergrößerter Länge. Dieses Verfahren heißt auch Neumeyer- oder Hookerverfahren; neuerdings wird dafür „*Vorwärts-Hohl-Fließpressen*" vorgeschlagen.

---

[1] Diese Verfahren können auch in kinematischer Umkehrung ausgeführt werden.

Das Kaltfließpressen wird immer mehr an Stelle des Abspanens angewandt, weil es drei Vorteile vereinigt: Stoffersparnis, Kaltverfestigung, verhältnismäßig hohe Maßgenauigkeit [13, 14].

Für viele fließgepreßte Teile ist auch die Oberflächenbeschaffenheit von Bedeutung; z. B. wird für Gleitflächen eine geringe Rauheit mit einem hohen Traganteil gewünscht; für Sichtflächen ist die Gleichmäßigkeit der Rauheit wichtiger als ihre absolute Größe.

Bei der Beurteilung der Oberflächengestalt fließgepreßter Werkstücke ist folgendes zu beachten [31]:

1. Das Fließpressen wird häufig in Verbindung mit anderen Umformverfahren angewendet (z. B. Stauchen, Lochen, Abstrecken, Einziehen usw.). Es muß also auch die Oberflächenwandlung bei den vorbereitenden und den anschließenden Fertigungsstufen berücksichtigt werden.

2. Je mehr die Gestalt eines durch Fließpressen hergestellten Werkstückes gegliedert ist, desto mehr Teilflächen mit unterschiedlicher Rauheit finden sich daran. Die Ursache liegt in unterschiedlichen Umformbedingungen bezüglich Umformgrad, Gleitung, Schmierung usw.

3. Die Formgebung der Werkzeuge beeinflußt nicht nur die makrogeometrische, sondern auch die mikrogeometrische Gestalt der Werkstücke. Neigung, Abrundung und Rauheit der Werkzeugflächen wirken sich stark aus.

4. Maßschwankungen der Vorform wirken sich auf die Gleitung und Pressung bei der Umformung und damit auch auf die Rauheit des Werkstückes aus.

5. Die Fertigungsbedingungen selbst innerhalb eines Loses können nicht völlig gleich gehalten werden. Abgesehen von Ungleichmäßigkeiten der Oberflächengüte des Ausgangswerkstückes (kalt oder warm umgeformt, geschert oder abgesägt), können Unterschiede beim Beizen, Phosphatieren und Schmieren auftreten; dementsprechend sind Abweichungen in der Rauheit der Werkstücke untereinander möglich.

Die Oberflächengestalt fließgepreßter Werkstücke wird somit durch eine Vielzahl von Einflußgrößen bestimmt. Daher weisen durch Fließpressen entstandene Flächen eine große Streuung der Rauheit auf. Um bei unseren Versuchen die Rauheitswandlung auf den fließgepreßten Werkstücken besser verfolgen zu können, verwandten wir neben den Teilen der normalen Fertigung Ausgangsformen mit definierter Oberflächenrauheit. An Stelle der gewalzten und abgesägten Stangenabschnitte wurden durch Drehen (der Mantelfläche) und durch Schleifen und Hobeln (der Stirnfläche) Proben unterschiedlicher Rauheit hergestellt.

	Mantelfläche		Stirn- und Bodenfläche	
Probe a	$R_t \approx 6\ \mu\mathrm{m}$		$R_t \approx 1\ \mu\mathrm{m}$	geschliffen
Probe b	$R_t \approx 20\ \mu\mathrm{m}$	gedreht	$R_t \approx 25\ \mu\mathrm{m}$	gehobelt
Probe c	$R_t \approx 85\ \mu\mathrm{m}$		$R_t \approx 125\ \mu\mathrm{m}$	

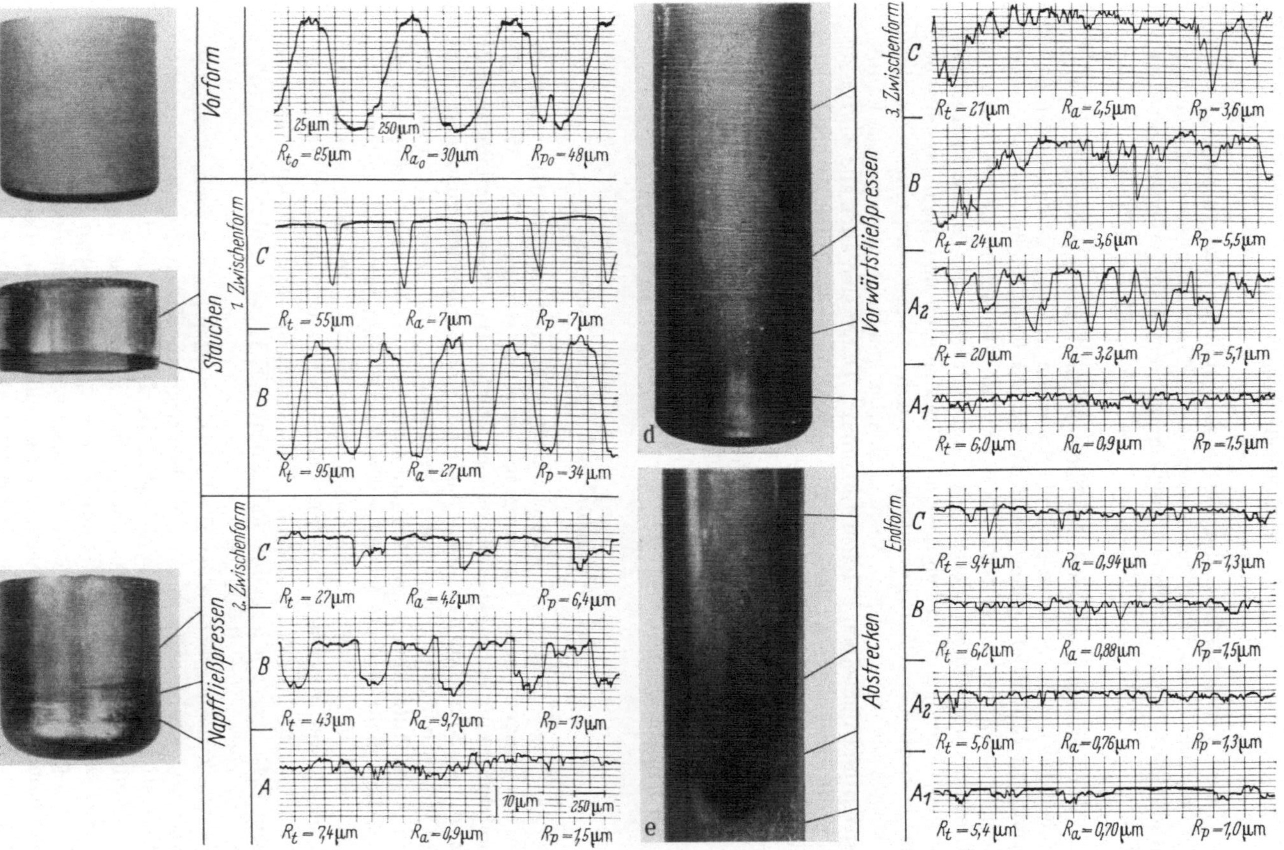

Bild 96. Wandlung der Ausgangsrauheit beim Fließpressen (umgeformte Werkstücke *nach* Ablösen der Phosphat-Schmierstoffschicht in axialer Richtung gemessen)

Diese Versuchsstücke durchliefen den üblichen Fertigungsgang. An der regelmäßigen Oberfläche lassen sich Rauheitsänderungen leichter feststellen; es ist außerdem möglich, an den Lageveränderungen der Dreh- und Hobelrillen Größe, Art und Richtung der örtlichen Verformungen zu erkennen.

Wir verfolgen an Hand des Bildes 96 nacheinander das dem eigentlichen Fließpressen vorausgehende Stauchen in einem geschlossenen Gesenk, das Napf-Fließpressen und das Vorwärts-Hohl-Fließpressen zu einem langen Hohlkörper. Darauf lassen wir, um die Wirkung einer weiteren Umformstufe kennenzulernen, die Beobachtung eines Abstreckvorgangs folgen. Die dem Bild beigegebenen Draufsichten und Rauheitsschriebe machen die Oberflächenwandlung deutlich. Damit wird eine „Oberflächengeschichte" in einem Ausmaß sichtbar gemacht, wie es sonst kaum an ein und denselben Flächen vorkommt. Daher sind auch alle Einflüsse auf die Oberfläche in den verschiedenen Fertigungsstufen dargelegt, so daß wir glauben, auf das einfache Vorwärts-Voll-Fließpressen verzichten zu können.

Wir haben Stahl gewählt, da er zwecks Ersatzes stählerner abgespanter Werkstücke eine zunehmende Bedeutung für das Kaltfließpressen gewinnt. Unsere Beobachtungsergebnisse lassen sich unschwer auf Nichteisen-Metalle übertragen.

6.1 Werkstoff und Vorbehandlung

Soll das Fließpressen wirtschaftlich sein, so müssen in den einzelnen Arbeitsgängen hohe Umformgrade erreicht werden. Der Werkstoff soll daher eine hohe Dehnung haben. Der mittlere Korndurchmesser soll zwischen 20 und 50 μm liegen, das Korn selbst möglichst rund sein. Ein zu feines Gefüge erfordert hohe Umformkräfte, ein grobes Korn ruft eine zu große Aufrauhung am Werkstück hervor. Verwendet werden hauptsächlich nicht legierte Stähle mit einem Kohlenstoffgehalt unter 0,4%, Schwefel unter 0,06%, Phosphor unter 0,04% und Stickstoff unter 0,01%. Der Werkstoff soll frei von Einschlüssen, Lunkern, Gasblasen, Seigerungen, Überwalzungen, Einwalzungen und Spannungsrissen sein [14]. Im vorliegenden Fall wurde CK 14 verwendet (C = 0,16%, S = 0,026%; P = 0,004%).

Die Zwischenformen der Werkstücke werden meist zwecks Rekristallisation geglüht. Hierdurch wird die durch die Kaltumformung bewirkte Verfestigung beseitigt, zugleich wird die Beizdauer verringert.

Kennzeichnend für das Fließpressen ist der hohe Umformgrad und das Gleiten des Werkstoffes am Werkzeug unter großem Druck. Um die Reibung zu vermindern und Anfressungen zu vermeiden, muß ein zusammenhängender Schmierfilm ausgebildet werden, der während der Umformung nicht abreißt. Daher wird auf die saubere Werkstückoberfläche (entfettet und gebeizt) eine Schmiermittel-Trägerschicht aufgebracht, z. B. eine Phosphatschicht. Da sie „porös" ist, haftet ein Schmiermittel gut auf ihr. Gleichzeitig verhindert die Phosphatschicht eine metallische Berührung zwischen Werkstück und Werkzeug. Die Schicht ist mit der Werkstückoberfläche fest verbunden und nimmt an der Umformung des Werkstücks teil. Bei der Rauheitsmessung muß daher unterschieden werden, ob man sie auf der Phosphatschicht oder auf der metallischen Oberfläche vornimmt. Die Dicke der Phosphatschicht ($5-15\,\mu$m) wächst mit der Phosphatierungsdauer, übersteigt jedoch nicht einen bestimmten Grenzwert [42, 81].

Durch Beizen und Phosphatieren wird eine ursprünglich glatte Oberfläche rauh. Dies zeigt Bild 97 an einer geschliffenen Fläche. Auf

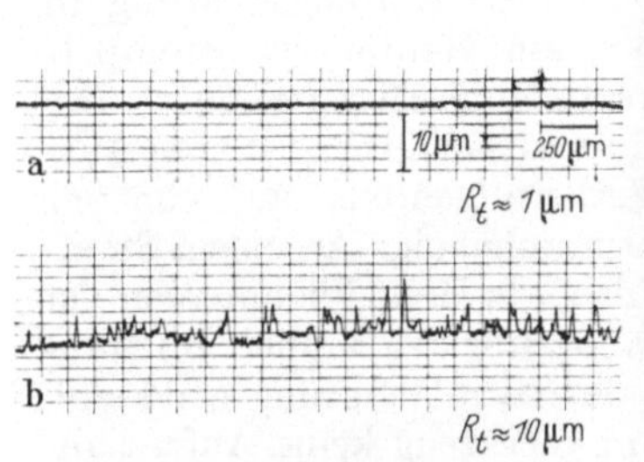

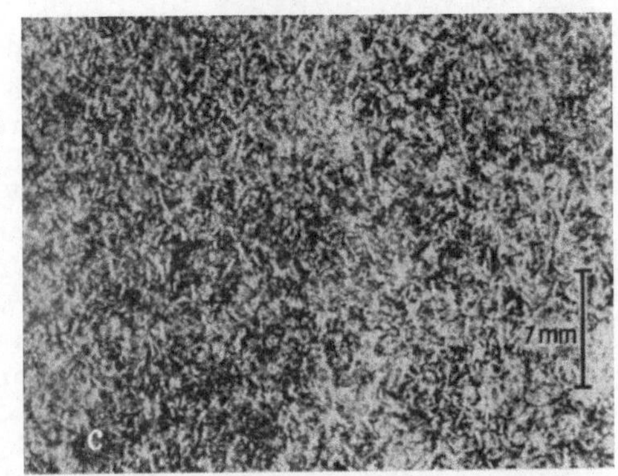

Bild 97. Einfluß von Beizen und Phosphatieren
a) geschliffen; b, c) geschliffen, gebeizt und phosphatiert

der feinbearbeiteten Oberfläche ist der Charakter der kristallinen Phosphatschicht (c) deutlich sichtbar. Die Rauheitsänderung ist bei glatten Oberflächen prozentual am größten, bei rauhen Oberflächen fällt sie meist in den Streubereich der Rauheit. Eine rauhe Oberfläche (durch Abstrahlen erzeugt) soll die Ausbildung von feinkristallinen Phosphatschichten begünstigen, während auf glatten Oberflächen sich grobkristalline Schichten bilden [42]. Die Aufrauhung kann für die letzten Stufen der Fertigung bedeutsam werden, da hier die Rauheit des Werkstückes bereits klein ist und die anschließende Umformung nicht alle Bereiche des Werkstückes erfaßt, gewisse Stellen also nicht geglättet werden, sondern rauh bleiben.

Die phosphatierten Werkstücke werden gewaschen und dann „geseift". Als Schmiermittel werden polare Stoffe verwendet, z. B. Natron- oder Kalkseifen der Öl-, Stearin- oder Naphthensäure. Diese Stoffe werden auf der Oberfläche der Metallphosphatkristalle chemisch absorbiert. wobei wasserabstoßende Metallseifen gebildet werden. Zusätzlich findet sich auf der Oberfläche noch mechanisch gebundene Natronseife.

Nach einer kurzen Trockenzeit sind die Stücke zur Umformung bereit. Die Dicke der aufgebrachten Seifenschicht ist von der Tauchzeit und der Badtemperatur abhängig. Diese Schicht ist nicht fest, sie läßt sich abwischen.

6.2 Oberflächengestalt der Werkzeuge

Die Werkzeuge zum Fließpressen werden meist poliert. Nach Gebrauch zeigen sie die Veränderung der Rauheitsrichtung von der Bearbeitungs- zur Fließrichtung. Das kann einmal die Umbildung von ringförmigen Polierrillen in radial verlaufende Verschleißriefen sein, wie bei einem Stauchstempel (s. Bild 98a, b), oder die Wandlung von Rillen in Umfangsrichtung in axiale Riefen am Mantel des Stempels zum Vorwärts-Hohl-Fließpressen. Die Größe der Rauheitsänderung ist vom Ausmaß des Werkstoffgleitens und von der Werkzeugform abhängig. An einem Stempel zum Vorwärts-Hohl-Fließpressen ist z. B. die Veränderung der Rauheit am Mantel groß, an der Stirnfläche hingegen klein.

Sofern am Werkzeug keine Anfressungen auftreten, ist seine Rauheit klein gegenüber der des umgeformten Werkstückes. Berücksichtigt man nur die Werkstückoberfläche, so würde an Stelle der polierten Werkzeugoberfläche auch eine feingedrehte oder geschliffene Oberfläche genügen. Natürlich bleibt zu prüfen, ob dadurch der Verschleiß der Werkzeuge so ansteigt, daß die ersparten Polierkosten bald aufgezehrt würden.

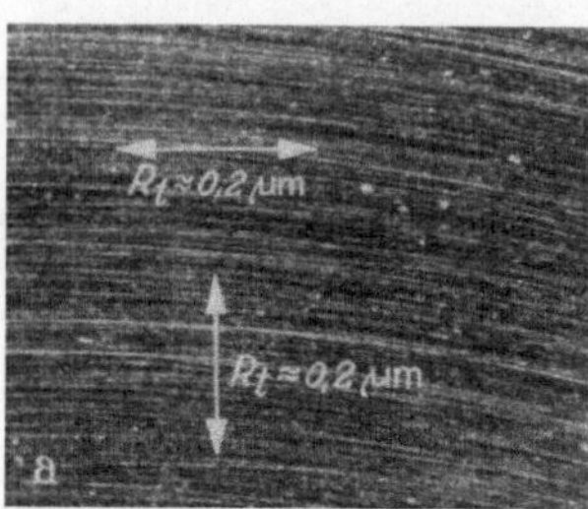
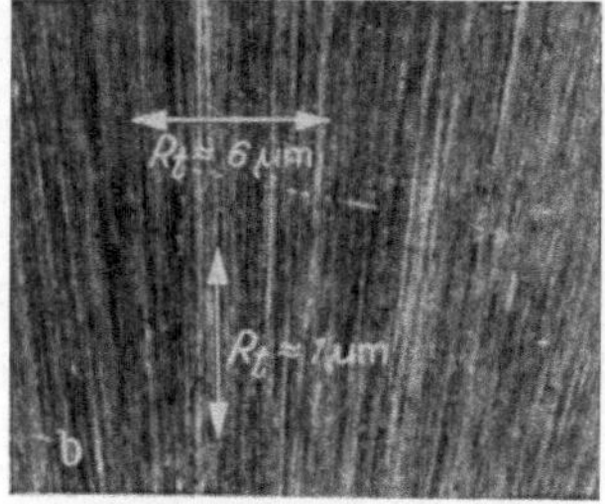

Bild 98.
Änderung der Rauheitsrichtung an der Stirnfläche eines Stempels zum Napf-Fließpressen
a) Werkzeug neu, Polierrillen;
b) Werkzeug nach 7000 Pressungen, Rillen in Fließrichtung

6.3 Oberflächenänderungen beim Stauchen

Im Wege unserer Verfahrensanalyse verfolgen wir nun an Hand des Bildes 96 die mannigfachen Oberflächenwandlungen von Stufe zu Stufe. Zuerst erfolgt häufig das Stauchen der abgescherten oder abgesägten Stangenabschnitte, da die gewalzten Stangen im Anlieferungszustand zu große Durchmesserschwankungen aufweisen und die Stirnflächen uneben sind. Die Vorform zum Fließpressen soll nämlich stets gleichen Durchmesser haben, damit das Stück möglichst genau mittig im Werkzeug sitzt, was für die Mittigkeit von Höhlung und Mantel wichtig ist. Der

Rohling wird daher in einem besonderen geschlossenen Gesenk um etwa 36% gestaucht, bis er sich an dessen Wand anlegt. Bei diesem Umformvorgang ändert sich die Rauheit des Werkstückes an den Stirnflächen und an der Mantelfläche. Einige Besonderheiten der Oberflächengestalt fließgepreßter Teile lassen sich nur aus diesem ersten Fertigungsvorgang erklären.

Da die Abschnitte nicht gleiche Längen und Durchmesser aufweisen, muß, wenn man eine Kurbelpresse benutzt, ihre Hublage nach dem Bolzen mit dem größten Volumen eingestellt werden. Daher legt sich bei der Mehrzahl der Werkstücke der Mantelwerkstoff nur teilweise an die Matrizenwand an (s. Bild 96b). Hier wird die Rauheit trotz Auffaltung infolge des Gleitens an der Werkzeugwand geglättet. In der Nähe der oberen und unteren Kante berührt der Werkstoff die Matrizenwand nicht. Das hat zur Folge, daß hier die Rauheit des Rohlings infolge freier Umformung vergrößert wird. Diese große Rauheit ist noch bei allen folgenden Fertigungsstufen sichtbar, und oft gelingt es nicht mehr, sie zu beseitigen. Es ist daher wichtig, daß die Oberfläche des Walzgutes frei von Walzfehlern und tiefen Zundereindrücken ist.

An der Stirn- und Bodenfläche wird die Rauheit des Preßlings durch das Stauchen ($\varepsilon_h = -0{,}36$) verringert. Betrug sie an der Sägefläche $R_t \approx 45\ \mu$m, so sank sie durch das Stauchen auf $R_t \approx 25\ \mu$m.

6.4 Oberflächenänderungen beim Napf-Fließpressen

Wird das gestauchte Werkstück zu einem Napf umgeformt, so verändert sich der Außendurchmesser nur wenig (s. Bild 96c). Die Umformung an Außen- und Innenwand ist verschieden. Die größte Umformung tritt innen auf, da sich hier die Stirnfläche des Rohlings zur Innenfläche des Napfes vergrößert, die aus Innenzylinder und Bodenfläche besteht. Unsere Beobachtungen haben uns darüber belehrt, daß kein Werkstoff an der Mantelfläche ,,hineingezogen" wird. Die Außenfläche des Napfes hingegen entsteht aus der Mantelfläche der Vorform und einer Teilfläche, die entlang der Matrizenrundung vom Boden des Rohlings an an den Mantel gleitet.

Auch die Kornverformung läßt die makrogeometrische Veränderung der Oberfläche erkennen. Wie man in Bild 99 sieht, weisen Innen- und Außenwand sowie verschiedene Querschnitte unterschiedlich gestrecktes oder gestauchtes Gefüge auf. Die Grobkornzone läßt sich aus den vorangegangenen Arbeitsgängen des Stauchens und des Rekristallisationsglühens erklären (kritische Verformung der Bodenfläche).

Diese Oberflächenveränderungen haben auch ihre heuristische Bedeutung; man kann daraus viel über den Umformvorgang erfahren, weil sie bekannte Beobachtungen an Netzen in Meridianschnitten ergänzen. Das zeigt sich u.a., wenn man die Veränderung des Rillenabstandes im

Teil B und C der Mantelfläche des Napfes durch den Umformvorgang
betrachtet. In Bild 100 sind diese axialen Dehnungen, die entlang der
Mantellinie gemessen wurden, aufgetragen. In der Mitte ist die Dehnung
viel größer als oben und unten, denn oben ist der Stoff ohne große Flä-
chenveränderung durch die Ringdüse herausgeschoben, während unten
die Rillen durch den nachfolgenden Werkstoff an der axialen Dehnung
gehindert werden (vgl. Bild 96c).

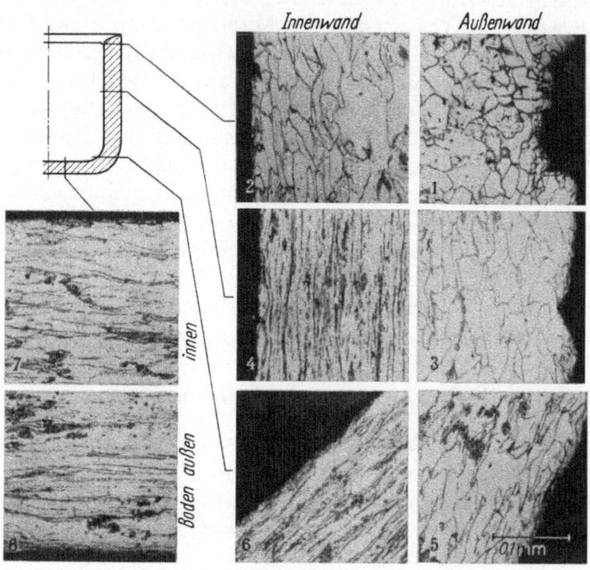

Bild 99. Kornverformung beim Napf-Fließpressen.
1, 3, 5: an Außenwand; 2, 4, 6: an Innenwand;
7: an Boden innen; 8: an Boden außen

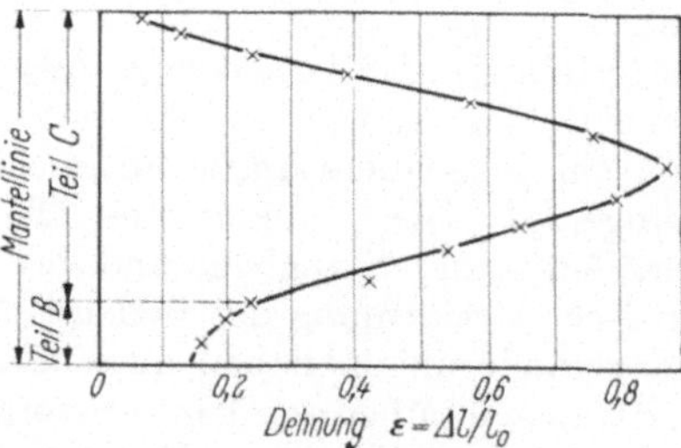

Bild 100. Axiale Dehnungen (Vergrößerung des Rillenabstandes) der Zwischenform c in Bild 96 entlang
der Mantellinie eines Napfes

6.4.1 Rauheitsbildung an den Außenflächen der Werkstücke

Entsprechend den unterschiedlichen Umformungen wird die Rauheit des Napfes in den einzelnen Bereichen verschieden. In der Zone A (vgl. Bild 96c) ist sie am geringsten, da hier Bodenwerkstoff unter hohem Druck entlang der Matrizenrundung an die Wandfläche gleitet; dazu kommt noch, daß dieser Boden bereits durch das vorangegangene Stauchen weitgehend eingeebnet worden war. Das Herangleiten von Bodenflächen hängt von dem Fließverhalten des Werkstoffes und von der Schmierung ab. Auch die Werkzeugrundung ist von Einfluß: so trat bei den Versuchen von KUDO [37] (Fließpressen von Blei mit scharfkantigem Stempel und ungerundeter Matrize) kein Herangleiten von Bodenwerkstoffen auf.

Da die Drehrillen die ursprüngliche Mantelfläche gut abgrenzen, wird die Grenze zur Zone B deutlich. In B ist die Rauheit am größten, da hier, wo sich der Werkstoff beim vorhergehenden Arbeitsgang nicht an die Werkzeugwand gelegt hat, die Rauheit durch ein werkzeugfreies Stauchen vergrößert worden war (Auffaltung). Zone C weist daher eine geringere Rauheit auf als Zone B, weil hier

a) die Rauheit der Zwischenform geringer ist (Rauhberge beim Stauchen durch die Werkzeugberührung bereits geglättet);

b) die Oberflächenelemente am stärksten gedehnt und senkrecht dazu ein Druck durch die glatte Werkzeugwand ausgeübt worden ist.

Durch den Nachweis unterschiedlicher Umformbereiche läßt sich nun auch die verschiedenartige Rauheit an einem Werkstück der üblichen Fertigung erklären (Bild 101).[1]

6.4.2 Rauheitsbildung an den Innenflächen der Werkstücke[2]

Infolge der starken Umformung unter Werkzeugberührung ist die Oberfläche der Innenwand weniger rauh und trotz der verschiedenen Dehnungen auch gleichmäßiger als die der Außenwand. Bild 102 zeigt Tastungen an der Innenwand des Napfes aus der üblichen Fertigung, gemessen auf der Phosphat-Schmierstoffschicht. Die Rauhtiefe beträgt etwa $R_t = 2-6\ \mu\text{m}$ gegenüber $R_t = 3-50\ \mu\text{m}$ an der Außenwand (Bild 101). Auf dem Lichtbild sind feine axial verlaufende Riefen zu erkennen. Die Rauheit in Umfangsrichtung ist in der Tat größer als in axialer Richtung; diese Oberfläche ist somit gerichtet.

Die Ausgangsrauheit der Vorform hat keinen Einfluß auf die Innenoberfläche. Selbst die sehr tiefen Hobelrillen ($R_t \approx 125\ \mu\text{m}$) auf den Stirnflächen der Versuchsproben waren nach dem Umformen durch

---

[1] Nach der Umformung ist die Phosphatschicht ungleich dick geworden und teilweise nicht mehr vorhanden.

[2] Vgl. die starke Kornverformung Bild 5, S. 9.

Stauchen und Napf-Fließpressen wohl noch sichtbar, sind aber klein selbst gegenüber der geringen Grundrauheit. Der Boden weist innen und außen annähernd die gleiche Rauheit auf, da beide Umformungen etwa gleich sind.

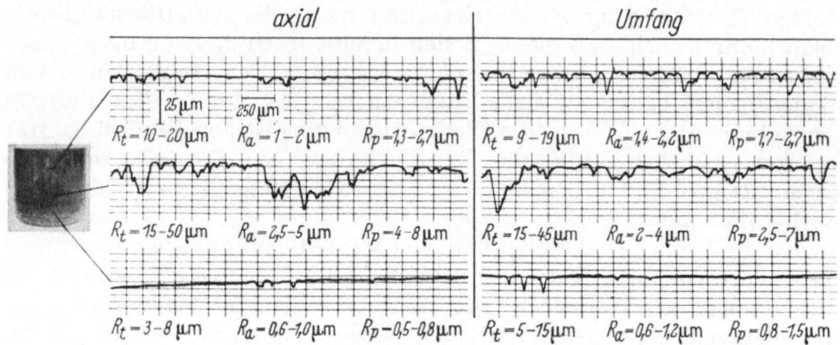

Bild 101. Außenoberfläche eines fließgepreßten Napfes (übliche Fertigung); Rauheit auf der Phosphatschicht gemessen

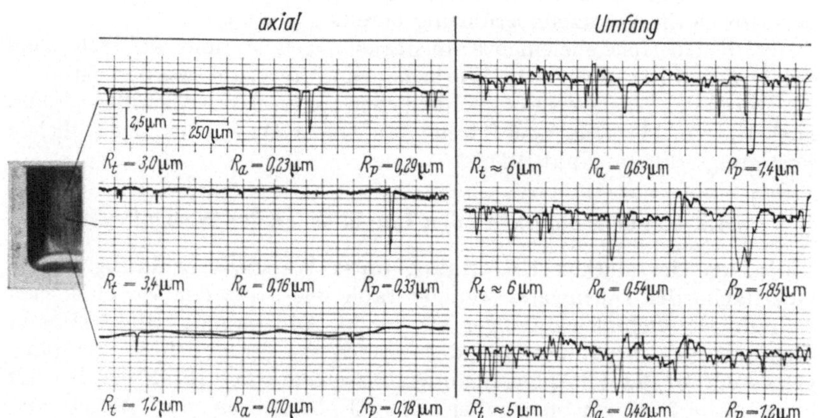

Bild 102. Innenoberfläche eines fließgepreßten Napfes (übliche Fertigung). Messung in Umfangsrichtung über Abdruck; Rauheit auf der Phosphatschicht gemessen

6.5 Oberflächenveränderungen beim Vorwärts-Hohl-Fließpressen

Sollen lange Hohlkörper erzeugt werden, so ist das Napf-Fließpressen ein Zwischenarbeitsgang, an den sich ein Vorwärts-Hohl-Fließpressen gemäß Bild 95c anschließt. Im vorliegenden Fall *zieht* zunächst der Stempel auf einem Wege von etwa 30 mm (d.i. etwa das $1^1/_2$-fache des

Abstandes zwischen Schulter des Fließpreßstempels und Oberkante des Napfes)[1] den Napf durch die Fließpreßbüchse. Dann berührt die Schulter des Stempels den Napfrand und *drückt* den Werkstoff zwischen Matrize und Stempel hindurch, so daß sich der Napfboden vom Stempel entfernt.

Die Zwischenformen werden in der üblichen Art vorbehandelt, nämlich geglüht, gebeizt, phosphatiert und geseift. Die Abstreckung ist im

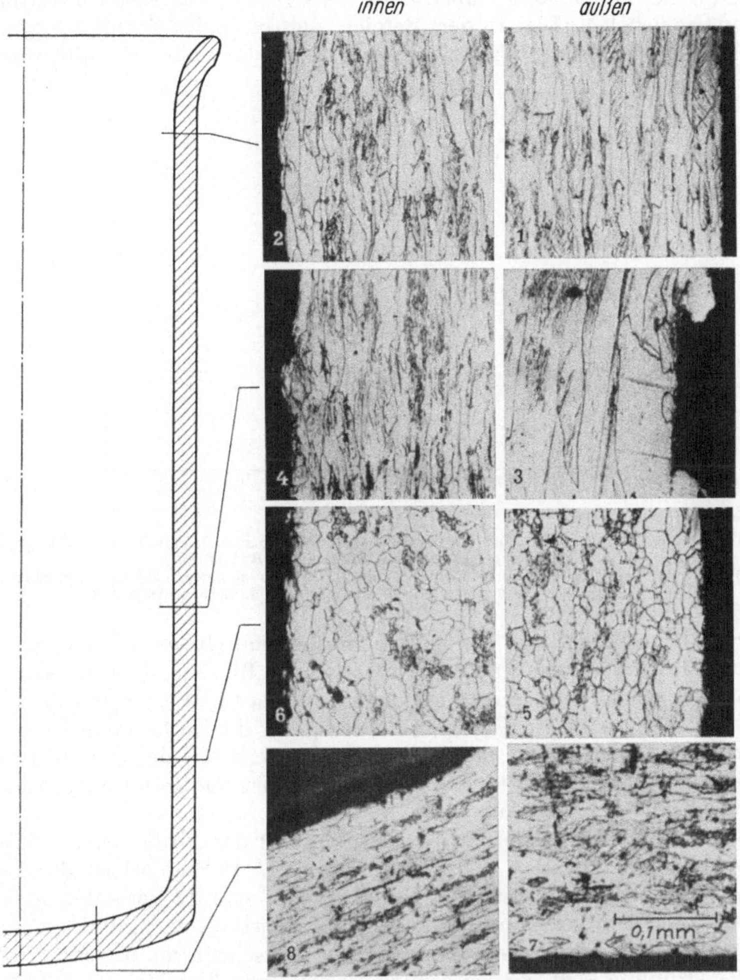

Bild 103. Kornverformung beim Vorwärts-Hohl-Fließpressen

[1] Der „Ziehweg" ist von Fall zu Fall verschieden; er kann sich dem Wert null nähern.

oberen Teil etwas größer als unten. Die Wanddicke von 10 mm vermindert sich dort auf 3,9 mm und unten auf 4,4 mm; der Fließpreßstempel ist nämlich schwach kegelig, damit sich das Werkstück leichter vom Werkzeug löst.

Aufschluß über die Art der Umformung erhält man aus der Verformung der einzelnen Körner (Bild 103). In dem oberen Bereich ist die Umformung der Innen -und Außenwand etwa gleich groß, weiter unterhalb innen größer als außen. In dem Bereich, der durch den Schliff 3 gekennzeichnet wird, tritt eine Kornvergröberung an der Außenseite auf, wahr-

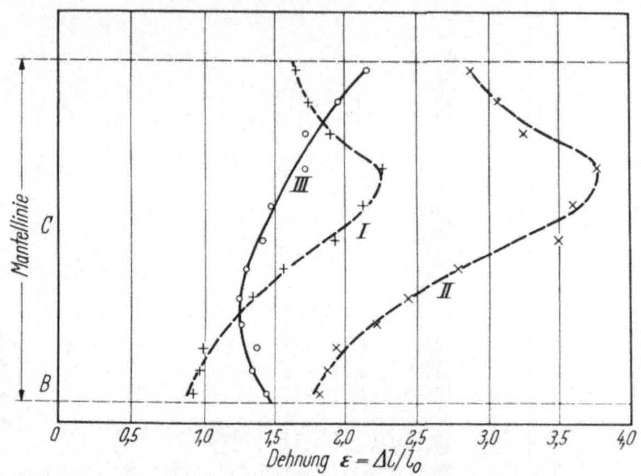

Bild 104. Axiale Dehnungen (Vergrößerung des Rillenabstandes) einer durch Vorwärts-Hohl-Fließpressen gebildeten Hülse (Zwischenform d in Bild 96)
I Dehnung bezogen auf die Vorform (gedrehter Rohling); *II* Dehnung bezogen auf die 1. Zwischenform (gestaucht); *III* Dehnung bezogen auf die 2. Zwischenform (napffließgepreßt)

scheinlich hervorgerufen durch Rekristallisationsglühen kritisch umgeformter Teilgebiete des Napfes. Diese Zone (in Bild 96c, *A* oben) war bei dem vorangegangenen Fertigungsvorgang um etwa 10% umgeformt worden. In Bodennähe (in Bild 96d, Zone A_1) ist die Umformung über die ganze Wanddicke gering, da sich hier Bodenwerkstoff des Napfes an die Außenwand heranschiebt. Am Boden selbst ist die Verformung wieder stärker als in der Rundung.

Auch hier gibt wiederum die Veränderung der Abstände der Rillen weitere Aufklärung über den Umformvorgang. In Bild 104 ist die Dehnung dieser Rillen dargestellt. Die Kurven *I* und *II* verlaufen gleichartig, da sie sich auf den konstanten Rillenabstand der gedrehten Ausgangsform bzw. der gestauchten ersten Zwischenform beziehen. Die größte Dehnung liegt wie bei dem rückwärts gepreßten Napf (s. Bild 100) in der oberen Hälfte. Wie dies auch auf der Draufsicht zu erkennen ist, könnte man daher meinen, das Vorwärts-Hohl-Fließpressen habe den

Zylinder gleichmäßig gedehnt. Das ist aber nicht der Fall. Beziehen wir
nämlich die Dehnung auf den durch Rückwärtsfließpressen hergestellten
Napf (2. Zwischenform), so ergibt sich ein ganz anderer Kurvenverlauf
(Kurve *III*). Dies ist der richtige Bezug für diesen Arbeitsgang. Man
erkennt dann nämlich, daß hierbei die geringste Dehnung in der unteren
Hälfte liegt. Der Linienzug *III* bestätigt so die Kornverformungen gemäß den Aufnahmen in Bild 103. Der Bereich A_2 (Bild 105) entsteht durch
Gleiten und Hereinziehen des Werkstoffes, der zwischen der Kante am
Boden und dem Anfang der Drehrillen des fließgepreßten Napfes gelegen
war. Die Zone A_1 bildet sich erst jetzt aus dem Bodenwerkstoff des Napfes
durch Gleiten zwischen Stempelkante und Fließpreßring. An der Innenwand sind solche Unterschiede in der Umformung nicht so leicht zu
erkennen, da in der vorangegangenen Stufe eine gleichmäßige Oberfläche
ausgebildet ist, die mit der Ausgangsrauheit des Rohlings nichts mehr
gemein hat.

6.5.1 Rauheitsbildung an den Außenflächen der Werkstücke

Entsprechend den verschiedenen Umformgraden bilden sich an der
Außenwand auch unterschiedliche Rauheitsbereiche aus. Dies ist in
Bild 96 deutlich erkennbar. In der unteren Zone A_1 ist ähnlich wie beim
Napf-Fließpressen die Rauhtiefe gering ($R_t = 6\ \mu$m am Metall). Sie ist

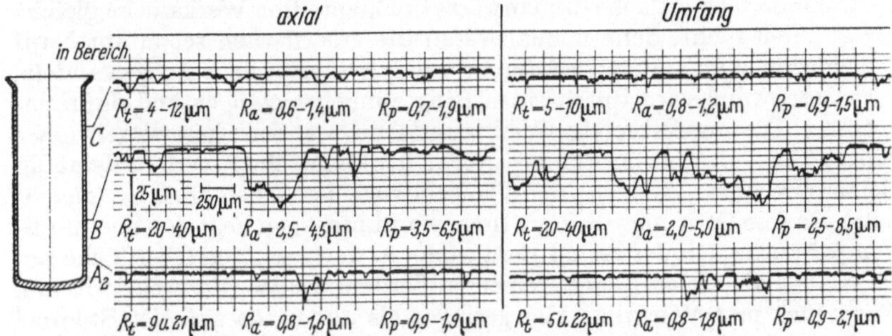

Bild 105. Außenoberfläche eines vorwärts hohlfließgepreßten Werkstückes aus der üblichen Fertigung.
Rauheit auf der Phosphatschicht gemessen (Bereiche A_2, B, C s. Bild 96)

von der Rauheit der vorausgegangenen Zwischenform unabhängig. Indes
findet gegenüber dieser in dem darüberliegenden Bereich A_2 eine Aufrauhung statt, weil hier der Werkstoff nicht mehr durch den Fließpreßring gezogen[1], sondern mit der Schulter des Stempels hindurchgedrückt
wird. Das Ausmaß der Aufrauhung wird in diesem Fall durch das grobe
Korn bestimmt (s. Bild 103,3). Die Pressung durch das Werkzeug war

---

[1] In Bild 95 ist diese Augenblicksform gestrichelt angedeutet (Z).

nicht so groß, daß diese freie Rauhung beseitigt worden wäre. Ihr überlagert sind Eindrücke durch Schmiermittel, da nach oben die Schulter des Stempels und nach unten die Fließpreßbüchse abdichtet und der überflüssige Schmierstoff nicht entweichen kann (s. Abschn. 6.7). So tritt wie beim Napf-Fließpressen die größte Rauheit auch bei dieser Umformstufe in dem Bereich B auf.

Bei den Versuchsproben mit definierter Oberflächengestalt waren die ursprünglichen Drehrillen so weit umgeformt, daß ihre Tiefe gegenüber der im letzten Umformvorgang selbst entstandenen Rauheit bedeutungslos geworden ist.

Vergleicht man die Profiltastschnitte an Werkstücken der üblichen Fertigung mit denen der Versuchsstücke, so erscheinen die gleichen Rauheitsbereiche, die in Bild 105 durch Tastschriebe dargestellt sind. Die größte Rauheit wird auch hier erwartungsgemäß im Bereich B gemessen. Es sind dies Reste der Walzrauheit, die in der ersten Fertigungsstufe (Stauchen) vergrößert worden waren. Die Rauheit der Außenwand kann als ungerichtet betrachtet werden. Auf den Werkstücken sind wohl axial verlaufende Riefen erkennbar; ihre Tiefe ist aber klein gegenüber den ungeordneten Vertiefungen.

6.5.2 Rauheitsbildung an den Innenflächen der Werkstücke

Die innere Oberfläche der vorwärts hohlgepreßten Werkstücke gleicht der äußeren nicht, denn einmal waren die Oberflächen schon am Napf verschieden, zum anderen werden sie nun auf verschiedene Art gewandelt. Die Außenwand wird durch einen Ring zunächst gezogen und dann gedrückt. Die umformende Werkzeugfläche ist der Innenkegel eines Ringes; die Hauptumformung geschieht längs einer verhältnismäßig kleinen Berührungsfläche; der Flächendruck ist daher groß bei gleichzeitig starker Gleitung. Bei der Innenwand hingegen liegt der Fließpreßstempel kurz nach der ersten Berührung an der gesamten Oberfläche an, der Flächendruck ist daher kleiner; außerdem ist der Gleitweg zwischen Werkstück und Werkzeug hier geringer als außen, da sich der Stempel in Preßrichtung des Werkstoffes bewegt, die Fließpreßbüchse hingegen feststeht.

Die Rauheit der Innenwand weist, wie Bild 106 zeigt, in sich keine so großen Unterschiede wie die Außenwand auf, weil von einer gleichmäßig geringen Rauheit (s. Bild 102) ausgegangen wird und auch die Verformung über die gesamte Innenoberfläche gleich groß ist (kein Heranpressen von Bodenwerkstoff). Die Rauheit des Werkzeuges des Fließpreßstempels wirkt sich auch hier nicht auf die Werkstückrauheit aus, sofern er nicht starke Riefen oder Anfressungen aufweist. Daher ist die Werkstückoberfläche ungerichtet. Axial verlaufende Riefen sind wohl noch sichtbar, sie sind aber klein gegenüber der muldenartigen Grundrauheit.

Der untere Bereich A hat die geringere Rauheit, da hier der Werkstoft durch den Fließpreßring gezogen und nicht gedrückt wird. Gegenüber der darüberliegenden Zone B, die narbig ist, ist deutlich eine Grenze erkennbar. Diese kann durch Änderung der Länge des Preßstempels unterhalb seiner Schulter verlagert werden. Vermutlich drückt sich in Zone B Schmiermittel in die Oberfläche ein, das sich beim Durchziehen des Werkstoffes durch den Ring weggeschoben hat. In den oberen Bereichen C nimmt die Rauheit wieder ab, da dort infolge der schwach kegeligen, sich nach oben verdickenden Gestalt des hier benutzten Stempels der Flächendruck steigt.

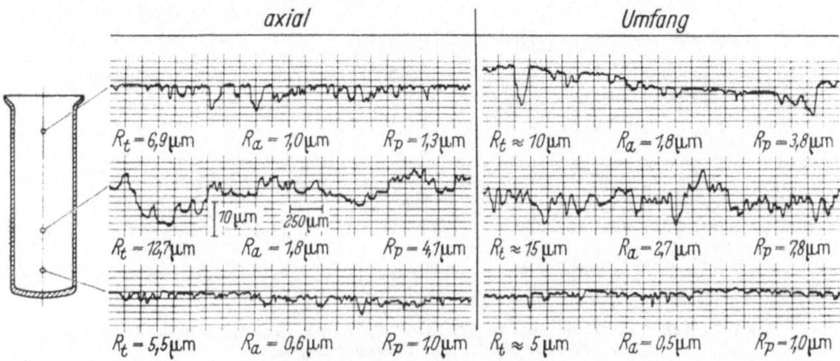

Bild 106. Innenoberfläche eines vorwärts hohlfließgepreßten Werkstückes aus der üblichen Fertigung. Rauheit auf der Phosphatschicht gemessen

6.6 Oberflächenänderungen beim Abstrecken

Hohlkörper, deren Wand durch Abstrecken verdünnt und gelängt werden soll, können aus dem Tiefziehen oder aus dem soeben geschilderten Fließpressen entstehen. Wir betrachten das letztere, um die bereits lange „Geschichte" dieser Oberfläche weiter zu verfolgen. Beim Abstrecken wird das Werkstück durch einen Matrizenring hindurchgezogen, hierbei verringert sich in unserem Beispiel die Wanddicke, die oben 3,9 mm, unten 4,4 mm betragen hatte, auf 2,8 mm. Die bezogene Wanddicken- bzw. Längen-Änderung beträgt hierbei nur $\varepsilon_s \approx 0,3$. Die Umformung ist für alle Bereiche außer der Bodennähe des Werkstückes annähernd gleich. Die Streckung der Körner außen und innen weist etwa den gleichen Betrag auf, wenn auch die Korngröße an der Innenwand kleiner als an der Außenwand ist.

6.6.1 Rauheitsbildung an den Außenflächen der abgestreckten Werkstücke

Beim Abstrecken verschwanden an der Außenwand der Versuchsstücke die unterschiedlichen Rauheiten weitgehend; in Bild 96 ist dies deutlich sichtbar. Einzelne Vertiefungen treten natürlich auch hier auf, der Grundcharakter der abgestreckten Oberfläche ist jedoch einheitlich und dem gezogener Stäbe vergleichbar (s. S. 106, Bild 84). Bei den Werkstücken aus der üblichen Fertigung ergaben sich jedoch örtliche Unterschiede (s. Bild 107). Im unteren Bereich finden sich einige porige Restrauheiten (Werkstoffehler).

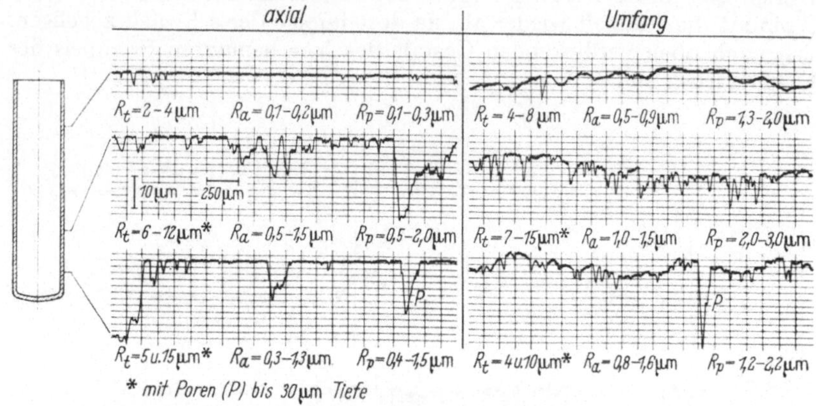

Bild 107. Außenoberfläche eines abgestreckten Werkstückes aus der üblichen Fertigung. Rauheit auf der Phosphatschicht gemessen

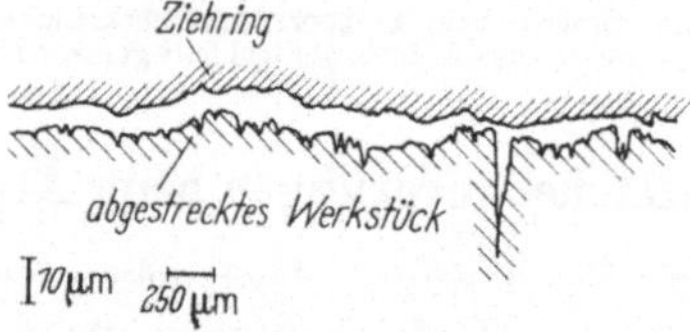

Bild 108. Abbildung einer Welligkeit des Werkzeuges am Werkstück (Umfangstastung)

Außerdem weisen die Werkstücke eine Welligkeit in Umfangsrichtung auf, die durch den verschlissenen Ziehring verursacht wurde. Die Tastung des Ringes in Umfangsrichtung zeigt nämlich deutlich eine ähnliche Welligkeit wie an den Werkstücken (s. Bild 108). Beim Abstrecken wird die Außenoberfläche zunächst gebunden umgeformt (Gleiten unter Druck durch den Ring). Anschließend tritt vermutlich noch eine freie Umformung durch Zug auf, je nachdem wie groß die Ziehkraft ist, die durch den rohrförmigen Teil übertragen wird.

6.6.2 Rauheitsbildung an den Innenflächen der abgestreckten Werkstücke

Die Innenoberfläche der abgestreckten Werkstücke ist glatt und gleichmäßig; auch nach Ablösen der Phosphatschicht zeigen sich keine wesentlichen Rauheitsunterschiede zwischen den einzelnen Bereichen. Es besteht auch kein Unterschied zwischen der Rauheit in axialer und in Umfangsrichtung, wie Bild 109 jeweils auf den linken Hälften der Schriebe zeigt. Auf den rechten Hälften sind die Schriebe nach Ablösen der Phosphatschicht angeschlossen. Die Rauhtiefen sind nun doppelt so groß, und die Profilform der glatten Flächen mit hohem Traganteil ist weitgehend verschwunden; die Oberfläche wirkt „aufgerauht", ihr räumlicher Leeregrad liegt in beiden Fällen trotz verschiedener Rauhtiefe bei 0,4.

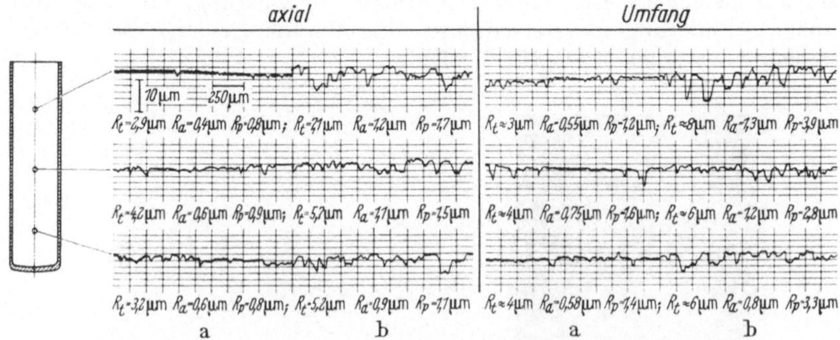

Bild 109. Innenoberfläche eines abgestreckten Werkstückes (Versuchswerkstück) a) gemessen auf der Phosphatschicht; b) gemessen nach *Ablösen* der Phosphatschicht

6.7 Oberflächenfehler

6.7.1 Fehler infolge mangelhafter Werkzeuggestaltung

Es liegt auf der Hand, daß ungünstige Rundungshalbmesser und dergl. die Rauheitswandlung beeinflussen. Einige hieraus entstandene Fehler sind aus Bild 110 zu ersehen. Bei *a* zeigen sich Schmiermitteleindrücke, die indes nicht ringsum laufen (s. a. Abschn. 6.7.3). Bei *b* läuft eine breite, tiefe Riefe um den ganzen Umfang. Sie war gebildet worden, als sich die Übergangsstelle vom Boden zum Mantel des gestauchten Rohlings durch den Werkstoff-Fluß beim Napf-Fließpressen an den Mantel des Werkstücks gewälzt hat.[1] Bei *c* erscheint ebenfalls die Abbildung einer scharfen Kante, und zwar vom Boden des fließgepreßten Napfes, die durch Abwälzen beim Vorwärts-Hohl-Fließpressen zum Mantel des Werkstückes gewandert ist.

Die Fehler an der Innenwand werden zum größten Teil beseitigt, wenn noch ein weiterer Fertigungsvorgang — das Abstrecken — folgt, doch bleiben dabei die Fehler auf der Außenwand erhalten.

---

[1] Vgl. Bild 96c bei „Napf-Fließpressen", Stelle zwischen *A* und *B*.

6.7.2 Fehler, entstanden durch zu große Ausgangsrauheit

Weist der Rohling eine sehr große Rauheit auf (z. B. Walzfehler) so besteht die Gefahr, daß das Fertigteil diese Fehlstelle noch aufweist, wenn auch in gewandelter Art. Neben der absoluten Tiefe einer solchen Rauheit ist zunächst ihre Form wichtig. Eine tiefe Riefe mit kleinem Böschungswinkel wird sich eher glätten als eine flache mit großem Böschungswinkel [48]. Aber auch auf die Lage und Richtung der Vertiefung kommt es an, da die Umformung nicht in allen Bereichen des Werkstückes gleichartig ist. Weitere Einflüsse wie Gleitung, Pressung, Reibung, Schmierung usw. erschweren eine Voraussage über die Auswirkungen eines solchen Oberflächenfehlers.

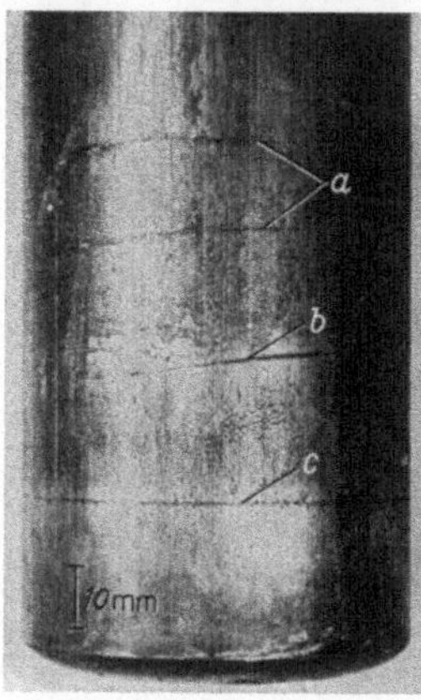

Bild 110. Fehlstellen in der Außenwand eines vorwärts hohlfließgepreßten Werkstücks.
a Schmiermitteleindrücke (nicht ganz umlaufend);
b vormals Übergang vom Boden zum Mantel des gestauchten Rohlings (ganz umlaufend);
c vormals Kante am Boden des Napfes (ganz umlaufend)

Um zu einer eindeutigen Aussage zu kommen, wählten wir als Beispiel eine Drehrille auf der Mantelfläche des Rohlings. Sie ist verhältnismäßig flach, Walzfehler sind oft steiler. Wir verfolgen die Verformung der Rille durch die einzelnen Fertigungsstufen (Bild 111a—g), um Aufschluß darüber zu erhalten, wie glatt ein Rohling sein muß, um einwandfreie Endoberflächen zu erhalten. Beim Stauchen wird auch die Rille gestaucht; in Kantennähe (b) ohne, im Mittelteil (c) mit Werkzeugberührung. Die Rillen schieben sich zusammen, so daß der Böschungswinkel größer wird. Die Rauhtiefe nimmt bei b zu, bei c hingegen etwas ab, da hier durch die Matrizenwand ein senkrechter Druck auf die Rauhgipfel ausgeübt wird. Die Werkzeugberührung erfolgt erst gegen Ende der Umformung, so daß Überlappungen noch nicht auftreten.

Beim Napf-Fließpressen werden die Rillen unterschiedlich verformt. Gemäß Bild 111d wird der Werkstoff ohne große Kornverformung nach ober geschoben, die Rille faltet sich auf und wird tiefer. Im Mittelteil des Mantels, wo die größte Streckung stattgefunden hat, wird die Rille nahezu eingeebnet. In dem unteren Bereich wird die Rille zwar auch gestreckt (e), die Dehnung ist aber nicht groß genug, um eine Überlappung infolge Gleitens unter Druck zu verhindern. Bei dem durch Vorwärts-Hohl-Fließpressen weiter umgeformten Werkstück finden wir ähnliche Profilformen wieder: die eingeebnete Rille und die Überlappung (f). Durch das Abstrecken werden die Rillen weiter eingeebnet, während die Überlappungen (g) sich verstärken. Andersartig sind „Löcher", die auf der

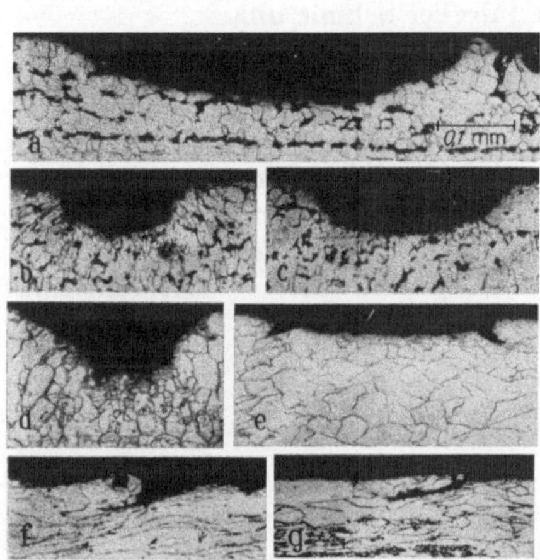

Bild 111. Verformung von Drehrillen in verschiedenen Umformstufen

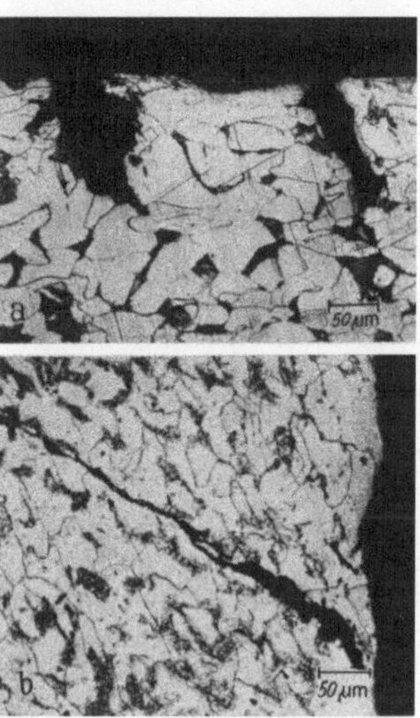

Bild 112. Beim Fließpressen zerstörte Randgefüge

Bodenfläche (in Kantennähe) der gestauchten 1. Zwischenform (s. Bild 96) entstanden sind. Diese in Bild 112a erkennbaren Gefügezerstörungen können eine Tiefe von 0,3 mm und mehr erreichen. Es handelt sich hier wahrscheinlich um ein Reißen der Körner infolge Eindringens kleiner, sehr fester Fremdkörper. Durch Kerbspannungen erfolgt dann ein gewaltsames Aufreißen, wobei schmale und tiefe Fehlstellen entstehen. Gefördert wird dies noch durch das radiale Wandern des Werkstoffs. Werkstoffehler können für diese Erscheinungen nicht verantwortlich gemacht werden, da der Werkstoff keine Schlackeneinschlüsse aufwies, die in ihrer Größe, Menge und Anordnung über das übliche Maß hinausgehen.

Die Fehlstellen werden in den anschließenden Fertigungsstufen, dem Werkstofffluß entsprechend, verformt. Beim Napf-Fließpressen (Bild 112b)

wandern sie an die Kante bzw. an den Mantel des Napfes. Sie werden
der Gleitrichtung folgend umgelegt und verlaufen jetzt geneigt zur
Wand. Auch in weiteren Fertigungsstufen wurden diese Fehlstellen
nicht mehr beseitigt; eine Verschweißung fand nicht statt.

Von solchen Fehlern, die vom Rohling oder von den Zwischenformen
herrühren, sind die zu unterscheiden, die durch den betreffenden Umformvorgang selbst hervorgerufen werden. So wurden z. B. beim Vorwärts-Hohl-Fließpressen Risse beobachtet, die durch Gefügebruch infolge
Erreichens des Formänderungsvermögens entstanden. Es trat ein intra-
kristalliner Bruch im Perlit auf und geneigt dazu ein interkristalliner
Bruch im Ferrit.

6.7.3 Fehler infolge falscher Schmierung

Das Entstehen von Oberflächenfehlern ist häufig auf eine falsche
Dicke der Schmierstoffschicht zurückzuführen. Ist sie zu dünn, so tritt
metallische Berührung zwischen Werkstück und Werkzeug ein, und es
entsteht ein „Fressen". Ist die Schmierschicht zu dick, so drückt sich
das Schmiermittel, sofern es nicht entweichen kann, infolge des Umform-
druckes in das Werkstück ein und ruft rauhe Stellen hervor (vgl. S. 55).

Ein solcher Fall kann z. B. eintreten, wenn man — zusätzlich zur
Phosphatierung und Seifung — beim Napf-Fließpressen die Stirnfläche

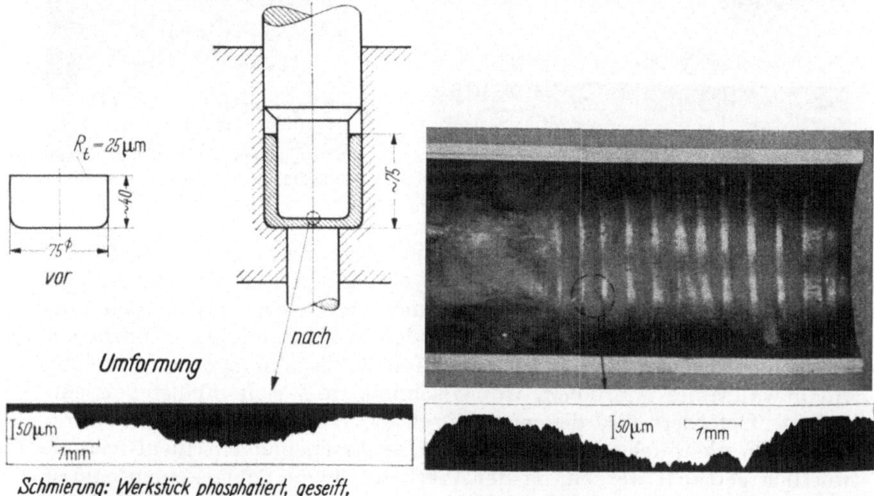

Bild 113. Mulde im Boden eines fließgepreßten
Napfes, hervorgerufen durch Schmiermittel

Bild 114. Schmiermitteleindrücke an der Innenwand
(Vorwärts-Hohl-Fließpressen)
oben: Draufsicht; unten: Tastschrieb

des Preßlings zu dick einschmiert (Bild 113). Da der Boden in den nachfolgenden Arbeitsgängen nur geringfügig umgeformt wird, erscheinen solche Fehlstellen auch an den fertigen Stücken.

Ähnlich liegen die Verhältnisse beim Vorwärts-Hohl-Fließpressen, wenn die Schulter des Fließpreßstempels auf dem Rand des Napfes aufsitzt, sich Werkstoff dichtend an Matrize und Stempel anlegt und das Schmiermittel zwischen Innenwand und Stempel (s. Bild 114) sowie zwischen Außenwand und Matrize eingeschlossen wird. Diese Fehlstellen können sehr tief sein und das Werkstück unbrauchbar machen. Bild 110 zeigt die erwähnten Schmierstoffeindrücke (a) an der Außenwand eines solchen fehlerhaften Stückes. Sie befinden sich nur an einigen Stellen des Umfanges.

Schmierstoffeindrücke, die in der laufenden Fertigung an der Innenwand eines vorwärts-hohlgepreßten Werkstückes auftraten, sind in Bild 114 zu erkennen. Sie sind bis zu 120 μm tief, bilden sich besonders im oberen Teil des Werkstücks und erstrecken sich etwa über den halben Umfang. Solche Fehler an der Innenwand werden zum größten Teil beseitigt, wenn noch ein weiterer Fertigungsvorgang — das Abstrecken — folgt, doch bleiben dabei die Fehler auf der Außenwand erhalten.

6.8 Phosphatschicht und Rauheitsmessung

Die Phosphatschicht bleibt während des Umformvorganges erhalten; die zermahlenen Trümmer der Einzelkristalle fritten nach MACHU [42] beim Umformen zu einer zusammenhängenden Schicht zusammen. Die ursprünglich matte Phosphatschicht wird mit wachsender Umformung glänzend und durchsichtig; sie bildet sich unter hohem Druck ohne Vermittlung eines Bindemittels und ohne Beteiligung des Schmiermittels aus. Die Schicht ist nicht sehr fest, sie läßt sich durch leichtes Schaben entfernen, häufig wird sie auf dem Werkstück belassen, da sie einen Korrosionsschutz darstellt; in anderen Fällen entfernt man sie, da sie für die Weiterbearbeitung hinderlich ist. Diese Phosphatschicht überdeckt feinere Rauheitsformen und wirkt sich so auf die Meßwerte aus. Es ist also wichtig, bei allen Angaben über die Rauheit fließgepreßter Werkstücke zu vermerken, ob auf der Phosphatschmierstoffschicht oder auf der metallischen Oberfläche gemessen wurde.

Um den Einfluß der Phosphatierungsschicht auf die Rauheitsmessung zu bestimmen, wurde bei allen Versuchsstücken die Rauheit *auf* der Phosphatschicht und *nach dem Ablösen* der Schicht gemessen. Die Profilschnitte zeigten auf der metallischen Oberfläche stets größere Rauheiten (vgl. Bild 109). Es leuchtet aber ein, daß ein allgemeingültiges Verhältnis der Rauheit auf der Phosphatschicht zu der Rauheit des Grundwerkstoffes nicht angegeben werden kann, denn die Schichtdicke ist ungleichmäßig und abhängig vom Flächendruck, von der Gleitung, von Art, Größe und Richtung der Rauheit, von der Schmiermittelmenge und von der Art und Größe der Umformung. An der Entstehung der aufgezeigten mannigfachen Rauheiten ist die Schicht aus Phosphaten und Schmierstoff stark beteiligt. Es muß daher unterschieden werden zwischen der Einwirkung des Schmierstoffes auf die *Entstehung* der Rauheit und dem Einfluß der verpreßten Schmierstoffschicht des umgeformten Werkstückes auf den Rauheits*zustand*.

In Bild 115 sind einige typische Rauheitsformen dargestellt. Bei a ist die Rauheit der Phosphatschicht gering. Sie deckt die Vertiefungen zu. Wird sie abgelöst, so steigt der Leeregrad. An einer anderen Stelle (b) ist die Phosphatschicht unregelmäßig rauh. Der Rauheitsunterschied zwischen ihr und der metallischen Oberfläche ist gering. An der Stelle c sind die glatten Gipfelflächen nach Entfernung der Phosphatschicht auch noch tafelbergähnlich, aber rauher geworden.

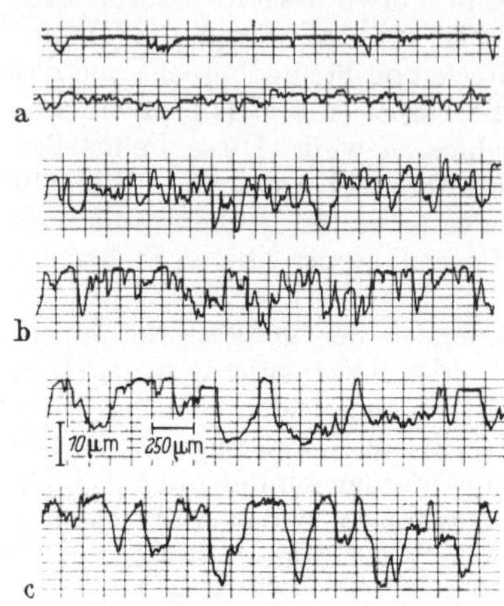

Bild 115. Phosphatschicht und Rauheitsmessung an je denselben Stellen (obere Schriebe: auf Phosphatschicht abgetastet, untere Schriebe: gereinigte Metallfläche abgetastet) a) Phosphatschicht glatt; b) Phosphatschicht rauh; c) Phosphatschicht an Gipfeln geglättet

Wir sehen aus diesen drei Fällen, daß sich die Phosphatschicht auf die Rauhtiefen verschieden auswirkt.

7. Strangpressen

In Abschn. 1 haben wir neben frei umgeformten und gebunden umgeformten Oberflächen frisch entstandene erwähnt. Ein Verfahren, das der Massenfertigung von maßfertigen Profilen dient, und bei dem solche „frischen Oberflächen" entstehen, ist das *Strangpressen*,[1] das dem Vorwärts-Voll-Fließpressen nahe steht und zu den Warmumformverfahren gehört.

Wenn, wie z. Zt. üblich, der eingesetzte „Bolzen" nicht geschmiert wird, dann hat die frisch entstehende Oberfläche nichts mit dessen Oberfläche zu tun,[2] sie wird vielmehr hauptsächlich aus ihrem Inneren

---

[1] Zu diesem Abschnitt haben die Herren GÜNTER HAHN und K. H. STEINMETZ im Rahmen ihrer Diplomarbeiten beigetragen.

[2] Jüngst bekannt gewordene Untersuchungen von AKERET [2] zeigen jedoch, daß bei Schmierung des Bolzens die Strangoberfläche die gewandelte Oberfläche des eingesetzten Bolzens ist.

gebildet. Die Rauheit eines gepreßten Stranges ist gerichtet und ergibt sich als Spur der Werkzeuge [*45*].

Das Strangpressen wird einerseits auf Stahl, aber in weit größerem Umfang auf Nichteisenmetalle angewandt. Von diesen haben wir für unsere Oberflächenbeobachtungen einige Leichtmetall-Legierungen ausgewählt (s. Tafel 7.1).

Beim Strangpressen wird ein zylindrischer Hohl- oder Vollkörper unter allseitigem Druck zu einem Voll- oder Hohlprofil mit stark verkleinertem Querschnitt umgeformt (s. Bild 116). Im Gegensatz zum Kaltfließpressen ist die Querschnittsverminderung sehr groß. Somit wird die Länge des gepreßten Profiles groß gegenüber der Ausgangslänge des Blockes, daher der Name „Strang", der das Erzeugnis darstellt, während der „Kopf" Abfall ist. Die Umformtemperatur liegt meist oberhalb der

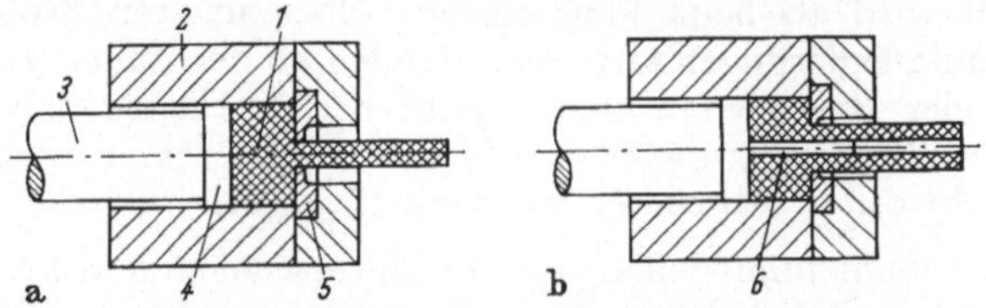

Bild 116. Strangpressen-Werkzeuganordnung
a) für Vollprofil; b) für Hohlprofil. *1* Block, *2* Blockaufnehmer, *3* Preßstempel, *4* Preßscheibe, *5* Matrize, *6* Preßdorn

Rekristallisationstemperatur; dadurch wird es möglich, schwierige (auch unsymmetrische) Profile zu pressen. Sofern die Fertigungsbedingungen richtig gewählt werden, erhält man eine gute und gleichmäßige Oberfläche.

Die gepreßten Stränge dienen bisweilen als Zwischenformen zum Ziehen, Kaltpressen, Gesenkschmieden u.a.m. Ein großer Teil der Stränge jedoch wird so verwendet, wie er die Presse bzw. die nachgeschalteten Stufen des Richtens und der thermischen und chemischen Behandlung verläßt. Bei diesen Profilen ist die Oberfläche oft ein wichtiges Merkmal für die Eignung des Werkstücks für seinen Zweck. Eine große Bedeutung hat die Oberflächengüte auch für eine anschließende Veredelung durch Schleifen, Polieren, Eloxieren und Glänzen. Hier können große Rauheiten und Fehlstellen zu einer beträchtlichen Verteuerung der Fertigung führen.

7.1 Entstehung der stranggepreßten Oberfläche

Die Ausgangsform für das stranggepreßte Profil ist meist ein im Strangguß hergestellter sog. „Bolzen" oder „Block" von 60···500 mm $\varnothing$. Er wird in vielen Fällen abgedreht, um maßhaltig und von den Verunreinigungen und Seigerungen in der Gußhaut befreit zu werden. Wie schon erwähnt, entsteht die Oberfläche des erzeugten Profiles hauptsächlich aus dem *Werkstoffinnern* des Blockes und nur zum Teil aus seiner Oberfläche. Dieser Anteil ist größer, wenn der Block mit einem Schmiermittel umgeben wird.

Immerhin scheint uns diese der Oberflächenbetrachtung entspringende Eigenheit, daß große Teile einer Strangoberfläche frisch entstehen, einer der kennzeichnenden Unterschiede gegenüber dem Vorwärtsfließpressen von Schäften zu sein, dem es sonst äußerlich ähnlich ist. Über diesen Umformvorgang liegen viele Veröffentlichungen vor, die von der Verzerrung von Netzgittern in einer Achsebene Gebrauch machen. Diese Versuchsergebnisse lassen sich indes nur beschränkt auf das Strangpressen übertragen; die große Formänderung und die erhebliche Reibung zwischen Block und Aufnehmer bewirken, daß der Block ganz andersartig umgeformt wird als beim Fließpressen. Nach unseren Beobachtungen an Aluminiumlegierungen setzt sich nämlich an der Innenwand des Aufnehmers oder Rezipienten eine Schicht des Werkstückstoffes fest an. Die relative Bewegung zwischen Block und Aufnehmer erfolgt in einer Grenzschicht durch Abscheren im Werkstückstoff.

Das hat nicht unmittelbar mit der Unterscheidung in Pressen „ohne Schale" und „mit Schale" zu tun. Beim letzteren ist der Kolbendurchmesser merklich kleiner als der Bohrungsdurchmesser des Aufnehmers, so daß eine Schale von einigen Millimetern Dicke aus mechanischen Gründen entstehen muß. Bei diesem Verfahren, das weniger bei Leichtmetallen als vielmehr bei Schwermetallen angewandt wird, ist der Schervorgang offensichtlich.

Betrachtet man beim Pressen ohne Schale das erwähnte Abscheren einer dünnen Oberflächenschicht, so kann man nach dem von THOMSEN entwickelten Berechnungsverfahren der „Visioplasticity" gewisse Rückschlüsse auf den Verformungsmechanismus beim Strangpressen ziehen, z. B. auf die unterschiedliche Geschwindigkeit in verschiedenen Umformzonen. So eilt der Werkstoff in der Mitte stark vor, während die Teile an den Außenflächen, insbesondere bei eckigen Profilen, zurückbleiben. Das Voreilen des Werkstoffes in der Mitte kann sogar dazu führen, daß sich gegen Ende der Pressung ein Hohlraum bildet, der von Werkstoff aus den Randzonen ausgefüllt wird, welcher jedoch nicht fugenlos mit dem anderen Werkstoff verschweißt. Hierdurch verbleibt ein unbrauchbarer Preßrest, dessen Höhe ungefähr $1/4 - 1/5$ des Blockdurchmessers beträgt.

Die Umformung beim Strangpressen folgt nicht der idealisierten Vorstellung einer „toten Zone" (Ecke zwischen Matrize und Aufnehmerwand), vielmehr verformt sich auch in diesem Bereich der Werkstoff, und zwar verschieden je nach der Legierung, den Reibverhältnissen und dem Umformgrad. Er wird gestaucht und zur Matrizenöffnung geschoben.

Einen Einblick in die Art der Verformung erhält man, wenn man den Preßvorgang stufenweise unterbricht und die unterschiedliche Rekristallisation des Gefüges infolge unterschiedlicher Verformung in den einzelnen Zonen durch Lösungsglühen sichtbar macht.

Tafel 7.1. Analysenwerte der untersuchten Stränge

Werkstoff	Cu	Mn	Mg	Si	Fe	Zn	Ti	Cr
Al Mg Si 0,5	<0,01	0,03	0,70	0,45	0,24	0,04	—	0,03
Al Mg Si 1	0,05	0,45	0,75	0,78	0,28	0,03	—	—
Al Zn Mg 1	0,01	0,28	1,13	0,06	0,11	4,50	0,13	0,06
Erftal 2 Mg	0,002	0,0045	2,01	0,033	0,027	0,05	0,011	—
Al Mg 3	<0,01	0,03	2,82	0,16	0,20	0,03	—	—
Al Cu Mg 2	4,46	0,80	1,54	0,24	0,29	0,11	—	—
Al Cu Mg Pb	4,3	0,53	1,00	0,44	0,28	0,14	0,028	—
Magnewin	—	0,06	Rest	0,26	0,02	1,00	—	2,25 Al

7.2 Einfluß des Werkstoffs

Beim Strangpressen verhalten sich die verschiedenen Al-Legierungen nicht gleichartig. Die Rauheitsmessungen wurden daher an Strängen aus verschiedenen Werkstoffen vorgenommen (Tafel 7.1). Dort sind die Aluminium-Legierungen, die unter gleichartigen Bedingungen umgeformt werden, nach ihrer Preßbarkeit geordnet. Der Begriff „leicht preßbar — schwer preßbar" bezieht sich auf zwei Dinge:

1. auf die notwendige Preßkraft (Abhängigkeit von der Formänderungsfestigkeit, wobei diese wiederum von der Preßtemperatur abhängt),

2. auf die Schwierigkeit beim Pressen (z. B. Preßgeschwindigkeit, Profilform und Aussehen der Stränge).

Dies hat seinen Niederschlag in der Zuordnung eines Schwierigkeitsgrades zu den einzelnen Legierungen gefunden. Vergleicht man damit die Tastschriebe in Bild 117, so ergibt sich für die Rauheit eine ähnliche Reihenfolge; die Stränge werden von AlMgSi 0,5 nach AlCuMg 2 zu rauher. Genau stimmt die Reihenfolge nicht, da, obwohl angestrebt worden war, gleiche Werkstoffe unter gleichen Bedingungen umzuformen, doch geringfügige Unterschiede in den Preßbedingungen bestehen (z. B. homogenisiert, nicht homogenisiert, Preßgeschwindigkeit, Werkzeugrauheit, Preßreste im Aufnehmer). Bildet man jedoch das Mittel über alle drei Werkzeugformen, so ist die Übereinstimmung recht gut. Wählt man, wie im vorliegenden Fall, die Preßbedingungen optimal in bezug auf die zu erzeugende Strangoberfläche, so läßt sich auf Grund der gefundenen Zuordnung der Inhalt des Begriffes „leicht preßbar — schwer preßbar" allein auf die notwendige Preßkraft zurückzuführen; diese hängt von der Legierung ab. Mit sinkendem Reinheitsgrad werden Zugfestigkeit, Streckgrenze und Härte erhöht; Kupfer wirkt sich am stärksten aus, dann folgen Eisen und Silizium. Steigt innerhalb der Werkstoffgruppe AlMg die Festigkeit mit zunehmendem Mg-Gehalt, so vergrößert sich auch die Strangrauheit; tritt Cu als weiteres Legierungselement hinzu, so verschlechtert sich die Rauheit noch mehr. Allgemein kann gesagt werden, daß die Strangoberfläche im Großen und Ganzen von der Summe der Legierungselemente abhängig ist.

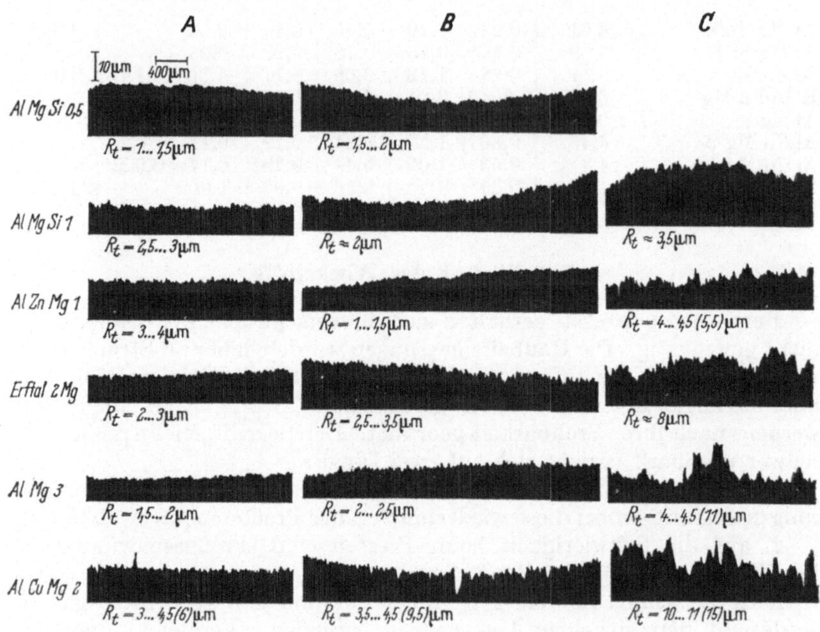

Bild 117. Einfluß der Al-Legierungen und der Werkzeuggestalt auf die Strangrauheit
Reihe A: zylindrisches Werkzeug 3 mm Führungslänge;
Reihe B: zylindrisches Werkzeug 5 mm Führungslänge; Reihe C: hinterarbeitetes Werkzeug

Weiter fragen wir nach dem Einfluß der Wärmebehandlung oder des Homogenisierens des Gußblockes durch längere Erhitzung auf höhere Temperatur, das man vornimmt um die Warmformbarkeit und die Festigkeitseigenschaften zu verbessern und — oder die chemische Beständigkeit zu erhöhen (s. Tafel 7.2).

Es scheint, daß sich diese Glühbehandlung günstig auf die Rauheit auswirkt. In einem Stichversuch zeigte der homogenisierte Werkstoff (AlMgSi 0,5) die geringere Rauheit ($R_t = 2\ \mu$m gegenüber $R_t = 3\ \mu$m); indes kann hieraus nicht auf ähnliches Verhalten der anderen Werkstoffe geschlossen werden.

Tafel 7.2. Daten für die Homogenisierung
der Aluminiumstränge

Werkstoff	Ofentemperaur (°C)	Vergütungsdauer (h)
Al Mg Si 0,5	510	12
Al Mg Si 1	—	—
Al Zn Mg 1	490	12
Erftal 2 Mg	590	12
Al Mg 3	510	12
Al Cu Mg 2	490	12

Anmerkung: Sofern nicht anders angegeben, haben alle untersuchten Werkstücke die Abmessungen 20×5 mm^2 (Block = 85 mm $\varnothing \times 150$ mm).

7.3 Einfluß der Preßbedingungen

Die Fertigungsbedingungen, die wir hier zu erwähnen haben, sind Temperatur des Blockes, Stempelgeschwindigkeit und Schmierung.

7.3.1 Temperatur des Blocks

Die Preßtemperatur muß stets unter der Temperatur bleiben, bei der niedrigschmelzende Legierungsbestandteile des zu verpressenden Werkstoffes flüssig werden. Mit steigender Blocktemperatur fällt zwar der Umformwiderstand, aber die Neigung zum Aufreißen der Oberfläche (sei es durch Anschweißen in der Preßmatrize oder durch Warmsprödbruch) nimmt zu. Man kann daher mit niedriger Temperatur bei guter Oberflächenbeschaffenheit schneller pressen als mit hoher Temperatur, sofern die notwendige höhere Preßkraft zur Verfügung steht. Die Umformtemperatur wird durch Block- und Aufbruchtemperatur, durch Reibungswärme, durch Verformungsenergie und durch Preßgeschwindigkeit beeinflußt. In Verbindung mit der letzteren hat sich ein günstiger Temperaturbereich herausgebildet, der einwandfreie Oberflächen ergibt. Der Bereich lag z. B. für AlMgSi 0,5 zwischen 450 und 550 °C und für AlZnMg 1 zwischen 440 und 480 °C. Innerhalb dieses Temperaturbereiches wirken sich Unterschiede nicht sehr stark auf die Oberfläche aus; indes lehrt die Erfahrung, daß die Strangoberfläche bei den höheren Temperaturen etwas rauher wird, wenn die Umformtemperatur allzu hoch wird — meist in Verbindung mit zu hoher Preßgeschwindigkeit—; dann können schwere Oberflächenfehler auftreten.

7.3.2 Austrittsgeschwindigkeit

Dem Wunsch, möglichst schnell zu pressen, sind durch die Art des Umformens beim Strangpressen Grenzen gesetzt. Die größte Preßgeschwindigkeit, d.h. die Geschwindigkeit, bei der unter gegebenen Verhältnissen von Maschinen, Block und Werkzeug der Strang noch einwandfrei, d.h. ohne Anrisse die Matrize verläßt, ist von der Temperatur, vom Verhalten des Werkstoffes bei Ver- und Entfestigung während des Preßvorganges und von seinem Warmsprödverhalten abhängig. Sie hängt weiterhin von dem größten Geschwindigkeitsunterschied in der Umformzone ab und wird daher vom Umformgrad und von der Werkstückform beeinflußt. Durch den Geschwindigkeitsunterschied treten Zugspannungen am Rande auf. Steigen diese Spannungen infolge überhöhter Preßgeschwindigkeit über die Festigkeit des Werkstückes, so reißt der Strang auf. Wird die Geschwindigkeit auf Beträge unterhalb der zulässigen verändert, so ergibt sich kein wesentlicher Unterschied in der Rauheit. Wird die Geschwindigkeit stark erhöht (Schnellpressung), so wird der Strang rauher.

Aber nicht alle Werkstoffe zeigen ein ähnliches Verhalten. Betriebsversuche haben ergeben, daß bei einigen Werkstoffen die Rauheit mit steigender Preßgeschwindigkeit sinkt, hingegen die Welligkeit stark zunimmt. Die Auswirkungen der Preßgeschwindigkeit können also nur im Zusammenhang mit den anderen Fertigungsbedingungen und den Werkstoffeigenschaften betrachtet werden.

7.3.3 Schmierung an der Matrize

Die Oberflächengüte der Strangpreßprofile wird weitgehend durch die Neigung des Werkstückstoffes zum Kleben an der Matrize bestimmt. Daher reibt man die innere Matrizenstirnfläche mit einem flüssigen bis pastenförmigen Schmiermittel ein, um die metallische Berührung und damit das Kleben zu verhindern.

Den Einfluß verschiedener Schmiermittel zeigt Bild 118. Eine gute Schmierwirkung hat auch eine vor die Matrize gelegte 1,5 mm dicke Scheibe aus Reinaluminium, die sich über den ganzen Blockquerschnitt erstreckt (s. Bild 118e). Beim Anpressen wird das unmittelbar vor der Matrizenöffnung liegende Teilvolumen der „Schmierscheibe" herausgedrückt. Bei weiter fortschreitender Pressung werden kleine Mengen von Reinaluminium infolge seiner geringen Formänderungsfestigkeit als Schmierfilm in die Öffnung hineingezogen und verhindern so ein Kleben des Werkstoffes. Hierdurch wird der Strang mit einer dünnen Schicht von Al überzogen. Diese Schicht ist jedoch nicht gleichmäßig. Bei runden Profilen ist sie am Stranganfang am dicksten, zum Ende des Stranges nur noch in Spuren sichtbar. Bei nicht runden Profilen ist die Dicke der Aluminiumschicht auch über den Umfang verschieden; insbesondere ist sie an Kanten dicker und an Hohlkehlen dünner. Hierdurch wird auch die Rauheit beeinflußt, und zwar wird das Ende etwas rauher. Trotzdem ergibt eine Schmierung mit einer

Al-Scheibe gute Oberflächen. Nachteilig ist hingegen, daß Strangende und -anfang verschiedene Festigkeitswerte der Außenschicht aufweisen.

Es liegt in der Natur des Strangpressens, daß die Schmierung nicht gleichmäßig sein kann, weil nicht fortlaufend geschmiert werden kann. Es besteht daher immer die Gefahr des Zuviel am Anfang und des Zu-

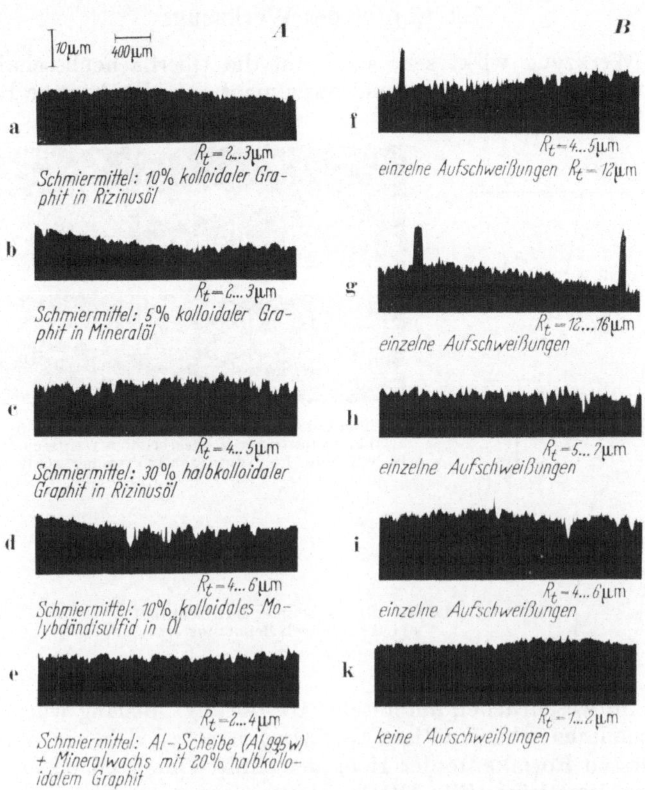

Bild 118. Einfluß der Schmierung. Werkstück: T-Profil; Werkstoff: AlCuMg2; $\vartheta_p = 460°$; $v = 35$ mm/s
Reihe A: Stranganfang; Reihe B: Strangende am 2. Strang von 7,8 m Länge

wenig am Ende. Schwierigkeiten treten auch durch die Werkstückform auf. Das Bemühen geht daher dahin, durch geeignete Werkzeugausführung den Gebrauch von Schmiermitteln auf ein Minimum herabzusetzen (s. Abschn. 7.4). Gelingt dies, so zeigen Stranganfang und Strangende gleiche Rauheit. Hierbei wurde die Matrize mit zylindrischem Kanal nur ganz dünn mit 10% kolloidalem Graphit in Mineralöl eingerieben. Allerdings handelt es sich hierbei um eine leicht preßbare Legierung. Wählt man einen schwer preßbaren Werkstoff und ein hinterarbeitetes Werkzeug, so erkennt man deutlich die zunehmende Klebneigung zum Ende des Stranges (Bild 118). Offenbar reicht am Ende die Schmierstoffmenge nicht mehr aus, um eine metallische Berührung zu verhindern.

7.4 Einfluß des Werkzeugs

Das Werkzeug wirkt sehr stark auf die Oberflächenbeschaffenheit von gepreßten Strängen ein, und zwar nicht nur durch seine Rauheit,

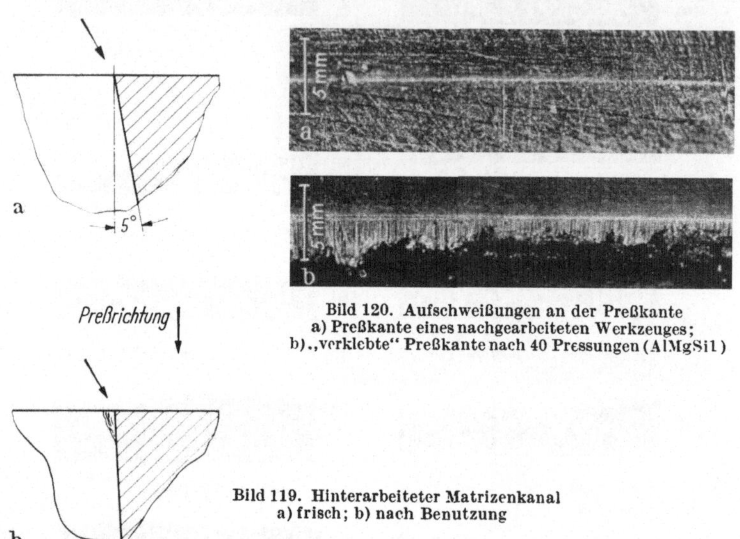

Bild 120. Aufschweißungen an der Preßkante
a) Preßkante eines nachgearbeiteten Werkzeuges;
b) „verklebte" Preßkante nach 40 Pressungen (AlMgSi1)

Bild 119. Hinterarbeiteter Matrizenkanal
a) frisch; b) nach Benutzung

sondern im wesentlichen durch seine Gestaltung. Bislang wurde häufig ein sogenanntes scharfkantiges Werkzeug benutzt, d.h. ein Werkzeug, hinter dessen Formkante der Hohlquerschnitt entsprechend einer Freifläche erweitert wird (Bild 119a). Heute geht man allgemein zu einer zylindrischen Ausführung des Preßkanals (Freiwinkel = 0) über, weil die so erzeugte Strangoberfläche besser und gleichmäßiger ausfällt. Es gibt auch Werkzeuge mit sich in Preßrichtung verjüngendem Preßkanal.

Untersucht man den Elementarvorgang der Rauheitsbildung, so erkennt man, daß nicht die Reibfläche am Werkzeug selbst für die Strangrauheit maßgebend ist, sondern eine Verklebungsschicht auf dem Werkzeug (Bild 119b). Entsprechende Draufsichten zeigt Bild 120; bei b ist die Klebschicht erkennbar. Sie ist ungleichmäßig und wächst in Preßrichtung, hat aber in dieser Richtung keine geradlinige Begrenzung und ist auch unterschiedlich dick. Hat die Reibfläche in der Matrize Formfehler, so ist die Schicht imstande, Unebenheiten teilweise zu überdecken. An diesen Stellen ist sie aber nicht nur dicker, sondern auch rauher. Dies wirkt sich ungünstig auf die Strangoberfläche aus, wenn die Vertiefung in der inneren Hälfte des Preßkanals liegt. Die Ursache für die Entstehung der Klebschicht ist die „technisch trockene" Reibung zwischen Preßkante und ausfließendem Werkstoff. Hierbei treten sehr hohe Reibkräfte auf, die, auf die Gleitfläche bezogen, Spannungen von der Größenordnung der Scherspannung hervorrufen. Infolge der hohen Verformung nähern sich vermutlich die Oberflächen der beiden Metalle bis in die Bereiche atomarer Anziehungskräfte, so daß eine Verschweißung stattfindet. Vielleicht tritt auch ein Aufschmelzen infolge örtlich begrenzter sehr hoher Wärme ein.

Das Klebverhalten ist für verschiedene Werkstoffpaarungen unterschiedlich. Je größer die Kaltschweißwilligkeit der betreffenden Legierung ist, desto stärkere Oberflächenstörungen entstehen beim Durchtritt durch das Werkzeug. Es ist dies eine Werkstoffeigenschaft, beeinflußt durch Legierungsbestandteile, Festigkeit, Umformgrad, Temperatur, Geschwindigkeit u. a. m.

Neben diesen Einflüssen sind noch Werkstoff, Gestaltung und Rauheit des Werkzeuges von Bedeutung. Infolge der Bearbeitung der Werkzeuge von Hand gelingt es nicht immer, gleichartige Flächen zu erzeugen. So treten z. B. bei hinterarbeiteten Werkzeugen oft Unterschiede im Freiwinkel auf; auch ist der Durchbruch nie ganz scharfkantig, so daß sich dann kurze Reibflächen ergeben. Bei einer scharfkantigen Matrize ist die Klebschicht dicker und unregelmäßiger als bei einer zylindrischen. Sie neigt daher eher dazu, sich beim Pressen zu verändern. Hingegen ist die Klebschicht bei einem zylindrischen Preßkanal infolge des sich langsamer abbauenden hohen Druckes dünn und gleichmäßig.

Für das hinterarbeitete Werkzeug liegt die rauheitsbildende Fläche kurz hinter der Preßkante. Eine Welligkeit der Preßkante zeichnet sich jedoch deutlich auf den Strängen ab.

Bei dem Werkzeug mit zylindrischem Preßkanal wird die Rauheit nahe dem äußeren Ende der Reibfläche gebildet, wie aus Bild 121 hervorgeht. Das ist bei den Werkzeugen mit sich verjüngendem Preßkanal natürlich erst recht der Fall. Bild 122 zeigt am Beispiel eines Magnewinstranges eine gute Übereinstimmung von Matrizen- und Strangrauheit auch nach einer größeren Anzahl von Pressungen; sie wurde an der ebenen Fläche eines sonst kurvig begrenzten Profils gemessen, und zwar am Werkzeug durch Abdruck.

Durch den Preßvorgang ändert sich die Rauheit einer Matrize. Hat sich die Klebschicht jedoch erst einmal voll ausgebildet — was oft bereits beim ersten Strang geschieht — so ist die nun folgende Rauheitsänderung gering. Ein Beispiel hierfür zeigt Bild 123. An allen Schrieben

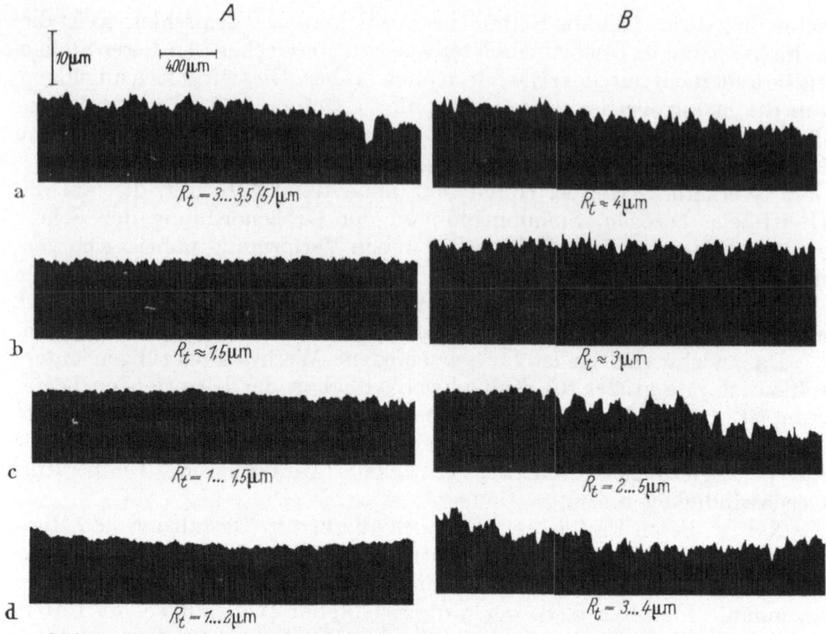

Bild 121. Werkzeug- und Werkstück-Rauheit beim Pressen mit zylindrischen Werkzeugen
Reihe A : Führungslänge 3 mm; Reihe B : Führungslänge 5 mm
a) Werkzeugpreßkante; b) Werkzeug Mitte Reibfläche; c) Werkzeug Ende Reibfläche;
d) Werkstück aus Erftal 2 Mg

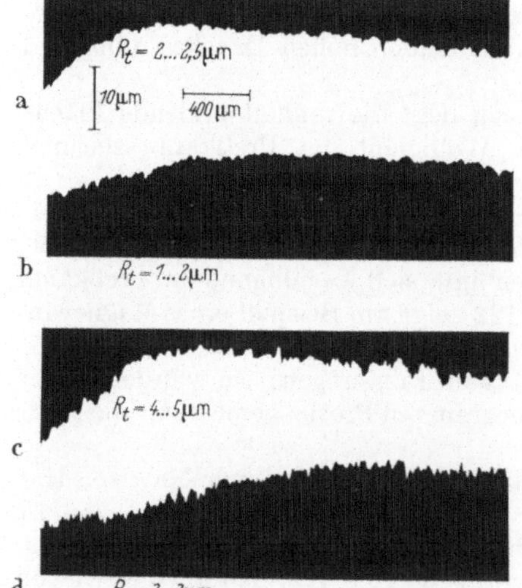

Bild 122. Strangpressen von Magnewin 35.12
durch ein Werkzeug mit sich in Preßrichtung
verjüngendem Preßkanal
a) Werkzeug neu nachgearbeitet;
b) erster Strang;
c) Werkzeug nach 66 Pressungen;
d) 66. Strang.
$\vartheta_P = 300-320\,°C$; $v = 100\,mm/s$.
Schmierung: Heißdampfzylinderöl

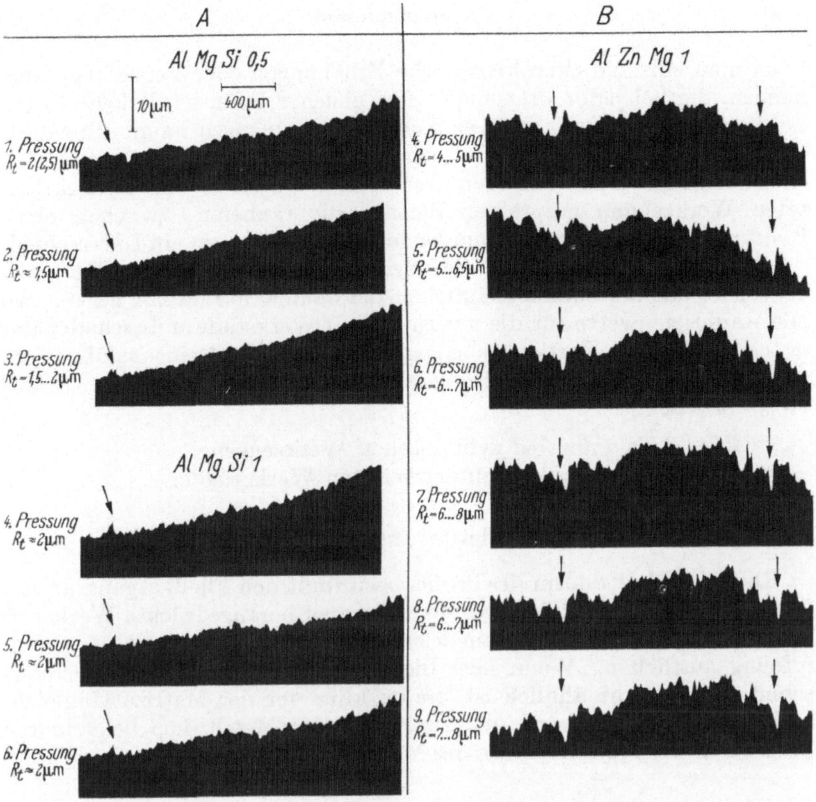

Bild 123. Strangrauheit bei aufeinanderfolgenden Pressungen
Reihe A: zylindrisches Werkzeug mit 3 mm Führungslänge; Reihe B: hinterarbeitetes Werkzeug

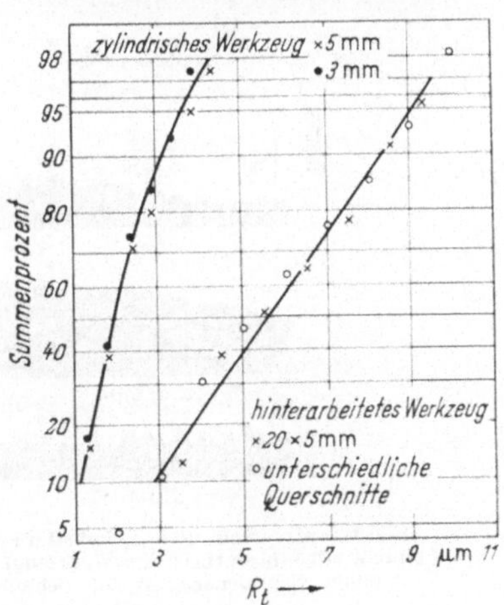

Bild 124. Häufigkeitsverteilung der Rautiefen R_t
an gepreßten Vollprofilen

kann man einzelne charakteristische Erhebungen oder Vertiefungen erkennen, die bei jeder Pressung in fast gleicher Form wiederkehren, ein
Zeichen, daß die Rauheit über mehrere Stranglängen kaum schwankt.

Betrachtet man den Einfluß der Werkzeuggestaltung, so ergibt sich
ein eindeutiges Bild: Bei allen Werkstoffen waren die mit hinterarbeiteten Werkzeugen gespreßten Stränge die rauheren; zwischen einer
Führungslänge von 3 und 5 mm hingegen besteht kaum ein Unterschied.

Der wesentliche Einfluß des zylindrischen Werkzeugs geht noch
deutlicher aus der Summenhäufigkeitsdarstellung in Bild 124 hervor, wo
alle Rauhtiefenwerte für die verschiedenen Werkstoffe unbeschadet der
unterschiedlichen Fertigungsbedingungen den Werkzeugausführungen
zugeordnet sind. Darnach lagen 90% der Meßwerte (zwischen 5 und
95%) zwischen

$$R_t = 1 \text{ bis } 4\,\mu\text{m} \quad \text{bei zylindrischen Werkzeugen}$$
$$R_t = 2 \text{ bis } 9\,\mu\text{m} \quad \text{bei hinterarbeiteten Werkzeugen.}$$

7.5 Einfluß der Strangquerschnittsform

Die Querschnittsform des Profils beeinflußt den Fließvorgang an der
Matrize in starkem Maße. Der vom Stempel herangedrückte Werkstoff
des runden Blockes würde am leichtesten durch eine runde Matrizenöffnung ausfließen. Wenn aber die Profilöffnung dem Ausgangsquer-
schnitt nicht mehr ähnlich ist, treten kurz vor der Matrize Ungleichmäßigkeiten im Fluß auf, und zwar folgt das Metall dem bequemeren
Weg durch die breiteren Teile des Matrizendurchbruchs. Dadurch kann

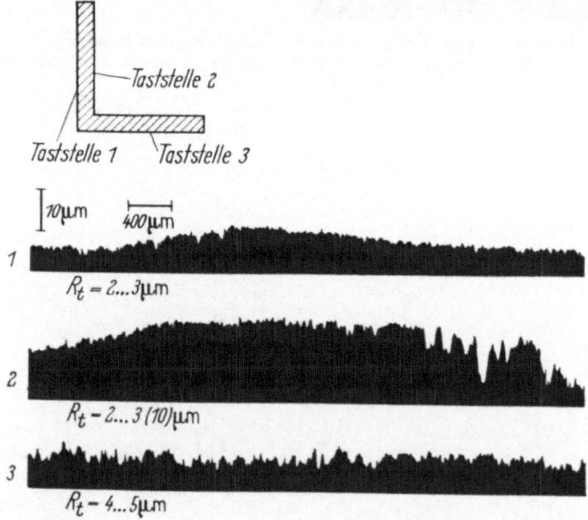

Bild 125. Unterschiedliche Rauheit an verschiedenen Teilflächen eines Winkelprofils
(gepreßt mit hinterarbeitetem Werkzeug). Werkstoff: AlMgSi, 2 Stränge, $\vartheta_P = 520\,°$C;
$v = 120$ mm/s. Schmierung: Al 99,5 (Scheibe) + Mineralwachs mit 20% halbkolloid. Graphit

es kommen, daß Profile verzerrt austreten oder daß an den engen Stellen überhaupt kein Metall ausfließt. Man kann dies dadurch ver-
hindern, daß man in Fließrichtung Form und Größe der Matrizenreibfläche örtlich verändert, um sie an bestimmten Stellen zu Bremsflächen zu machen. Eine Verlängerung der Reibfläche in der Fließrichtung bewirkt an Stellen stärkeren Werkstoffflusses eine Verringerung der Fließgeschwindigkeit, während eine Verkürzung der Reibfläche im dünnsten Profilquerschnitt die Austrittsgeschwindigkeit vergrößert. Es ist daher gemäß Bild 125 nicht zu erwarten, daß alle Teilflächen des Profils gleiche Rauheit haben, unbeschadet der Auswirkung unterschiedlicher Rauheit der Werkzeugflächen. Wieder tritt — wie schon bei den gezogenen Stäben mit rechteckigem Querschnitt — die Notwendigkeit auf, eine Rauheitsangabe auf eine bestimmte Stelle des Querschnitts zu beziehen.

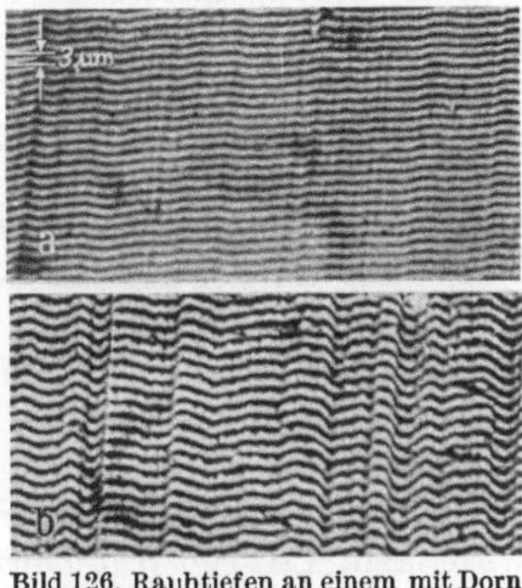

Bild 126. Rauhtiefen an einem mit Dorn gepreßten Rohr 48 × 35 mm ⌀ aus AlCuMgPb, durch Interferenzverfahren bestimmt
a) außen; b) innen

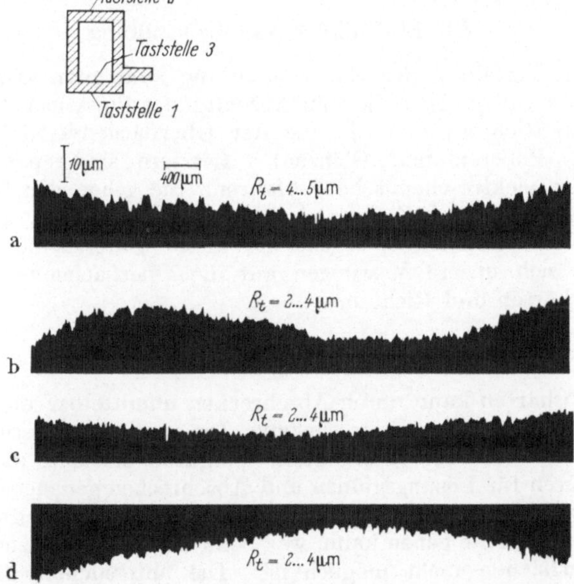

Bild 127. Rauhprofile an einem Hohlprofil, mit Brückenwerkzeug gepreßt
a) am Werkstück Taststelle *1*; b) am Werkstück Taststelle *2*; c) am Werkstück Taststelle *3*;
d) am Dorn nahe Taststelle *3*

Bei Hohlprofilen muß man zwischen der Formgebung mittels eines Dornes (gelochter Block) und mittels eines Brückenwerkzeuges (ungelochter Block) unterscheiden. Am Dorn werden wie beim Kaltfließpressen die ursprünglichen Drehrillen ($R_t = 5$ bis $6\,\mu$m) in axiale Verschleißriefen umgewandelt, die durch aufgeschweißten Werkstoff unregelmäßig unterbrochen sind. Bild 126 zeigt die Rauhtiefen an einem mit Dorn gepreßten Rohr; an der Innenfläche, in Umfangsrichtung abgetastet, lagen sie zwischen 3 und $6\,\mu$m wie beim Kaltfließpressen von Stahl, an der Außenfläche hingegen bei nur 1 bis $2\,\mu$m.

Beim Pressen mit einem Brückenwerkzeug (Bild 127) fanden wir die Oberflächen innen und außen gleichwertig. Auch besteht eine gute Übereinstimmung zwischen Innenwerkzeug und Strangoberfläche.

Aus diesen Beobachtungen kann man jedoch nicht allgemein auf das Verhältnis zwischen den Rauhtiefen innen und außen schließen. So wird beim Pressen mit Dorn die Rauheitsbildung maßgeblich durch die Art des Lochens bestimmt. Geschieht dies in der Strangpresse, so überzieht sich der Dorn mit einer dünnen Schicht des Preßwerkstoffs, und das Profil wird innen sehr glatt. Daneben beeinflussen noch Schmierung sowie Art, Größe und Richtung der Rauheit des gelochten Blockes und des Dornes die Oberfläche des Stranges.

7.6 Einfluß der Nachbehandlung

Bei den Verfahren der Nachbehandlung kann man zwei Gruppen unterscheiden, diejenigen, die zum Abschluß des Pressens gehören (Aushärten und Richten) und die, die der Oberflächenveredelung dienen (Schleifen, Polieren und Glänzen). Letztere sind spanende, chemische oder elektro-chemische Verfahren. Sie geben den Strangpreßprofilen für dekorative Zwecke ein glänzendes Aussehen. Da die veredelnden Verfahren nicht Gegenstand dieser Untersuchung sind, beschränken sich unsere Messungen auf die Oberflächenveränderungen durch Aushärten und Richten.

7.6.1 Aushärten

Das Aushärten kann durch Abschrecken unmittelbar an der Presse durch Luft oder Wasser geschehen. Die höchsten Festigkeitswerte werden indes erst bei gesondertem Vergüten erreicht, da dann die Temperaturen für Lösungsglühen und Abschrecken genauer eingehalten werden können und man näher an den Punkt des Schmelzens der Legierungsbestandteile gehen kann, was beim Pressen schon zur Erzielung guter Oberflächen nicht möglich ist. Die untersuchten Legierungen wurden verschiedenartig vergütet (Abschrecken mit Luft und Wasser an der Maschine und Salzbadvergütung). Hierbei zeigte sich kein Einfluß der Vergütungsart auf die Rauheit. Im Aussehen traten allerdings Unterschiede auf: in Luft abgeschreckte Stränge zeigten eine spiegelnde, glänzende, in Wasser abgeschreckte eine matte, samtene und im Salzbad vergütete eine etwas fleckige Oberfläche.

7.6.2 Richten und Beizen

Nach dem Abschrecken müssen die durch Pressen, Glühen und Abschrecken verzogenen Profile gerade gerichtet werden. Zu diesem Zwecke werden sie durchschnittlich um $1-2\%$ gereckt. Die dabei auftretende freie Rauhung ist vernachlässigbar klein. An allen untersuchten

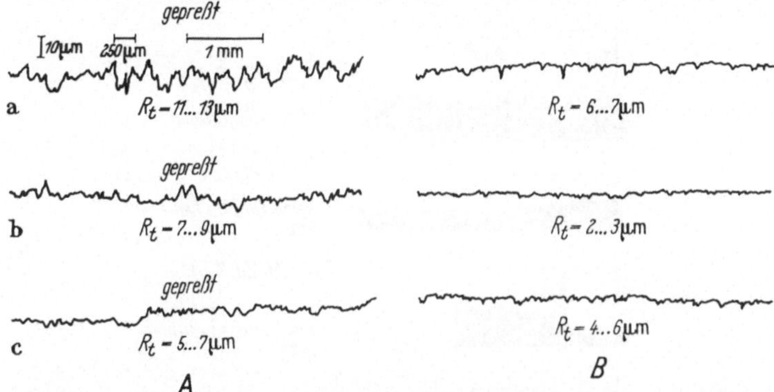

Bild 128. Einfluß von Richten und Nachbehandlung eines runden Rohres aus AlCuMg auf seine Innenrauheit. *A* gepreßt, *B* gerichtet

a) gepreßt, warm ausgehärtet, gerichtet (über Dorn von 117 auf 118,4 mm ⌀ geweitet), in Trichloräthylen gewaschen, geglüht, noch einmal kalibriert; b) wie a), jedoch vor dem Warmaushärten 10 min in 30%iger HNO_3 bei 50 °C gebeizt und mit warmem Wasser gewaschen; c) wie a), jedoch vor dem Warmaushärten 10 min in 15%iger NaOH gebeizt, in HNO_3 neutralisiert und mit warmem Wasser gewaschen

Proben war der Streubereich der Rauheit größer als die vermutete Rauheitsänderung. Es ist jedoch möglich, daß geringe Welligkeiten von der Größenordnung der Rauhtiefe auftreten.

Wird hingegen das Werkstück beim Richten noch von einem Werkzeug berührt (z. B. Kalibrieren von Rohren), so kann es vorkommen, daß die Oberfläche verändert wird. Im Sinne einiger Beispiele zeigt Bild 128 die Auswirkung von Richten und Nachbehandlung eines runden Rohres auf die Rauheit seiner Innenfläche. Das Richten ist hier mit einem Aufweiten durch Ziehen über einen Dorn verbunden. Bild 128, Zeile a läßt die dadurch erfolgte Glättung erkennen, bei der aber einzelne Vertiefungen bestehen bleiben. Auch bei dem Beispiel Zeile b ist die Glättung zu erkennen. Das Beizen in HNO_3 verändert die Oberfläche nicht, es werden nur Schmutz- und Fettschichten gelöst. Dagegen greift, wie Zeile c zeigt, Natronlauge das Metall an, so daß nach dem

Bild 129. Oberflächenfehler
a) Punktförmige Aufschweißungen;   b) Aufschweißungen mit „Krähenfüßen";
c) zerstörte Oberfläche

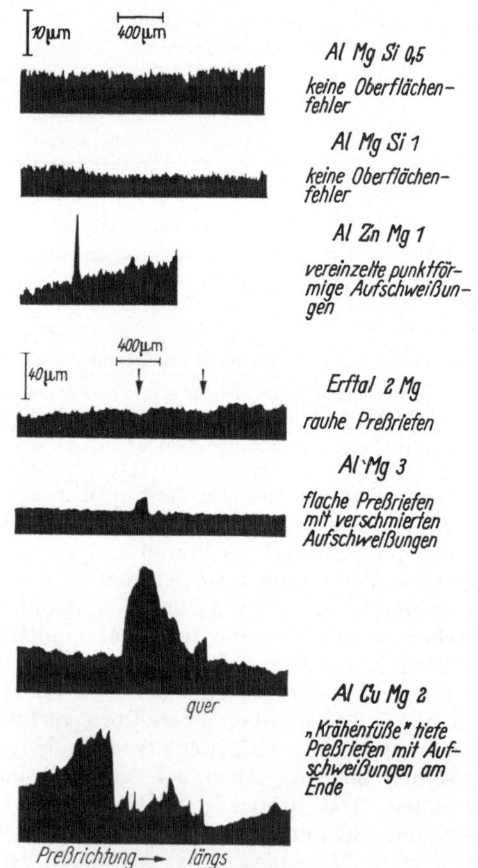

Bild 130. Oberflächenfehler an Strängen aus verschiedenen Legierungen

Beizbad in NaOH die durch das Strangpressen entstandene gerichtete Oberfläche fast verschwunden ist.

7.7 Oberflächenfehler

Da Strangpreßoberflächen vielfach Verwendung als Sichtflächen finden, wirken sich Oberflächenfehler sehr störend aus. Sie entstehen im wesentlichen durch Ablösungen von Teilchen der Klebschicht am Werkzeug, die dann mit dem Preßwerkstoff verschweißen (vgl. Bild 118). In Bild 129 sind Fehler unterschiedlicher Größe dargestellt. Es zeigen sich am Strang Aufschweißungen, die zunächst punktförmig sind. Örtlich verdickte Aufschweißungen am Werkzeug ziehen tiefe Bahnen in den Strang und lösen sich schließlich selbst vom Werkzeug; sie bilden dann — ähnlich wie Reste von Aufbauschneiden beim Zerspanen — die sogenannten „Krähenfüße" (b). Bei fortschreitender Verschweißung in der Matrize wird die Oberfläche schuppenartig zerstört (c). Ordnet man die unter gleichartigen Versuchsbedingungen entstandenen Oberflächen nach der Häufigkeit ihrer Fehlstellen (Bild 130), so ergibt sich eine Reihenfolge wie in Bild 117, wo die Werkstoffe ihrer Rauheit bzw. ihrer Festigkeit nach geordnet waren.

Offenbar sind es die gleichen Einflüsse, die zu größerer Rauheit und zu schwereren Oberflächenfehlern an den Oberflächen gepreßter Stränge aus Leichtmetall führen.

8. Zusammenfassung

In der Zusammenfassung unserer Überlegungen und Untersuchungen wollen wir zunächst das eingangs aufgestellte Ziel nochmals ins Auge fassen, sodann dem Leser einen knappen Rückblick auf die Ergebnisse aus den betrachteten Oberflächenwandlungen geben, um dann den Versuch zu machen, eine „Typologie umgeformter Oberflächen" zu umreißen. Schließlich werden wir einige Gesichtspunkte für künftige Normungsarbeiten im Deutschen Normenausschuß angeben.

8.1 Annäherung an das Ziel dieser Schrift

Wenn es ein anerkanntes Erfordernis ist, dem Austauschbau Zahlenangaben über die Mikrogeometrie technischer Oberflächen zu liefern, so gehören dazu auch die umgeformten Oberflächen. Als ihre Eigenheit haben wir festgestellt, daß sie aus vorhandenen Oberflächen teils durch freie Rauhung, teils durch gebundene Wandlung entstehen. Ihr Endzustand ist ein Ergebnis ihrer Geschichte.

Die Mannigfaltigkeit umgeformter Oberflächen scheint, von den Verfahren aus gesehen, größer zu sein als die der abgespanten. Erst wenige sind von anderer Seite untersucht worden. Sie alle zu durchforschen würde viele Arbeitsjahre erfordern. Daher mußte unsere Untersuchung auf einige wenige Verfahren und Werkstoffe beschränkt werden. Wir haben sie so ausgewählt, daß so gut wie alle Arten von Einflüssen auf die Endoberflächen mindestens qualitativ erkannt worden sind. Eine Reihe von Gesichtspunkten sind erst während unserer Untersuchungen aufgetaucht. Diese sind hauptsächlich in Industriebetrieben durchgeführt worden; dadurch wurde es möglich, neben Einzelbeobachtungen auch repräsentative statistische Ergebnisse darzustellen.

Wenn schon bei den empirisch entwickelten Verfahren gute, z. T. sehr gute Oberflächen erreicht werden, so bietet sich nun nach Klarlegung der Zusammenhänge die Aussicht, sie mindestens zu sichern, wenn nicht zu verbessern.

Wir sind uns darüber klar, daß endgültige Zahlenwerte erst in der Zukunft gefunden werden können. Das aber glauben wir erreicht zu haben, daß sowohl die gefundenen Methoden für weitere systematische Untersuchungen als auch die dargestellten Gesichtspunkte eine brauchbare Grundlage für die Aufstellung von Richtwerten liefern. Das bedeutet zugleich das Skelett für die angestrebte „Typologie umgeformter Oberflächen".

Indes sei darauf hingewiesen, daß beim Umformen neben den mikrogeometrischen Wandlungen der Oberflächen auch Veränderungen in der Oberflächen*schicht* einhergehen. Wir denken an Kornverformung, Korngrößenänderung, Wandlung von Korngrenzschichten u. a., sowie an Änderungen der Textur, die in der Oberflächenschicht durchaus anders als im tiefen Innern des Körpers sein können. Diese „Mikrogeometrie des Innern der Oberflächenschicht" bildet eine Aufgabe, deren Lösung die notwendige Ergänzung unserer Arbeit bilden sollte.

8.2 Die Ergebnisse eigener und fremder Untersuchungen

An Flächen, die während eines Umformganges dauernd oder zeitweise ohne Berührung mit dem Werkzeug umgeformt werden, entsteht eine sog. *freie Rauhung*. Ihr Ausmaß, sofern die Ausgangsfläche glatt ist, ist proportional der Korngröße und der größten bezogenen Längenänderung der beobachteten Stelle. Ist vor der freien Aufrauhung schon eine nennenswerte Rauheit vorhanden, so nimmt sie beim Dehnen ab und beim Stauchen zu. Die durch freie Rauhung entstandene Rauheit kann häufig durch die nachfolgende gebundene Umformung nicht mehr beseitigt werden. An fertigen Werkstücken sind daher häufig frei gerauhte Flächenteile oder Spuren einer freien Rauhung zu sehen.

Die *gebundene* Oberflächenwandlung ist teils nach fremden, teils nach eigenen Untersuchungen für folgende typische Fälle der Massivumformung festgestellt worden.

a) Beim *Flachstauchen* (Ebenprägen) drückt sich die Werkzeugoberfläche in der Nähe der Fließscheide ab; daneben entstehen je nach dem Verhältnis von Werkzeugrauheit zu Werkstückrauheit glattere oder rauhere Flächenteile.

b) Das *Walzen* liefert grundsätzlich die besten umgeformten Oberflächen; besonders gilt dies für das „Glattwalzen".

Beim Walzen von Kaltband wird die Oberflächengestalt wesentlich durch das Gleiten des Werkstoffes an den meist glatten Walzen bestimmt. Daher kommt es, daß zwischen Werkzeug- und Werkstückrauheit keine Übereinstimmung besteht. Die Bleche weisen eine richtungsabhängige Rauheit auf, die quer zur Walzrichtung größer als längs ihr ist. Die Walzenoberfläche wirkt sich hauptsächlich beim Nachwalzen aus, wodurch man trotz geringer Umformung durch bestimmte Walzenrauheiten definierte Blechrauheiten erzeugen kann.

Beim Walzen von Gewinden finden sich auf dem Werkstück Spuren der Mikrogestalt der Werkzeuge. Mängel der Ausgangsoberfläche werden nicht völlig beseitigt. Verschlechternd auf die sonst sehr glatte Oberfläche wirken Phosphatschicht, Schmutz und eine ungenügende oder zu reichliche Schmierung.

c) Beim *Ziehen von Stäben und Drähten* beeinflussen die Rauheit und die Fehlstellen der warmgewalzten und entzunderten Ausgangsoberfläche die Oberfläche des Ziehguts. Infolgedessen unterscheidet sich ein gezogenes Rauheitsprofil erheblich von einem kaltgewalzten; es ist glatt mit muldenartigen Vertiefungen. Eine glättende Wirkung übt das Weiterziehen und das Friemeln oder Richten zwischen Walzen aus. Neben der Größe der Formänderung wirken sich besonders die Werkzeugform und die Schmierung aus; daher sind Rauheitsänderungen beim Drahtziehen infolge der unterschiedlichen Fertigungsbedingungen anders als beim Stabziehen.

Das zum Ziehen zu zählende Abstrecken eines Hohlkörpers verbessert die Oberfläche nennenswert und bringt sie in den Gütebereich gezogener Stäbe.

d) Das *Fließpressen* hohler Körper zeigt große Rauheitsunterschiede zwischen verschiedenen Stellen desselben Stücks; außerdem weist es, wie kaum ein anderes Verfahren, eine Reihe *verschiedener* aufeinanderfolgender Arbeitsgänge auf. Die sehr unterschiedliche Rauheit verschiedener Stellen wurde aus der Geschichte der Werkstücke erklärt, die durch Stauchen, Rückwärts- und Vorwärtsfließpressen und Abstrecken umgeformt worden waren. Als methodisch hilfreich erwies sich die Erzeugung einer regelmäßigen Oberflächengestalt vor der Umformung und die Feststellung der Kornverformung.

Bei diesem Verfahren wurde auch der Unterschied zwischen der Rauheit auf dem Phosphatüberzug und der darunter liegenden Metallfläche festgestellt.

e) Das *Strangpressen* ohne Schmierung des „Bolzens" ist ein Verfahren, bei dem die Oberfläche des Strangs frisch entsteht und somit gewisse Ähnlichkeiten mit einem Abspanverfahren hat. Wir sprechen hier daher nicht von einer „umgeformten Oberfläche". Es ist eine Fläche eigener Art, eine „bei der Umformung entstandene frische Fläche". Sie geht daher nur am Rande in unsere Typologie ein.

Beim Strangpressen wird die Oberfläche der Werkstücke maßgeblich durch ein Verschweißen von Werkstoff mit dem Werkzeug bestimmt. Hierbei wirken sich neben dem Preßwerkstoff die Werkzeugform sowie die Preßbedingungen aus. Bei den untersuchten Al-Legierungen wurde für die Rauheit die gleiche Rangfolge wie für die Preßbarkeit und die Festigkeit gefunden.

Allgemeine Feststellungen:

a) Umgeformte Oberflächen zeichnen sich durch einen geringen Leeregrad aus. Ein Teil (insbesondere gewalzte und gezogene) weist sehr geringe Rauhtiefen auf, wie sie sonst bei feinbearbeiteten Oberflächen gefunden werden. Betrachtet man die Kaltumformverfahren insgesamt, so liegen die Rauhtiefen zwischen 20 und 0,2 μm; ihr Rauhtiefenbereich ist somit etwa 100:1.

b) Beim Umformen überlagern sich die Auswirkungen der Inhomogenität der makrogeometrischen Flächenumformung und der sich über die Oberfläche verändernden Drücke, Geschwindigkeiten, Temperaturen und Schmierwirkungen.

c) Bei Wiederholung, selbst in der Massenfertigung, bleiben diese Größen nicht konstant; dies ist neben dem Werkzeugverschleiß die Ursache für die beträchtlichen Streuungen der Rauheit.

d) Von den Senkrechtmeßgrößen — Rauhtiefe R_t, Glättungstiefe R_p und arithmetisch gemittelter Rauhtiefe R_a — erweist sich R_p neben R_t als entscheidend wichtig. Es werden beide Werte zusammen für erforderlich gehalten, sei es, daß sie beide oder einer davon (R_t) und ihr Verhältnis, der Leeregrad, angegeben werden.

Der R_a-Wert hat für die Beurteilung *verschieden* entstandener Oberflächen den geringsten Informationsgehalt.

e) Das Vorschreiben von Werten der Senkrechtmeßgrößen soll auf statistisch ausgewerteten Messungen beruhen.

f) Zur Beurteilung einer umgeformten Oberfläche, zumal wenn man sie nicht selbst gesehen hat, ist es stets vorteilhaft, die Profilschriebe zu kennen. Bisweilen kann es auch nützlich sein, die Geschichte ganz oder teilweise zu nennen.

g) An umgeformten Oberflächen können typische Fehler (Falten, Risse u. a.) auftreten. Teils gehen sie auf Oberflächenfehler am Ausgangsstück zurück, teils entstehen sie durch Fertigungsfehler bei der Umformung.

8.3 Gesichtspunkte für eine „Typologie umgeformter Oberflächen"

a) Eine Typologie umgeformter Oberflächen muß sich auf die Tatsache stützen, daß diese aus früheren Oberflächen in einem oder in einer Reihe von Fertigungsgängen entstehen.

Wenn es auch für die Funktion der erzeugten Gegenstände nur auf die Endzustände ankommt, so muß doch eine Typologie, die zugleich der Fertigung und der Funktion dienen soll, den *Herhang* der Oberflächenwandlung erfassen (Verfahrensanalyse).

b) Sind daran mehrere Arbeitsgänge beteiligt, so liefert die Typologie Gesichtspunkte für die Erzielung besserer Endoberflächen, indem die Anzahl oder die Intensität der aufeinander folgenden Umformungen verändert wird (Fertigungslenkung).

c) Fast an jeder Oberflächenwandlung ist eine *freie Rauhung* beteiligt; muß ihr Einfluß eingedämmt werden, so lauten die zur Verfügung stehenden Mittel: geringere Korngröße — Vermeidung von Umformgraden, die beim Rekristallisationsglühen zu einer Grobkornbildung führen — Verringerte Umformgrade — Gleiten unter hohem Druck.

d) Bei der *gebundenen Umformung* hängt die Oberflächenwandlung von dem Geschehen zwischen Werkzeug und Werkstück ab. Wir unterscheiden

reine Druckbeanspruchung
Gleiten der Werkstückflächen unter hohem Druck (Ziehen, Durchpressen)
Einwirkung von Walzwerkzeugen.

e) Bei jedem dieser Verfahren spielt die *Schmierung* eine wichtige Rolle; bald verbessert sie die Oberfläche, bald verschlechtert sie sie. Umgekehrt werden das Verbleiben von Schmierschichten und ihre Auswirkung von der Oberflächenrauheit beeinflußt.

f) Die Rauheit des Werkzeugs ist bei den meisten Verfahren von Einfluß. Teils bildet sie sich unmittelbar ab (bei reiner oder vorherrschender Druckbeanspruchung), teils wirkt sie vornehmlich in einer Richtung, nämlich quer zur Gleitrichtung.

g) Der Werkzeugverschleiß wirkt im allgemeinen verschlechternd. Gute Endoberflächen verlangen daher eine Verminderung des Verschleißes oder eine Herabsetzung der Standmengen.

h) Nicht alle Oberflächen eines Werkstückes haben an allen Stellen eine gleichartige und gleich große Rauhtiefe. Dies ist nur bei stationären

Arbeitsvorgängen an Werkstücken mit konstanter Querschnittskrümmung, d. h. an runden Stangen, der Fall, in hohem Grade auch bei ebenen Tafeln (Walzen), wenn man von den Rändern absieht. Bei allen anderen Verfahren, insbesondere den instationären, muß man damit rechnen, daß die Endoberfläche von *Stelle zu Stelle* verschieden ist, und zwar sowohl in ein und demselben Querschnitt an Stellen verschiedener Krümmung als auch entlang von Mantellinien oder Flanken makrogeometrischer Rillen (Gewinde, Verzahnungen).

i) Sofern auf das umzuformende Werkstück eine Schicht (i. a. eine die Reibung verringernde Schutzschicht) aufgebracht worden ist, muß zwischen der Rauheit der Schicht und der von ihr befreiten metallischen Fläche unterschieden werden.

k) Zur Typologie umgeformter Oberflächen gehören auch bestimmte Fehler, z. B. Überlappungen oder durch Druck verschlossene Risse.

l) Neben der Rauheit ist die *Welligkeit* zu beachten. Eine vor dem Umformen vorhandene Welligkeit kann sich beim Umformen unter Umständen im gleichen Sinne wie die Rauheit ändern, z. B. beim Blechwalzen und beim Stabziehen. Andererseits kann eine Welligkeit durch die Umformung entstehen, sei es durch die Form des verschlissenen Werkzeugs, sei es durch Schwingungen.

m) Eine chemische Oberflächenbehandlung (z. B. Phosphatieren, Beizen) vermag eine Oberflächenrauheit völlig zu verändern.

n) Es kommt nicht nur darauf an, möglichst geringe Rauhtiefen zu erzielen. Mit der Beherrschung von Ursache und Wirkung bei der Oberflächenwandlung kann man auch funktionell wichtige *Mindestrauhtiefen* zuverlässig erreichen.

o) Die Typologie soll die Beziehungen zwischen Rauheit, Schmierung und Reibung berücksichtigen.

p) Die Typologie soll die Beziehungen zwischen Rauheit und aufzubringenden Schichten (galvanischen Überzügen, Schichten aus Lack, Emaille u. a.) berücksichtigen.

q) Eine nach Arbeitsstufen aufgebaute Typologie besitzt einen heuristischen Wert, indem sie Schlußfolgerungen auf die Umformvorgänge der der Oberfläche nahen Werkstoffschicht zuläßt.

r) In einer Typologie gerade der umgeformten Oberflächen sollten die physikalischen Eigenschaften der Oberflächenschicht nicht fehlen; zu diesen sollen unsere da und dort eingestreuten Betrachtungen von Korngrößen und Kornverformungen eine Brücke bilden.

s) Die Typologie umgeformter Oberflächen lehrt, wie man aus ihrer Endbeschaffenheit auf ihre Entstehung schließen kann.

8.4 Ergebnisse für die Normung

In allen Industriestaaten wird an der Normung von Begriffen und Daten für die Mikrogeometrie der Oberflächen gearbeitet. Die DIN-

Normen enthalten die wesentlichen Grundbegriffe, Meßgrößen und Oberflächentypen. Indes war bisher der Blick hauptsächlich auf abgespante Oberflächen gerichtet. Eine Ausweitung auf Oberflächen, die durch andere Fertigungsverfahren, wie Urformen und Umformen entstehen, ist auf Grund der jüngsten Entwicklung dieser Verfahren erwünscht. Daher seien hier einige Anregungen für die Weiterentwicklung der Oberflächennormen gegeben, wie sie sich aus unseren Betrachtungen ergeben.

a) Die bestehenden Grundnormen mögen um einige Begriffe erweitert werden; wir nennen: räumlicher Leeregrad, bezogene Rauheitsänderung, Böschungswinkel, Unterschneidung, Überlappung, zugepreßter Riß, aufgeschweißte Partikel, ohne damit die Lückenlosigkeit des noch Erwünschten zu beanspruchen.

b) Bisherige qualitative Angaben für die Oberflächenrauheit in DIN-Normen für Stäbe, Drähte, Bleche, sowie für Maschinenteile sind durch zahlenmäßige Angaben zu ersetzen.

c) Die Angaben sollen die jeweils zulässigen Größtwerte der Rauhtiefe und der Glättungstiefe enthalten. In bestimmten Fällen sind Kleinstwerte anzugeben, in anderen Kleinst- *und* Größtwerte.

d) Auch die Angabe von statistischen Streuungen sollte in Betracht gezogen werden; dabei ist häufig eine Darstellung der Werte der Senkrechtmeßgrößen auf dem Summenhäufigkeitspapier zweckmäßig.

e) In Prüfvorschriften soll angegeben werden, an welchen *Stellen* eines umgeformten Gegenstandes die Rauheit zu prüfen ist, und wieviele Messungen zur Mittelung herangezogen werden sollen.

f) Zum Entwurf DIN 4763 [*91*], Stufung der Maße für die Rauheit von Oberflächen, bestätigen unsere Beobachtungen, daß angesichts der großen Streuung der Senkrechtmeßgrößen an benachbarten Stellen der Stufensprung 1,6 angemessen erscheint.

9. Verzeichnisse

9.1 Schrifttum

In engem Zusammenhang mit diesem Buch steht

[1] Kienzle, O., u. K. Mietzner: Atlas umgeformter Oberflächen, Berlin/ Heidelberg/New York: Springer 1965. *Dieser enthält auf 42 Tafeln mit eingehenden Erläuterungen in der Praxis ermittelte Daten von 14 Umformverfahren.*

Weitere Einzelheiten in

[2] AKERET, R.: Einfluß der Schmierung auf das Strangpressen von Aluminium und Aluminiumlegierungen. Z. Metallkde. 55 (1964) 570—573.

[3] ANDRIEU, O.: Die Blankstahloberfläche — das Sorgenkind der Hersteller. Industrieanzeiger 82 (1957) 1235—1237.

[4] APEL, H.: Gewindewalzen, München: Hanser 1952.

[5] BICKEL, E.: Die Bezugsstrecke oder Bezugslänge für die Rauheitsmessung. Werkstattstechnik 50 (1960) 294—301.

[6] BLEILÖB, F., u. H. BORN: Bestimmung der Oberflächenbeschaffenheit von Draht. Drahtwelt 49 (1963) 477—483.

[7] BOWDEN, F. P., u. D. TABOR: Reibung und Schmierung fester Körper, Berlin/Göttingen/Heidelberg: Springer 1959.

[8] BRUNAUER, S.: The absorption of gases and vapours, Physical absorption, Oxford University Press 1945.

[9] BUCH, M.: Vergleichende Untersuchungen über die chemische und mechanische Entzunderung von Walzdraht unter Berücksichtigung der Weiterverarbeitbarkeit im nachfolgenden Kaltformgebungsprozeß. Draht 11 (1960) 97—104.

[10] BÜHLER, H.: Eigenspannungen in prägepolierten Stahlstangen. Arch. Eisenhüttenw. 8 (1934/35) 515—516.

[11] BÜHLER, H., u. E. H. SCHULZ: Die Verminderung der beim Kaltziehen in Stangen entstehenden Eigenspannungen. Stahl u. Eisen 70 (1950) 1147—1152.

[12] EPIFANOV, G. J., N. J. GLAGOLEV u. P. A. REBINDER: The effect of surface active media on the surface hardening of metals. Proc. of the Academy of Sciences of the USSR, Physics Station 123 (1958) 663—666.

[13] ERDMANN-JESNITZER u. P. DIETZMANN: Grundlagenversuche zum Fließpressen. Werkstattstechnik 50 (1960) 71—75.

[14] FELDMANN, H.-D.: Fließpressen von Stahl, Berlin/Göttingen/Heidelberg: Springer 1959.

[15] FORSTER, A.: Oberflächenmessung durch Profiltasten. Werkstattstechnik u. Maschinenbau 39 (1949) 161.

[16] FÖPPL, O.: Die zweckmäßigste Art der Durchführung des Oberflächendrückens, Mitt. des Wöhler-Institutes, Braunschweig, H. 38, Braunschweig: Vieweg 1941, S. 54.

[17] GERLACH, H.: Glattwalzen von Gußeisen. CIRP-Annalen IX (1960) 94.

[18] GERLACH, H. H.: Das Glattwalzen von Gußeisen, Diss. TH Hannover 1961.

[19] HÄSING, J.: Die Zuverlässigkeit der Rauheitsempfindung und ihr Zusammenhang mit geometrischen Rauheitsmeßwerten. Werkstattstechnik 50 (1960) 728—733.

[20] HOFMANN, W., u. P. GUMM: Kaltpreßschweißen in Fließpreßvorgängen. CIRP-Annalen XIII (1964/65); Z. Metallkde. 56 (1965).

[21] HOFMANN, W., u. J. RUGE: Versuche über die Kaltpreßschweißung von Metallen. Z. Metallkde. 43 (1952) 133.

[22] IWASCHEFF, W.: Glattwalzen gußeiserner Gleitbahnen an Werkzeugmaschinen. Werkstattstechnik u. Maschinenbau 45 (1955) 326—327.

[23] KELLERMANN, R., u. H.-C. KLEIN: Untersuchungen über den Einfluß der Reibung auf Vorspannung und Anzugsmoment von Schraubenverbindungen. Konstruktion (1955) H. 2, S. 2—16.

[24] KIENZLE, O.: Zur Frage der Oberflächenrauhigkeit. Werkstattstechnik 33 (1939) 565.

[25] KIENZLE, O.: Der Vorstoß der Umformtechnik in die Endfertigung. Industrieanzeiger 74 (1949) 218—221.

[26] KIENZLE, O.: Zur Typologie umgeformter metallischer Oberflächen. Microtechnik 14 (1960) 134—140.

[27] KIENZLE, O., u. H. GERLACH: Das Glattwalzen kreiszylindrischer und ebener Werkstücke aus Gußeisen. Werkstattstechnik 51 (1961) 505—512.

[28] KIENZLE, O., u. A. HEISS: Die Oberflächenabtastung in zwei Richtungen. Werkstattstechnik u. Maschinenbau 41 (1951) 73—81.

[29] KIENZLE, O., u. R. MEIER: Erzielbare Maßgenauigkeiten und Oberflächengüten beim Kaltflachprägen von Gesenkschmiedestücken. Werkstattstechnik 51 (1961) 545—551.

[30] KIENZLE, O., u. K. MIETZNER: Mikrogeometrische Veränderungen der Oberfläche bei Kaltumformvorgängen, Forschungsberichte des Landes Nordrhein-Westfalen Nr. 812, Köln/Opladen: Westdeutscher Verlag 1960.

[31] KIENZLE, O., u. K. MIETZNER: Die Oberflächenwandlung beim Kaltfließpressen von Stahl. Werkstattstechnik 54 (1964) 549—555.

[32] KIENZLE, W.: Rundlaufgerät für Oberflächenabtastungen an Kreisbogen entlang. Werkstattstechnik u. Maschinenbau 45 (1955) 235—236.

[33] KIRSCH, J.: Zur Kenntnis und Deutung der Vorgänge bei der Kaltpreßschweißung, Diss. TH Braunschweig 1964.

[34] KÖNIG, H.: Das Glattwalzen zylindrischer Flächen von Bauteilen aus Stahl. Werkstattstechnik u. Maschinenbau 43 (1953) 261—268.

[35] KÖNIG, H.: Glattwalzen, Schriftenreihe Feinbearbeitung, Stuttgart: Das Industrieblatt 1954.

[36] KRAUSE, U.: Die Rauheit technischer Oberflächen und ihre Messung. Stahl u. Eisen 78 (1958) 1827—1832; 79 (1959) 371—376.

[37] KUDO, H.: A method for direct and continuous observation of internal metal flow during forming. Report of the Institute of Science and Technology, University of Tokyo 11 (1957) No. 12.

[38] LUEG, W., u. U. KRAUSE: Messungen der Oberflächenrauheit von kaltgewalztem Stahlband sowie von gezogenem Stahldraht und Stabstahl. Stahl u. Eisen 79 (1959) 1837—1843.

[39] LUEG, W., u. U. KRAUSE: Das Messen der Rauheit von kaltverformten Oberflächen. Stahl u. Eisen 80 (1960) 325—336.

[40] LUEG, W., u. K. H. TREPTOW: Schmierstoffe und Schmierstoffträger beim Ziehen von Stahldraht. Stahl u. Eisen 72 (1952) 399—416; 76 (1956) 1107—1116.

[41] MACHERAUCH, E.: Die plastische Verformung von Vielkristallen. Z. Metallkde. 55 (1964) 60—80.

[42] MACHU, W.: Die Phosphatierung, Weinheim: Chemie-Verlag 1950.

[43] MAYER, H.: Physik dünner Schichten, Stuttgart: Wissenschaftliche Verlagsgesellschaft 1950.

[44] MEICHSNER, H., u. H. HELDT: Der Einfluß der Gewindetoleranzen auf die Bestimmung des Bolzendurchmessers (Vorarbeitsmaß) beim Gewindewalzen. Fertigungstechnik 7 (1957) 421—423.

[45] MIETZNER, K.: Mikrogeometrische Veränderungen der Oberfläche bei Kalt-umformvorgängen. Stahl u. Eisen 81 (1961) 950—952.

[46] MIETZNER, K.: Untersuchungen über die Oberflächenbeschaffenheit von gezogenen Stäben. Stahl u. Eisen 82 (1962) 1423—1432.

[47] MIETZNER, K.: Rauheitsmessungen an kalt gewalztem Stahlband. Stahl u. Eisen 83 (1963) 336—344.

[48] MÜHLENWEG, H.: Die Veränderung der Oberflächenrauheit beim Herstellen nahtloser Stahlrohre nach dem Ehrhardt-Verfahren mit nachfolgendem Kaltziehen, Diss. TH Hannover 1958.

[49] O'CONNOR, Th. L., u. H. H. UHLIG: Absolute areas of some metallic surfaces. J. Phys. Chem. 61 (1957) 402.

[50] PAHLITZSCH, G., u. H.-J. v. EITZEN: Über das Glattwalzen kreiszylindrischer Zapfen mit Durchmesser von 1,5 bis 5 mm im Einstechverfahren. Werkstattstechnik 47 (1957) 589—597.

[51] PAHLITZSCH, G., u. P. KROHN: Das Glattwalzen kreiszylindrischer Werkstücke. Werkstattstechnik 53 (1963) 447—453.

[52] PAWELSKI, O.: Richtkraft und Änderung des Stabdurchmessers beim Richten von Blankstahl in Drei-Walzen-Richtmaschinen. Stahl u. Eisen 82 (1962) 836—846.

[53] PAWELSKI, O.: Einfluß der chemischen Zusammensetzung und der Vorbehandlung auf die Richtkraft, die Änderung des Stabdurchmessers und das Verhalten der mechanischen Eigenschaften beim Richten von Blankstahl. Stahl u. Eisen 82 (1962) 1410—1422.

[54] PERTHEN, J.: Prüfen und Messen der Oberflächengestalt, München: Hanser 1949.

[55] PERTHEN, J.: Die Trennung von Welligkeit und Rauheit bei Oberflächenmessungen. Werkstattstechnik 51 (1961) 480—488.

[56] REIHLE, M.: Einfluß der Korngröße auf die Oberflächenfeingestalt von Tiefziehteilen, Mitt. der Forschungsgesellschaft Blechverarbeitung 1961, S. 141—150.

[57] RICK, M.: Erzeugung von Bearbeitungsflächen an Blechwerkstücken durch Kaltumformung. CIRP-Annalen XI (1962/63) 243—247.

[58] SCHIER, H.: Die Sichtprüfung. Gegenwärtiger Stand und Grundlagen für ihre Automatisierung. Werkstattstechnik u. Maschinenbau 48 (1958) 270—276.

[59] SCHIMZ, K.: Gewinderollbacken mit geschliffenem Gewinde. Werkstattstechnik 49 (1959) 320—322.

[60] SCHMALTZ, G.: Technische Oberflächenkunde, Berlin: Springer 1936.

[61] SCHNEIDER, V., u. W. REIMANN: Ein neues Abdruckverfahren für die Oberflächenprüfung. Werkstattstechnik u. Maschinenbau 46 (1956) 129—131.

[62] SCHORSCH, H.: Gütebestimmung an technischen Oberflächen, Stuttgart: Wissenschaftliche Verlagsgesellschaft 1958.

[63] SEDLACZEK, H., H. WIRTZ u. M. BUCH: Beiträge zum Strahlentzundern von Walzdraht und Warmband. Stahl u. Eisen 80 (1960) 351—356.

[64] STEPHAN, K.: Mechanismus und Modellgesetz des Wärmeübergangs bei der Blasenverdampfung. Chemie-Ingenieur-Technik 35 (1963) 775—784.

[65] TOLANSKY, S.: Multiple Beam Interferometry of Surfaces and Films, Oxford 1948.

[66] WASSERMANN, G., u. J. GREWEN: Texturen metallischer Werkstoffe, 2. Aufl., Berlin/Göttingen/Heidelberg: Springer 1962.

[67] WEINGRABER, H. v.: Die technische Oberfläche — ein Problem für die Gemeinschaftsarbeit. Werkstattstechnik u. Maschinenbau 44 (1954) 245—249.

[68] WEINGRABER, H. v.: Zur Definition der Oberflächenrauheit. Werkstattstechnik u. Maschinenbau 46 (1956) 251—264.

[69] WEINGRABER, H. v.: Die neuen deutschen Oberflächennormen und ihre Auswirkungen auf die Oberflächenmessung. Stahl u. Eisen 80 (1960) 1933—1939.

[70] WEINGRABER, H. v.: Der gegenwärtige Stand der Oberflächenprüfung und -messung aus den Blickwinkeln der Praxis und der Forschung. Werkstattstechnik 54 (1964) 541—548.

[71] WEINGRABER, H. v., u. J. HÄSING: Tastsysteme zur Ermittlung geometrischer Oberflächenmaße, insbesondere der Glättungstiefe, nach dem Hüllprofilsystem. DBP Nr. 1068025 v. 28.4.1960. — Siehe auch HÄSING, J.: Die Messung der Glättungstiefe nach dem E-System. Erfahrungen mit einem Zweitastermeßgerät. CIRP-Annalen XII (1963/64) 138—143.

[72] WEYL, H.: Symmetrie, Basel/Stuttgart: Birkhäuser 1955.

[73] WIEGAND, H.: Über den Einfluß des Feinbaues von Werkstoffen und ihrer Oberflächen bei der Kaltumformung. Werkstatt u. Betrieb 90 (1957) 769—775.

[74] WIEGAND, H.: Die Oberfläche von metallischen Werkstoffen in ihrem Einfluß auf das Betriebsverhalten der Konstruktionsteile. Metalloberfläche 12 (1958) 33—37, 65—68.

[75] WIEGAND, H.: Über die Bedeutung von Isoliergleitschichten bei der Kaltumformung metallischer Werkstoffe. Werkstatt u. Betrieb 93 (1960) 147—151.

[76] WIEGAND, H., u. K. H. KLOOS: Einfluß der Oberflächengrenzschicht auf das Reibungsverhalten austenitischer Werkstoffe bei der Kaltumformung im Tiefziehverfahren. Metalloberfläche 13 (1959) 229—233.

[77] WIEGAND, H., u. K. H. KLOOS: Der Reibungs- und Schmierungsvorgang in der Kaltformgebung und Möglichkeiten seiner Messung. Werkstatt u. Betrieb 93 (1960) 181—187.

[78] WIEGAND, H., K. H. KLOOS u. K. MÜLLER: Einfluß der Reibungspartner auf die Festkörperberührung in Kaltformgebung. Stahl u. Eisen 81 (1961) 924—933.

[79] WIEGAND, H., u. K. H. KLOOS: Veränderungen der Oberflächenfeingestalt werkzeuggebundener Oberflächen beim Kaltstauchen. Stahl u. Eisen 83 (1963) 406—415.

[80] WOLF, H.: Die Bedeutung des cut-off bei der Oberflächenprüfung mit Tastschnittgeräten. Werkstatt u. Betrieb 92 (1959) 817—820.

[81] WÜSTEFELD, A.: Adsorption und Absorption von Oberflächenschichten, insbesondere von Phosphatschichten, und deren Plastizität. Arch. Metallkde. 3 (1949) 223—224.

[82] ZEHENDER, E.: Erfahrungen mit einer neuen Interferenzmethode zur Untersuchung von Oberflächen. Metalloberfläche 8 (1954) 49—52.

DIN-Normen und VDI-Arbeitsblätter

[83] VDI-Arbeitsblatt 3139: Kaltfließpressen von Stahl (1958).

[84] VDI-Arbeitsblatt 3174: Rollen von Außengewinden durch Kaltformung (1958).

[85] VDI-Arbeitsblatt 3177: Oberflächen-Feinwalzen (1963).

[86] DIN-Norm 4760 (Ausgabe Juli 1960): Begriffe für die Gestalt von Oberflächen.

[87] DIN-Norm 4761 (Ausgabe August 1960): Begriffe, Benennungen und Kurzzeichen für den Oberflächencharakter.

[*88*] DIN-Norm 4762 (Bl. 1, Ausgabe August 1960): Erfassung der Gestaltabweichungen 2. bis 5. Ordnung an Oberflächen anhand von Oberflächen-
schnitten; Begriffe für Bezugsystem und Maße.

[*89*] DIN-Norm 4762 (Bl. 2, Ausgabe August 1960): Auswertung von Profilschnitten mit geometrisch idealem Bezugsprofil als Grundlage.

[*90*] DIN-Norm 4762 (Bl. 3, Ausgabe August 1960): Erfassung der Gestaltabweichungen 2. bis 5. Ordnung an Oberflächen an Hand von Oberflächen-
schnitten; Auswertung von Profilschnitten mit Form- und Hüllprofil als
Grundlage.

[*91*] DIN-Norm 4763 (Entwurf v. Sept. 1954): Stufung der Maße für die Rauheit
von Oberflächen.

[*92*] DIN-Norm 4764 (Entwurf, Ausgabe Dez. 1953): Technische Oberflächen,
funktionsmäßige Ordnung.

9.2 Sachverzeichnis

Abbildung des Werkzeugs 80, 89, 132
Abdruckverfahren 38
Abstand, Rauhgipfel- 21, 53
Abstrahlen 111
Anfangsrauheit 43
Ausreißer 28
Auswertung der Messungen 32

Beizen 14, 71, 77, 98, 112, 121, 153
bezogene Rauheitsänderung 20, 75, 103, 108, 116
Bezugsprofil 27
Biegen 46
Böschungswinkel 26, 30
—, scheinbarer 30

DIN-Normen 2, 16, 17, 22, 69, 83, 95, 109, 160
Drahtziehen 109
Dressieren 60, 78

elektronenoptische Aufnahmen 35, 68

Falte 30, 94, 101
Fehler, Oberflächen- 93, 98, 101, 106, 133, 155
Fläche, tragende 31
Fließpressen 117, 157
—, Rückwärts-Napf- 117
—, Vorwärts-Hohl- 117
Formprofil 18
freie Rauhung 42, 159
freie Umformung 40, 84
frische Oberfläche 10, 16, 138
Funktion 1, 69

Gebirgsoberfläche 13, 30
Gefüge 9, 48
Gerät, Talysurf- 37
Geräte, Tastschnitt- 35
Geschichte 10, 61, 120, 155, 158
Gewindeoberfläche 7, 84
Gewindewalzen 7, 60, 82
Gipfelabstand 21, 49, 54

Glättungstiefe 19, 28, 65
—, Profil- 29
—, räumliche 26
Glattwalzen 60, 107
— von Gußeisen 65
— von Stahl 61
Gleitbänder 52
Gleitrauhung 58
Glühen 105, 120

Häufigkeit, Summen-, s. Summenhäufigkeit
Hohl-Fließpressen, Vorwärts- 117
Hüllprofil 18

Interferenzverfahren 35, 62, 151

Kaltband, Walzen von 69
Kaltfließpressen 117
Kaltpreßschweißung 8
Kollektiv 32
Korngröße, wahre 48
Kornverformung 8, 124, 127
—, dreidimensional 9

Leeregrad 22, 29, 158
—, räumlicher 22, 25, 30
Leitz-Meßgerät nach Forster 37

makrogeometrische Veränderung 5, 124, 128
Meßgerät nach Forster, Leitz- 37
Meßgeräte, optische 35
Meßgrößen 17
Messungen, Auswertung der 32
Meßverfahren 34
Mittenrauhwert 19

Nachwalzen 60, 78
Napf-Fließpressen, Rückwärts- 117
Normen, s. DIN-Normen

Oberfläche eines Korns 8
—, frische 10, 16, 138

Oberfläche, gerichtet 12
—, getrommelt 90
—, halboffen 12
—, offen 12
—, ungerichtet 12, 55, 97
—, wahre 13
Oberflächenänderung, inhomogene 6
Oberflächenfehler 91, 93, 98, 101, 106,
    133, 155
Oberflächengebirge 3
Oberflächenrauheit 2
Oberflächenschicht 1
optische Meßgeräte 35
Ordnung 16

Perth-O-Meter 37
Phosphatschicht 137
Profil, Bezugs- 27
—, Form- 18
—, Hüll- 18
Profilabbildungen, wahre 11, 12
Profilglättungstiefe 29
Profil-Leeregrad 22

Querschnittsabnahme 100, 113

Rauheit, Anfangs- 43
Rauheitsänderung, bezogene 20, 75,
    103
Rauheitsart 71, 97, 110
Rauheitskoeffizient 15
Rauheitsprüfung, visuelle 34
Rauhgipfelabstand 21, 53
Rauhtiefe 19, 27
Rauhung, freie 42, 47, 84, 159
räumliche Glättungstiefe 26
räumlicher Leeregrad 22, 25, 30, 33
Richten 108, 153
Richtungscharakter 12
Rückwärts-Napf-Fließpressen 117

Schichtraum 28
Schmierbett 55
Schmierung 7, 58, 67, 78, 93, 109, 115,
    136, 144, 159
Senkrechtmeßgrößen 18, 27, 158
Stabziehen 95
Statistische Verteilung, s. Summen-
    häufigkeit

Stauchen 7, 55, 122
Strangpressen 138, 158
Streuung 33, 99, 118
Summenhäufigkeit 33, 89, 99, 149

Tafelberg 3, 67, 102, 107, 126
Talysurf-Gerät 37
Tastschnittgeräte 35
Tetrakaidekaeder 49
Tiefziehprobe, Erichsen- 51
Torsion (Verdrehung) 46
tragende Fläche 31, 69
Typologie 159

Überwalzung 91
Umformgrad 41
Umformspuren, waagrechte 51
Umformung, freie 4, 9, 40, 84, 123, 159
—, gebundene 4, 9, 58, 159
Ungleichförmigkeit, mikrogeometri-
    sche 11

Veränderung, makrogeometrische 5, 124
Verdrehung, s. Torsion
Verfahrensanalyse 74, 99, 122, 159
Verzunderung 105
Visuelle Rauheitsprüfung 34
Vorwärts-Hohl-Fließpressen 117

Waagrechtmeßgrößen 21, 53
wahre Korngröße 48, 52, 53
wahre Oberfläche 13
Walzen 59, 108, 157
—, Gewinde- 7, 60, 82
—, Glatt- 60
— von Kaltband 69
Walzenrauheit 77
Walzrichten 108
Welligkeit 17, 106, 132, 149
Werkzeug 59, 77, 80, 87, 99, 118, 122,
    146, 159
Werkzeugs, Abbildung des 80, 89, 132
Wulst 61, 68

Ziehen 157
— von Drähten 109
— von Stäben 95